建筑施工企业"安管人员"培训系列教材

建设工程安全生产管理知识

（建筑施工企业项目负责人）

中国建设教育协会继续教育委员会　组织编写

中国建筑工业出版社

图书在版编目（CIP）数据

建设工程安全生产管理知识（建筑施工企业项目负责人）/中国建设教育协会继续教育委员会组织编写. —北京：中国建筑工业出版社，2018.3

建筑施工企业"安管人员"培训系列教材

ISBN 978-7-112-21848-6

Ⅰ.①建…　Ⅱ.①中…　Ⅲ.①建筑工程-安全生产-生产管理-岗位培训-教材　Ⅳ.①TU714

中国版本图书馆 CIP 数据核字（2018）第 033381 号

本书依据住房和城乡建设部《建筑施工企业主要负责人、项目负责人和专职安全生产管理人员安全生产管理规定》（住房城乡建设部令第 17 号）和《住房城乡建设部关于印发〈建筑施工企业主要负责人 项目负责人和专职安全生产管理人员安全生产管理规定〉实施意见的通知》（建质〔2015〕206 号）等规定编写。主要包括建设工程安全生产管理的基本理论知识，工程建设各方主体的安全生产法律义务和法律责任，建筑施工企业、工程项目的安全生产责任制，建筑施工企业、工程项目的安全生产管理制度，危险性较大的分部分项工程，施工现场安全检查及隐患排查以及事故应急救援和事故报告、调查与处理等有关内容。

本书可用于建筑业企业各类"安管人员"、施工管理人员和建筑安全监管机构有关人员的业务培训和指导参加考核。

责任编辑：朱首明　李　明　李　阳　赵云波
责任设计：王国羽
责任校对：李美娜

建筑施工企业"安管人员"培训系列教材
建设工程安全生产管理知识
（建筑施工企业项目负责人）
中国建设教育协会继续教育委员会　组织编写

*

中国建筑工业出版社出版、发行（北京海淀三里河路 9 号）
各地新华书店、建筑书店经销
北京红光制版公司制版
大厂回族自治县正兴印务有限公司印刷

*

开本：787×1092 毫米　1/16　印张：20　字数：496 千字
2018 年 3 月第一版　2018 年 12 月第二次印刷
定价：**49.00** 元
ISBN 978-7-112-21848-6
（31782）

《建筑施工企业"安管人员"培训系列教材》
编 委 会

主　任：高延伟　张鲁凤

副主任：邵长利　李　明　陈　新

成　员：（按姓氏笔画为序）

　　　　王兰英　王学士　王建臣　王洪林　王海兵　王静宇

　　　　邓德安　乔　登　汤玉军　李运涛　易　军　赵子萱

　　　　袁　渊　韩　冬　熊　涛

编　写　组

主　　编：王静宇

副主编：袁　渊

成　　员：（按姓氏笔画为序）

于　强　王春勇　邓　勇　刘卫权　刘冲尧　闫志国

鱼晓凯　夏军利　黄　凯

前　言

为了加强房屋建筑和市政基础设施工程施工安全监督管理,提高建筑施工企业主要负责人、项目负责人和专职安全生产管理人员(以下合称"安管人员")的安全生产管理能力,根据《建筑施工企业主要负责人、项目负责人和专职安全生产管理人员安全生产管理规定》(住房城乡建设部令第 17 号)、《住房城乡建设部关于印发〈建筑施工企业主要负责人　项目负责人和专职安全生产管理人员安全生产管理规定〉实施意见的通知》(建质[2015]206 号)及附件"安全生产考核要点"和《住房城乡建设部关于印发工程质量安全提升行动方案的通知》(建质[2017]57 号)等法律法规规定,从事房屋建筑和市政基础设施工程施工活动的建筑施工企业的"安管人员",必须参加安全生产考核,履行安全生产责任,以及对其实施安全生产监督管理。

本书编写过程中,以工程实践内容为主导思想,与现行法律法规、规范标准相结合,从工程项目实践出发,重点加强建筑施工企业项目负责人的安全管理能力。本系列教材的编写工作,得到了中国建筑股份有限公司和中国建筑第一工程局有限公司、中国建筑二局集团有限公司、中国建筑第三工程局有限公司、中国建筑第八工程局有限公司、北京康建建安建筑工程技术研究有限责任公司以及有关方面专家们的大力支持,分别承担和完成了本系列教材的各书编写工作。特此一并致谢!

本系列教材主要用于建筑业企业各类"安管人员"、施工管理人员和建筑安全监管机构有关人员的业务培训和指导参加考核,也可作为专业院校和培训机构作施工安全教学用书。本书虽经反复推敲,仍难免有不妥之处,敬请广大读者提出宝贵意见。

目　　录

第一章　建设工程安全生产管理的基本理论知识

一、建筑施工安全生产管理的基本理论知识

(一) 安全管理的基本概念

1. 安全及安全管理的定义

"无危则安，无损则全"。一般来说，安全就是使人保持身心健康，避免危险有害因素影响的状态。

《现代汉语词典》中对安全的解释是："没有危险；不受威胁；不出事故"。国际民航组织则认为安全是一种状态，即通过持续的危险识别和风险管理过程，将人员伤害或财产损失的风险降低并保持在可接受的水平或以下。总的来说，安全是一个相对的概念，是指客观事物的危险程度能够为人们普遍接受的状态。

安全管理是管理科学的一个重要分支。它是为实现安全目标而进行的有关决策、计划、组织和控制等方面的活动；主要运用现代安全管理原理、方法和手段，分析和研究各种不安全因素，从技术上、组织上和管理上采取有力的措施，解决和消除各种不安全因素，防止事故的发生。

2. 安全管理的基本原理

安全管理是一门综合性的系统科学，主要是遵循管理科学的基本原理，从生产管理的共性出发，通过对生产管理中安全工作的内容进行科学分析、综合、抽象及概括而得出的安全生产管理规律，对生产中一切人、物、环境实施动态的管理与控制。

（1）系统原理

系统原理是人们在从事管理工作时，运用系统的观点、理论和方法对管理活动进行充分的分析，以达到优化管理的目标，即从系统论的角度来认识和处理管理中出现的问题。运用系统原理进行安全管理时，主要依据以下四个原则：

1）整分合原则。在整体规划下明确分工，在分工基础上有效综合，从而实现高效的现代安全生产管理。

2）反馈原则。反馈是控制过程中对控制机构的反作用。成功、高效的管理，离不开灵活、准确、快速的反馈。

3）封闭原则。任何一个管理系统内部，其管理手段、管理过程都必须构成一个连续封闭的回路，方能形成有效的管理活动。

4）动态相关性原则。任何企业管理系统的正常运转，不仅要受到系统本身条件的限制和制约，还要受到其他有关系统的影响和制约，并随着时间、地点以及人们的努力程度而发生变化。

（2）人本原理

在管理中必须把人的因素放在首位，体现以人为本的指导思想，这就是人本原理。运用人本原理进行安全管理时，主要依据以下四个原则：

1）动力原则。人是进行管理活动的基础，管理必须有能够激发人的工作能力的动力。动力主要包括物质动力、精神动力和信息动力。

2）能级原则。现代管理学认为，单位和个人都具有一定能量，并可按照能量的大小顺序排列，形成管理的能级。在管理系统中建立一套合理能级，根据单位和个人能量的大小安排其工作，发挥不同能级的能量，能够保证结构的稳定性和管理的有效性。

3）激励原则。利用某种外部诱因的刺激调动人的积极性和创造性，以科学手段激发人的内在潜力，使其充分发挥出积极性、主动性和创造性，就是激励原则。人的工作动力主要来源于内在动力、外部压力和工作吸引力。

4）行为原则。行为是指人们所表现出来的各种动作，是人们思想、感情、动机、思维能力等因素的综合反映。运用行为科学原理，根据人的行为规律来进行有效管理，就是行为原则。

（3）预防原理

安全管理工作应当做到预防为主，通过有效的管理和技术手段，减少和防止人的不安全行为和物的不安全状态，从而使事故发生概率降到最低。运用预防原理进行安全管理时，主要依据以下三个原则：

1）偶然损失原则。事故后果及后果的严重程度都是随机的，难以预测的。反复发生的同类事故并不一定产生完全相同的后果。

2）因果关系原则。事故的发生是许多因素互为因果连续发生的最终结果，只要诱发事故的因素存在，发生事故是必然的。

3）3E原则。造成人的不安全行为和物的不安全状态的原因，主要是技术原因、教育原因、身体原因、态度原因以及管理原因。针对这些原因，可采取3种预防对策：工程技术（Engineering）对策、教育（Education）对策和法制（Enforcement）对策，即3E原则。

（4）强制原理

采取强制管理的手段控制人的意愿和行为，使个人的活动、行为等受到安全生产管理要求的约束，从而实现有效的安全生产管理。这主要依据以下两个原则：

1）安全第一原则。安全第一就是要求在进行生产及其他工作时应把安全工作放在首要位置。当其他工作与安全发生矛盾时，要以安全为主，其他工作要服从于安全。

2）监督原则。在安全工作中，必须明确安全生产监督职责，对企业生产中的守法和执法情况进行监督，使安全生产法律法规得到落实。

（二）事故及事故致因理论

1. 事故的基本概念

（1）事故的定义

事故，一般是指造成死亡、疾病、伤害、损坏或者其他损失的意外情况。在事故的种种定义中，伯克霍夫（Berckhoff）的说法较著名。他认为，事故是人（个人或集体）在为实现某种意图而进行的活动过程中，突然发生的、违反人的意志的、迫使活动暂时或永久停止，或迫使之前存续的状态发生暂时或永久性改变的事件。

（2）未遂事故

未遂事故是指有可能造成严重后果，但由于偶然因素，事实上没有造成严重后果的事件。

1941 年海因里希（W. H. Heinrich）对 55 万起机械事故进行了调查统计，发现其中死亡及重伤事故 1666 件，轻伤事故 48334 件，其余为未遂事故。可以看出，在机械事故中，伤亡、轻伤和未遂事故的比例为 1∶29∶300，即每发生 330 起事故，有 300 起没有产生伤害，29 起造成轻伤，1 起引发重伤或死亡，这就是海因里希法则，又叫作事故法则，如图 1-1 所示。

2. 事故致因理论

事故的发生都是有其因果性和规律特点的，要想对事故进行有效的预防和控制，必须以此为基础，制定相应措施。这种阐述事故发生的原因和经过，以及预防事故发生的理论，就是事故致因理论。具有代表性的事故致因理论如下：

（1）海因里希事故因果连锁理论

1931 年海因里希第一次提出了事故因果连锁理论。他认为，事故的发生不是个单一的事件，而是一连串事件按照一定顺序相继发生的结果。他将事故发生过程概括为：1）遗传及社会环境。遗传因素及社会环境是造成人性格上缺点的原因。遗传因素可能造成鲁莽、固执等不良性格；社会环境可能妨碍教育、助长性格上的缺点发展。2）人的缺点。人的缺点是使人产生不安全行为或造成机械、物质不安全状态的原因。3）人的不安全行为或物的不安全状态。这是指那些曾经引起过事故，或可能引起事故的人的行为或机械、物质的状态。它们是造成事故的直接原因。4）事故。事故是由于物体、物质、人或放射线的作用或反作用，使人员受到伤害或可能受到伤害的、出乎意料的、失去控制的事件。5）伤害。直接由事故产生的人身伤害。

海因里希用多米诺骨牌来形象地描述这种事件的因果连锁关系（图 1-2）。在多米诺骨牌系列中，一块骨牌被碰到了，将发生连锁反应，使其余的几块骨牌相继被推倒。因此，

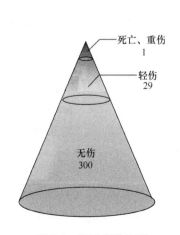

图 1-1 海因里希法则

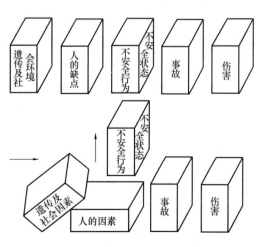

图 1-2 海因里希事故因果连锁理论事故模型

海因里希的事故因果连锁理论也称为多米诺骨牌理论（The dominoes theory）。

该理论认为如果移去因果连锁中的任意一个骨牌，都能够破坏连锁，进而预防事故的发生。他特别强调防止人的不安全行为和物的不安全状态，是企业安全工作的重点。

（2）能量意外释放理论

1961年吉布森（Gibson）提出事故是一种不正常的或不希望的能量释放，各种形式的能量释放是构成伤害的直接原因。1966年哈登（Haddon）对能量意外释放理论作了进一步研究，提出"人受伤害的原因只能是某种能量的转移"，并将伤害分为两类：第一类是由于施加了局部或全身性损伤阈值的能量引起的；第二类是由影响了局部或全身性能量交换引起的，主要指中毒窒息和冻伤。

能量意外释放理论认为，在一定条件下，某种形式的能量能否产生造成人员伤亡事故的伤害取决于能量大小、接触能量时间长短和频率以及力的集中程度。因此，可以利用屏蔽措施阻断能量的释放而防止事故发生。

美国矿山局的札别塔基斯（Micllael Zabetakis）依据能量意外释放理论，建立了新的事故因果连锁模型（图1-3）。

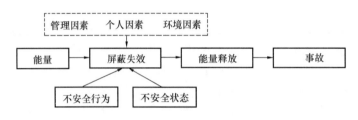

图1-3　能量意外释放理论事故模型

1）事故。事故是能量或危险物质的意外释放，是伤害的直接原因。

2）不安全行为和不安全状态。人的不安全行为和物的不安全状态是导致能量意外释放的直接原因。

3）基本原因。基本原因包括三个方面的问题：①企业领导者的安全政策及决策。它涉及生产及安全目标，职员的配置，信息利用，责任及职权范围，职工的选择、教育训练、安排、指导和监督，信息传递，设备、装置及器材的采购，正常时和异常时的操作规程，设备的维修保养等。②个人因素。包括：能力、知识、训练，动机、行为，身体及精神状态，反应时间，个人兴趣等。③环境因素。

（3）轨迹交叉理论

轨迹交叉理论是基于事故的直接原因和间接原因提出的，认为在事故的发展进程中，人的不安全行为与物的不安全状态一旦在时间、空间上发生运动轨迹交叉，就会发生事故（图1-4）。轨迹交叉理论将人的不安全行为和物的不安全状态放到了同等重要的位置，即通过控制人的不安全行为、消除物的不安全状态，或避免二者的运动轨迹发生交叉，都可以有效地避免事故发生。

轨迹交叉理论将事故的发生发展过程描述为：基本原因→间接原因→直接原因→事故→伤害。这样的过程被形容为事故致因因素导致事故的运动轨迹，包括了人的不安全行为运动轨迹和物的不安全状态运动轨迹。

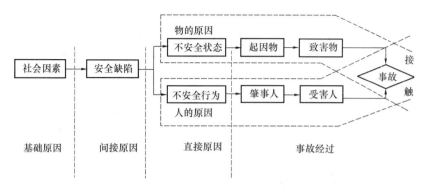

图 1-4　轨迹交叉理论事故模型

人的不安全行为基于如下几个方面而产生：1）生理、先天身心缺陷；2）社会环境、企业管理的缺陷；3）后天的心理缺陷；4）视、听、嗅、味、触等感官能量分配上的差异；5）行为失误。

在物的运动轨迹中，生产过程各阶段都可能产生不安全状态：1）设计上的缺陷，如用材不当、强度计算错误、结构完整性差；2）制造、工艺流程的缺陷；3）维修保养的缺陷，降低可靠性；4）使用的缺陷；5）作业场所环境的缺陷。

但是，很多时候人和物互为因果，即人的不安全行为可能促进物的不安全状态的发展，也可能引起新的不安全状态，而物的不安全状态也可能导致人的不安全行为。因此，事故发生的轨迹是一个复杂、多元的过程，并不是单一的人或物的轨迹，需要根据实际情况作具体分析。

（三）系统安全理论

1. 系统安全的定义

系统安全是指在系统生命周期内应用系统安全工程和系统安全管理方法，识别危险源并最大限度地降低其危险性，使系统在规定的功能、时间和成本范围内达到最佳的安全程度。系统安全是人们为解决复杂系统的安全性问题而开发、研究出来的安全理论、方法体系，是系统工程与安全工程的有机结合。

按照系统安全的观点，世界上不存在绝对安全的事物。任何人类活动都潜伏着危险因素。系统安全的基本原则是在一个新系统的构思阶段就必须考虑其安全性的问题，制定并执行安全工作规划（系统安全活动），属于事前分析和预先的防护，与传统的事后分析并积累事故经验的思路截然不同。系统安全活动贯穿于整个系统生命周期，直到系统终结为止。

2. 系统安全分析的基本内容及方法

系统安全分析是从安全角度对系统中的危险因素进行分析，通常包括以下内容：（1）对可能出现的初始的、诱发的及直接引起事故的各种危险因素及其相互关系进行调查和分析；（2）对与系统有关的环境条件、设备、人员及其他有关因素进行调查和分析；（3）对能够利用适当的设备、规程、工艺或材料控制或根除某种特殊危险因素的措施进行分析；（4）对可能出现的危险因素的控制措施及实施这些措施的最优方法进行调查和分析；（5）对不可能根除的危险因素失去或减少控制可能出现的后果进行调查和分析；（6）对危险因素一旦失去控制，为防止伤害和损害的安全防护措施进行调查和分析。

常用的系统安全分析方法，可分为归纳法和演绎法。归纳法是从原因推导结果的方法，演绎法则是从结果推导原因的方法。在实际工作中，多把两种方法结合起来使用。常用的系统安全分析方法主要有：（1）安全检查表法；（2）预先危险性分析法；（3）故障类型和影响分析；（4）危险性和可操作性研究；（5）事件树分析；（6）事故树分析；（7）因果分析。

二、工程项目施工安全生产管理的基本理论知识

（一）风险控制理论及方法

1. 风险、隐患及危险源的定义

（1）风险的定义

风险是指在某一特定环境下，在某一特定时间段内，事故发生的可能性和后果的组合。风险主要受两个因素的影响：一是事故发生的可能性，即发生事故的概率；二是事故发生后产生的后果，即事故的严重程度。

工程项目一般投资大、周期长、环境复杂、技术难度高，且在施工过程中不确定性因素较多，在工程施工的整个生命周期中将不可避免地面临多种风险，需要综合考虑风险的不确定性和危险性。

工程风险就是在工程建设过程中可能发生，并影响工程项目目标——费用（资金）、进度（工期）、质量和安全——实现的事件。要控制工程风险的发生，应对产生工程风险的原因及其导致的后果有清晰认识。工程风险来自于具体的隐患或危险源。

（2）隐患的定义

隐患是指在生产经营活动中存在可能导致事故发生的人的不安全行为、物的不安全状态或者管理上的缺陷。

安全生产事故隐患，是指生产经营单位违反安全生产法律、法规、规章、标准、规程和安全生产管理制度的规定，或者因其他因素在生产经营活动中存在可能导致事故发生的物的危险状态、人的不安全行为和管理上的缺陷。

事故隐患分为一般事故隐患和重大事故隐患。一般事故隐患，是指危害和整改难度较小，发现后能够立即整改排除的隐患。重大事故隐患，是指危害和整改难度较大，应当全部或者局部停产停业，并经过一定时间整改治理方能排除的隐患，或者因外部因素影响致使生产经营单位自身难以排除的隐患。

（3）危险源的定义

危险源是指可能导致人身伤害和（或）健康损害的根源、状态或行为，或其组合。广义的危险源，包括危险载体和事故隐患。狭义的危险源，是指可能造成人员死亡、伤害、职业病、财产损失、环境破坏或其他损失的根源和状态。

危险源是事故发生的根本原因。它是一个系统中具有潜在能量和物质释放危险的，可造成人员伤害、财产损失或环境破坏的，在一定的触发因素作用下可转化为事故的部位、

区域、场所、空间、岗位、设备及其位置。危险源存在于确定的系统中。不同的系统范围，其危险源的区域也不同。在工程项目中，某个生产环节或某台机械设备都可能是危险源。一般来说，危险源可能存在事故隐患，也可能不存在事故隐患；对于存在事故隐患的危险源一定要及时排查整改，否则随时都可能导致事故。

2. 危险源的分类

安全科学理论把危险源划分为两大类，即第一类危险源和第二类危险源。

（1）第一类危险源

在生产过程或系统中存在的，可能发生意外释放的能量或危险物质称作第一类危险源。在实际工作中，往往把产生能量的能量源或拥有能量的能量载体看作是第一类危险源，如高温物体、使用中的压力容器等。

（2）第二类危险源

导致能量或危险物质约束、限制措施失效或破坏的各种不安全因素，称作第二类危险源。它包括人、物、环境三个方面的问题。在生产活动中，为了利用能量并让能量按照人们的意图在生产过程中流动、转换和做功，必须采取屏蔽措施约束或限制能量，即必须控制危险源。

第一类危险源的存在是第二类危险源出现的前提。第二类危险源的出现是第一类危险源导致事故的必要条件。第二类危险源出现得越频繁，发生事故的可能性越大。

我国的《生产过程危险和有害因素分类与代码》GB/T 13861—2009 中，将生产过程中的危险、有害因素分为 6 类：1）物理性危险、有害因素；2）化学性危险、有害因素；3）生物性危险、有害因素；4）心理、生理性危险、有害因素；5）行为性危险、有害因素；6）其他危险、有害因素。

在《企业职工伤亡事故分类》GB 6441—1986 中，则将事故分为 16 类：1）物体打击；2）车辆伤害；3）机械伤害；4）起重伤害；5）触电；6）淹溺；7）灼烫；8）火灾；9）意外坠落；10）坍塌；11）放炮；12）火药爆炸；13）化学性爆炸；14）物理性爆炸；15）中毒和窒息；16）其他伤害。

3. 风险管理的主要方法

风险管理是指如何在项目或者企业一个肯定有风险的系统中把风险减至最低的管理过程。它是通过对风险的认识、衡量和分析，选择最有效的方式，主动地、有目的地、有计划地处理风险，以最小成本争取获得最大安全保证的管理方法。在实际工作中，对隐患的排查治理总是同一定的风险管理联系在一起。简言之，风险管理就是识别、分析、消除生产过程中存在的隐患或防止隐患的出现。

风险管理主要包括以下四个基本程序：

（1）风险识别

风险识别是单位和个人对所面临的以及潜在的风险加以识别，并确定其特性的过程。

风险辨识的方法主要有以下几种：1）安全检查表法。将系统分成若干单元或层次，列出各单元或层次的危险源，确定检查项目，按照相应顺序编制检查表，以现场询问或观察的方式确定检查项目的状况，并填写表格。2）现场观察。对作业活动、设备运转或系统活动进行观察，分析存在的风险。3）座谈。召集安全管理人员、专业技术人员、操作人员等，对生产经营活动中存在的风险进行分析。4）作业条件风险性评价。对具有潜在风险的作业环境或条件，采用半定量的方式评价其风险性。5）预先危险性分析。新系统、新设备、新工艺在投入使用前，预先对可能存在的危险源及其产生条件、事故后果等情况进行类比分析。

（2）风险分析

风险分析是指在风险识别的基础上，通过对所收集的资料加以分析，运用概率论和数理统计，估计和预测事故发生的概率和事故的后果。

根据控制措施的状态（M）和人体暴露的时间（E）可以确定事故发生的概率（L），即 L＝ME。根据事故发生的概率和事故的后果（S），可以确定风险程度（R）：1）发生人身伤害事故时，R＝MES；2）发生财产损失事故时，R＝MS。

（3）风险控制

风险控制是根据风险分析的结果，制定相应的风险控制措施，并在需要时选择和实施适当的措施，以降低事故发生概率或减轻事故后果的过程。

风险控制主要包括以下几种方法：1）风险回避，是指生产经营主体有意识地消除危险源，以避免特定的损失风险。2）损失控制，是指通过制定计划和采取措施的方式，降低事故发生的可能性或者减轻事故后果。3）风险转移，是指通过契约，将让渡人的风险转移给受让人承担的行为，主要形式是合同和保险。4）风险隔离，是指通过分离或复制风险单位，使风险事故的发生不至于导致所有财产损毁或灭失。

（4）风险管理效果评价

风险管理效果评价，是通过分析、比较已实施的风险控制措施的结果与预期目标的契合程度，以评判管理方案的科学性、适应性和收益性。

在风险评估人员、风险管理人员、生产经营单位和其他有关的团体之间，就与风险有关的信息和意见进行相互交流和反馈，从而对已实施的措施进行优化。

（二）重大危险源辨识理论

1. 重大危险源的定义

重大危险源，是指长期或者临时生产、搬运、使用或者储存危险物品，且危险物品的数量等于或者超过临界量的单元（包括场所和设施）。所谓临界量，是指对某种或某类危险物品规定的数量，若单元中的危险物品数量等于或者超过该数量，则该单元应定为重大危险源。临界量是确定重点危险源的核心要素。

建设工程重大危险源是指在建设工程施工过程中，风险属性（风险度）等于或超过临界量，可能造成人员伤亡、财产损失、环境破坏的施工单元，如危险性较大的分部分项工程。

2. 重大危险源控制的主要方法

重大危险源控制的目的，不仅是预防重大事故的发生，而且要做到一旦发生事故能将事故危害降到最低程度。由于建设工程施工的复杂性，有效地控制重大危险源需要采用系统工程的思想和方法，建立起一个完整的控制系统（图1-5）。

（1）重大危险源辨识

要防止事故发生，必须先辨识和确认重大危险源。重大危险源辨识，是通过对系统的分析，界定出系统的哪些区域、部分是危险源，其危险的性质、程度、存在状况、危险源

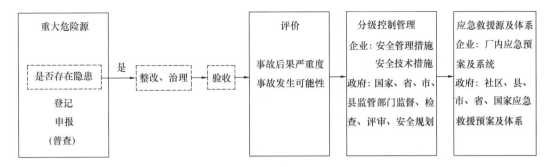

图 1-5　重大危险源控制系统

能量、事故触发因素等。重大危险源辨识的理论方法主要有系统危险分析、危险评价等方法和技术。

（2）重大危险源评价

重大危险源辨识确定后，应进行重大危险源安全评价。安全评价的基本内容是，以实现系统安全为目的，按照科学的程序和方法，对系统中存在的危险因素、发生事故的可能性及其损失和伤害程度进行调查研究与分析论证，从而确定是否需要改进技术路线和防范措施，整改后危险性将怎样的控制和消除，技术上是否可行，经济上是否合理，以及系统是否最终达到社会所公认的安全指标。

一般来说，安全评价包括下面几个方面：1）分析各类危险因素及其存在的原因；2）评价已辨识的危险事件发生的概率；3）评价危险事件的后果，估计发生火灾、爆炸或毒物泄漏的物质数量，事故影响范围；4）进行风险评价与分级，即评价危险事件发生概率与发生后果的联合作用，将评价结果与安全目标值进行比较，检查风险值是否达到可接受水平，是否需进一步采取措施，以降低风险水平。

常用的评价方法有安全检查及安全检查表，预先危险性分析，故障类型和影响分析，危险性和可操作性研究，事故树分析等。

（3）重大危险源分级管控

在对重大危险源进行辨识和评价的基础上，应对每一个重大危险源制定出一套严格的安全管理制度，通过安全技术措施（包括设施设计、建造、安全监控系统、维修以及有关计划的检查）和组织措施（包括对人员培训与指导，提供保证安全的设施，工作人员技术水平、工作时间、职责的确定，以及对外部合同工和现场临时工的管理），对重大危险源进行严格控制和管理。

（4）重大危险源应急救援预案及体系

应急救援预案及体系是重大危险源控制系统的重要组成部分之一。企业应负责制定现场应急救援预案，并且定期检查和评估现场应急救援预案和体系的有效程度，在必要时进行修订。

第二章　工程建设各方主体的安全生产法律义务和法律责任

《建设工程安全生产管理条例》规定，建设单位、勘察单位、设计单位、施工单位、工程监理单位及其他与建设工程安全生产有关的单位，必须遵守安全生产法律、法规的规定，保证建设工程安全生产，依法承担建设工程安全生产责任。

这是因为，建设工程安全生产的重点是施工现场，其主要责任单位是施工单位，但与施工活动密切相关单位的活动也都影响着施工安全。因此，有必要对所有与建设工程施工活动有关的安全责任作出明确规定。

一、建设单位的安全生产法律义务和责任

建设单位是建设工程项目的投资主体或管理主体，在整个工程建设中居于主导地位。但长期以来，我国对建设单位的工程项目管理行为缺乏必要的法律约束，对其安全管理责任更没有明确规定，由于建设单位的某些工程项目管理行为不规范，直接或间接导致施工生产安全事故的发生是有着不少惨痛教训的。为此，《建设工程安全生产管理条例》中明确规定，建设单位必须遵守安全生产法律、法规的规定，保证建设工程安全生产，依法承担建设工程安全生产法律义务和责任。

（一）建设单位的安全生产法律义务

1. 依法办理有关批准手续

《建筑法》规定，有下列情形之一的，建设单位应当按照国家有关规定办理申请批准手续：（1）需要临时占用规划批准范围以外场地的；（2）可能损坏道路、管线、电力、邮电通信等公共设施的；（3）需要临时停水、停电、中断道路交通的；（4）需要进行爆破作业的；（5）法律、法规规定需要办理报批手续的其他情形。

这是因为，上述活动不仅涉及工程建设的顺利进行和施工现场作业人员的安全，也影响到周边区域人们的安全或者正常的工作生活，需要有关方面给予支持和配合。为此，建设单位应当依法向有关部门申请办理批准手续。

2. 向施工单位提供真实、准确和完整的有关资料

《建筑法》规定，建设单位应当向建筑施工企业提供与施工现场相关的地下管线资料，建筑施工企业应当采取措施加以保护。

《建设工程安全生产管理条例》进一步规定，建设单位应当向施工单位提供施工现场及毗邻区域内供水、排水、供电、供气、供热、通信、广播电视等地下管线资料，气象和水文观测资料，相邻建筑物和构筑物、地下工程的有关资料，并保证资料的真实、准确、完整。

在建设工程施工前，施工单位须搞清楚施工现场及毗邻区域内地下管线，以及相邻建筑物、构筑物和地下工程的有关资料，否则很有可能会因施工而造成对其破坏，不仅导致人员伤亡和经济损失，还将影响周边地区单位和居民的工作与生活。同时，建设工程的施工周期往往比较长，又多是露天作业，受气候条件的影响较大，建设单位还应当提供有关气象和水文观测资料。建设单位须保证所提供资料的真实、准确，并能满足施工安全作业的需要。

3. 不得提出违法要求和随意压缩合同工期

《建设工程安全生产管理条例》规定，建设单位不得对勘察、设计、施工、工程监理等单位提出不符合建设工程安全生产法律、法规和强制性标准规定的要求，不得压缩合同约定的工期。

由于市场竞争相当激烈，一些勘察、设计、施工、工程监理单位为了承揽业务，往往对建设单位提出的各种要求尽量给予满足，这就造成某些建设单位为了追求利益最大化而提出一些非法要求，甚至明示或者暗示相关单位进行一些不符合法律、法规和强制性标准的活动。因此，建设单位也必须依法规范自身的行为。

合同约定的工期是建设单位与施工单位在工期定额的基础上，根据施工条件、技术水平等，经过双方平等协商而共同约定的工期。建设单位不能片面为了早日发挥建设项目的效益，迫使施工单位大量增加人力、物力投入，或者是简化施工程序，随意压缩合同约定的工期。客观上，任何违背科学和客观规律的行为，都是施工生产安全事故隐患，都有可能导致施工生产安全事故的发生。当然，在符合有关法律、法规和强制性标准的规定，并编制了赶工技术措施等前提下，建设单位与施工单位就提前工期的技术措施费和提前工期奖励等协商一致后，是可以对合同工期进行适当调整的。

4. 确定建设工程安全作业环境及安全施工措施所需费用

《建设工程安全生产管理条例》规定，建设单位在编制工程概算时，应当确定建设工程安全作业环境及安全施工措施所需费用。

多年的实践表明，要保障施工安全生产，必须有合理的安全投入。因此，建设单位在编制工程概算时，就应当合理确定保障建设工程施工安全所需的费用，并依法足额向施工单位提供。

5. 不得要求购买、租赁和使用不符合安全施工要求的用具设备等

《建设工程安全生产管理条例》规定，建设单位不得明示或者暗示施工单位购买、租赁、使用不符合安全施工要求的安全防护用具、机械设备、施工机具及配件、消防设施和器材。

由于建设工程的投资额、投资效益以及工程质量等，其后果最终都是由建设单位承担，建设单位势必对工程建设的各个环节都非常关心，包括材料设备的采购、租赁等。这就要求建设单位与施工单位应当在合同中约定双方的权利义务，包括采用哪种供货方式等。无论施工单位购买、租赁或是使用有关安全防护用具、机械设备等，建设单位都不得采用明示或者暗示的方式，违法向施工单位提出不符合安全施工的要求。

6. 申领施工许可证应当提供有关安全施工措施的资料

按照《建筑法》的规定，申请领取施工许可证应当具备的条件之一，就是"有保证工程质量和安全的具体措施"。

《建设工程安全生产管理条例》进一步规定，建设单位在领取施工许可证时，应当提供建设工程有关安全施工措施的资料。依法批准开工报告的建设工程，建设单位应当自开工报告批准之日起 15 日内，将保证安全施工的措施报送建设工程所在地的县级以上地方人民政府建设行政主管部门或者其他有关部门备案。

建设单位在申请领取施工许可证时，应当提供的建设工程有关安全施工措施资料，一般包括：中标通知书，工程施工合同，施工现场总平面布置图，临时设施规划方案和已搭建情况，施工现场安全防护设施搭设（设置）计划、施工进度计划、安全措施费用计划，专项安全施工组织设计（方案、措施），拟进入施工现场使用的施工起重机械设备（塔式起重机、物料提升机、外用电梯）的型号、数量，工程项目负责人、安全管理人员及特种作业人员持证上岗情况，建设单位安全监督人员名册、工程监理单位人员名册，以及其他应提交的材料。

7. 装修工程和拆除工程的规定

《建筑法》规定，涉及建筑主体和承重结构变动的装修工程，建设单位应当在施工前委托原设计单位或者具有相应资质条件的设计单位提出设计方案；没有设计方案的，不得施工。《建筑法》还规定，房屋拆除应当由具备保证安全条件的建筑施工单位承担。

《建设工程安全生产管理条例》进一步规定，建设单位应当将拆除工程发包给具有相应资质等级的施工单位。建设单位应当在拆除工程施工 15 日前，将下列资料报送建设工程所在地的县级以上地方人民政府建设行政主管部门或者其他有关部门备案：（1）施工单位资质等级证明；（2）拟拆除建筑物、构筑物及可能危及毗邻建筑的说明；（3）拆除施工组织方案；（4）堆放、清除废弃物的措施。实施爆破作业的，应当遵守国家有关民用爆炸物品管理的规定。

（二）建设单位应当承担的法律责任

《建设工程安全生产管理条例》规定，建设单位未提供建设工程安全生产作业环境及安全施工措施所需费用的，责令限期改正；逾期未改正的，责令该建设工程停止施工。

建设单位未将保证安全施工的措施或者拆除工程的有关资料报送有关部门备案的，责令限期改正，给予警告。

建设单位有下列行为之一的，责令限期改正，处 20 万元以上 50 万元以下的罚款；造成重大安全事故，构成犯罪的，对直接责任人员，依照刑法有关规定追究刑事责任；造成损失的，依法承担赔偿责任：（1）对勘察、设计、施工、工程监理等单位提出不符合安全生产法律、法规和强制性标准规定的要求的；（2）要求施工单位压缩合同约定的工期的；（3）将拆除工程发包给不具有相应资质等级的施工单位的。

二、勘察设计监理的安全生产法律义务和责任

建设工程安全生产是一个非常庞大的系统工程。工程勘察、设计、监理作为工程建设的重要环节，对于保障安全施工有着重要影响。

（一）勘察单位的安全生产法律义务

《建设工程安全生产管理条例》规定，勘察单位应当按照法律、法规和工程建设强制性标准进行勘察，提供的勘察文件应当真实、准确，满足建设工程安全生产的需要。勘察单位在勘察作业时，应当严格执行操作规程，采取措施保证各类管线、设施和周边建筑物、构筑物的安全。

工程勘察是工程建设的先行官。工程勘察成果是建设工程项目规划、选址、设计的重要依据，也是保证施工安全的重要因素和前提条件。因此，勘察单位必须按照法律、法规的规定以及工程建设强制性标准的要求进行勘察，并提供真实、准确的勘察文件，不能弄虚作假。

此外，勘察单位在进行勘察作业时，也易发生安全事故。为了保证勘察作业的安全，要求勘察人员必须严格执行操作规程，并应采取措施保证各类管线、设施和周边建筑物、构筑物的安全，为保障施工作业人员和相关人员的安全提供必要条件。

（二）设计单位的安全生产法律义务

工程设计是工程建设的灵魂。在建设工程项目确定后，工程设计便成为工程建设中最重要、最关键的环节，对安全施工有着重要影响。

1. 按照法律、法规和工程建设强制性标准进行设计

《建设工程安全生产管理条例》规定，设计单位应当按照法律、法规和工程建设强制性标准进行设计，防止因设计不合理导致生产安全事故的发生。

工程建设强制性标准是工程建设技术和经验的总结与积累，对保证建设工程质量和施工安全起着至关重要的作用。从一些生产安全事故的原因分析，涉及设计单位责任的，主要是没有按照强制性标准进行设计，由于设计得不合理导致施工过程中发生了安全事故。因此，设计单位在设计过程中必须考虑施工生产安全，严格执行强制性标准。

2. 提出防范生产安全事故的指导意见和措施建议

《建设工程安全生产管理条例》规定，设计单位应当考虑施工安全操作和防护的需要，对涉及施工安全的重点部位和环节在设计文件中注明，并对防范生产安全事故提出指导意见。采用新结构、新材料、新工艺的建设工程和特殊结构的建设工程，设计单位应当在设计中提出保障施工作业人员安全和预防生产安全事故的措施建议。

设计单位的工程设计文件对保证建设工程结构安全至关重要。同时，设计单位在编制设计文件时，还应当结合建设工程的具体特点和实际情况，考虑施工安全作业和安全防护的需要，为施工单位制定安全防护措施提供技术保障。特别是对采用新结构、新材料、新工艺的建设工程和特殊结构的建设工程，设计单位应当在设计中提出保障施工作业人员安全和预防生产安全事故的措施建议。在施工单位作业前，设计单位还应当就设计意图、设计文件向施工单位做出说明和技术交底，并对防范生产安全事故提出指导意见。

3. 对设计成果承担责任

《建设工程安全生产管理条例》规定，设计单位和注册建筑师等注册执业人员应当对其设计负责。

"谁设计，谁负责"，这是国际通行做法。如果由于设计责任造成事故，设计单位就要

承担法律责任，还应当对造成的损失进行赔偿。建筑师、结构工程师等注册执业人员应当在设计文件上签字盖章，对设计文件负责，并承担相应的法律责任。

（三）监理单位的安全生产法律义务

工程监理是监理单位受建设单位的委托，依照法律、法规和建设工程监理规范的规定，对工程建设实施的监督管理。但在实践中，一些监理单位只注重对施工质量、进度和投资的监控，不重视对施工安全的监督管理，这就使得施工现场因违章指挥、违章作业而发生的伤亡事故局面未能得到有效控制。因此，必须依法加强施工安全监理工作，进一步提高建设工程监理水平。

1. 对安全技术措施或专项施工方案进行审查

《建设工程安全生产管理条例》规定，工程监理单位应当审查施工组织设计中的安全技术措施或者专项施工方案是否符合工程建设强制性标准。

施工组织设计中应当包括安全技术措施和施工现场临时用电方案，对基坑支护与降水工程、土方开挖工程、模板工程、起重吊装工程、脚手架工程、拆除、爆破工程等达到一定规模的危险性较大的分部分项工程，还应当编制专项施工方案。工程监理单位要对这些安全技术措施和专项施工方案进行审查，重点审查是否符合工程建设强制性标准；对于达不到强制性标准的，应当要求施工单位进行补充和完善。

2. 依法对施工安全事故隐患进行处理

《建设工程安全生产管理条例》规定，工程监理单位在实施监理过程中，发现存在安全事故隐患的，应当要求施工单位整改；情况严重的，应当要求施工单位暂时停止施工，并及时报告建设单位。施工单位拒不整改或者不停止施工的，工程监理单位应当及时向有关主管部门报告。

工程监理单位受建设单位的委托，有权要求施工单位对存在的安全事故隐患进行整改，有权要求施工单位暂时停止施工，并依法向建设单位和有关主管部门报告。

（四）勘察、设计、监理单位应当承担的法律责任

1. 勘察、设计单位应当承担的法律责任

《建设工程安全生产管理条例》规定，勘察单位、设计单位有下列行为之一的，责令限期改正，处 10 万元以上 30 万元以下的罚款；情节严重的，责令停业整顿，降低资质等级，直至吊销资质证书；造成重大安全事故，构成犯罪的，对直接责任人员，依照刑法有关规定追究刑事责任；造成损失的，依法承担赔偿责任：（1）未按照法律、法规和工程建设强制性标准进行勘察、设计的；（2）采用新结构、新材料、新工艺的建设工程和特殊结构的建设工程，设计单位未在设计中提出保障施工作业人员安全和预防生产安全事故的措施建议的。

注册执业人员未执行法律、法规和工程建设强制性标准的，责令停止执业 3 个月以上1 年以下；情节严重的，吊销执业资格证书，5 年内不予注册；造成重大安全事故的，终身不予注册；构成犯罪的，依照刑法有关规定追究刑事责任。

2. 监理单位应当承担的法律责任

工程监理单位和监理工程师应当按照法律、法规和工程建设强制性标准实施监理，并

对建设工程安全生产承担监理责任。

工程监理单位有下列行为之一的，责令限期改正；逾期未改正的，责令停业整顿，并处 10 万元以上 30 万元以下的罚款；情节严重的，降低资质等级，直至吊销资质证书；造成重大安全事故，构成犯罪的，对直接责任人员，依照刑法有关规定追究刑事责任；造成损失的，依法承担赔偿责任：（1）未对施工组织设计中的安全技术措施或者专项施工方案进行审查的；（2）发现安全事故隐患未及时要求施工单位整改或者暂时停止施工的；（3）施工单位拒不整改或者不停止施工，未及时向有关主管部门报告的；（4）未依照法律、法规和工程建设强制性标准实施监理的。

三、机械设备、施工机具、自升式架设设施及检验检测机构等的安全生产法律义务和责任

（一）机械设备、施工机具、自升式架设设施单位的安全生产法律义务

1. 提供机械设备和配件单位的安全生产法律义务

《建设工程安全生产管理条例》规定，为建设工程提供机械设备和配件的单位，应当按照安全施工的要求配备齐全有效的保险、限位等安全设施和装置。

施工机械设备是施工现场的重要设备，在建设工程施工中的应用越来越普及。但是，当前施工现场所使用的机械设备产品质量不容乐观，有的安全保险和限位装置不齐全或是失灵，有的在设计和制造上存在重大质量缺陷，导致施工安全事故时有发生。为此，为建设工程提供施工机械设备和配件的单位，应当配齐有效的保险、限位等安全设施和装置，保证灵敏可靠，以保障施工机械设备的安全使用，减少施工机械设备事故的发生。

2. 出租机械设备和施工机具及配件单位的安全生产法律义务

《建设工程安全生产管理条例》规定，出租的机械设备和施工机具及配件，应当具有生产（制造）许可证、产品合格证。出租单位应当对出租的机械设备和施工机具及配件的安全性能进行检测，在签订租赁协议时，应当出具检测合格证明。禁止出租检测不合格的机械设备和施工机具及配件。

3. 施工起重机械和自升式架设设施安装、拆卸单位的安全生产法律义务

施工起重机械，是指施工中用于垂直升降或者垂直升降并水平移动重物的机械设备，如塔式起重机、施工外用电梯、物料提升机等。自升式架设设施，是指通过自有装置可将自身升高的架设设施，如整体提升脚手架、模板等。

（1）安装、拆卸施工起重机械和自升式架设设施必须具备相应的资质

《建设工程安全生产管理条例》规定，在施工现场安装、拆卸施工起重机械和整体提升脚手架、模板等自升式架设设施，必须由具有相应资质的单位承担。

施工起重机械和自升式架设设施等的安装、拆卸，不仅专业性很强，还具有较高的危险性，与相关的施工活动关联很大，稍有不慎极易造成群死群伤的重大施工安全事故。因此，按照《建筑业企业资质管理规定》和《建筑业企业资质标准》的规定，从事施工起重机械、附着升降脚手架等安装、拆卸活动的单位，应当按照资质条件申请资质，经审查合格并取得专业承包资质证书后，方可在资质许可的范围内从事其安装、拆卸活动。

（2）编制安装、拆卸方案和现场监督

《建设工程安全生产管理条例》规定，安装、拆卸施工起重机械和整体提升脚手架、模板等自升式架设设施，应当编制拆装方案、制定安全施工措施，并由专业技术人员现场监督。

《建筑起重机械安全监督管理规定》进一步规定，建筑起重机械使用单位和安装单位应当在签订的建筑起重机械安装、拆卸合同中明确双方的安全生产责任。实行施工总承包的，施工总承包单位应当与安装单位签订建筑起重机械安装、拆卸工程安全协议书。

安装单位应当履行下列安全职责：1）按照安全技术标准及建筑起重机械性能要求，编制建筑起重机械安装、拆卸工程专项施工方案，并由本单位技术负责人签字；2）按照安全技术标准及安装使用说明书等检查建筑起重机械及现场施工条件；3）组织安全施工技术交底并签字确认；4）制定建筑起重机械安装、拆卸工程生产安全事故应急救援预案；5）将建筑起重机械安装、拆卸工程专项施工方案，安装、拆卸人员名单，安装、拆卸时间等材料报施工总承包单位和监理单位审核后，告知工程所在地县级以上地方人民政府建设主管部门。

安装单位应当按照建筑起重机械安装、拆卸工程专项施工方案及安全操作规程组织安装、拆卸作业。安装单位的专业技术人员、专职安全生产管理人员应当进行现场监督，技术负责人应当定期巡查。

（3）出具自检合格证明、进行安全使用说明、办理验收手续的责任

《建设工程安全生产管理条例》规定，施工起重机械和整体提升脚手架、模板等自升式架设设施安装完毕后，安装单位应当自检，出具自检合格证明，并向施工单位进行安全使用说明，办理验收手续并签字。

《建筑起重机械安全监督管理规定》进一步规定，建筑起重机械安装完毕后，安装单位应当按照安全技术标准及安装使用说明书的有关要求对建筑起重机械进行自检、调试和试运转。自检合格的，应当出具自检合格证明，并向使用单位进行安全使用说明。

建筑起重机械安装完毕后，使用单位应当组织出租、安装、监理等有关单位进行验收，或者委托具有相应资质的检验检测机构进行验收。建筑起重机械经验收合格后方可投入使用，未经验收或者验收不合格的不得使用。实行施工总承包的，由施工总承包单位组织验收。

（4）依法对施工起重机械和自升式架设设施进行检测

《建设工程安全生产管理条例》规定，施工起重机械和整体提升脚手架、模板等自升式架设设施的使用达到国家规定的检验检测期限的，必须经具有专业资质的检验检测机构检测。经检测不合格的，不得继续使用。

（二）检验检测机构的安全生产法律义务

《建设工程安全生产管理条例》规定，检验检测机构对检测合格的施工起重机械和整体提升脚手架、模板等自升式架设设施，应当出具安全合格证明文件，并对检测结果负责。

《安全生产法》规定，承担安全评价、认证、检测、检验的机构应当具备国家规定的资质条件，并对其作出的安全评价、认证、检测、检验的结果负责。

《特种设备安全法》规定，起重机械的安装、改造、重大修理过程，应当经特种设备检验机构按照安全技术规范的要求进行监督检验；未经监督检验或者监督检验不合格的，不得出厂或者交付使用。

特种设备检验、检测机构及其检验、检测人员应当客观、公正、及时地出具检验、检测报告，并对检验、检测结果和鉴定结论负责。特种设备检验、检测机构及其检验、检测人员在检验、检测中发现特种设备存在严重事故隐患时，应当及时告知相关单位，并立即向负责特种设备安全监督管理的部门报告。

特种设备生产、经营、使用单位应当按照安全技术规范的要求向特种设备检验、检测机构及其检验、检测人员提供特种设备相关资料和必要的检验、检测条件，并对资料的真实性负责。特种设备检验、检测机构及其检验、检测人员对检验、检测过程中知悉的商业秘密，负有保密义务。

特种设备检验、检测机构及其检验、检测人员不得从事有关特种设备的生产、经营活动，不得推荐或者监制、监销特种设备。特种设备检验机构及其检验人员利用检验工作故意刁难特种设备生产、经营、使用单位的，特种设备生产、经营、使用单位有权向负责特种设备安全监督管理的部门投诉，接到投诉的部门应当及时进行调查处理。

（三）机械设备、施工机具、自升式架设设施及检验检测机构应当承担的法律责任

1. 机械设备、施工机具、自升式架设设施单位应当承担的法律责任

近年来，我国的机械设备租赁市场发展很快，越来越多的施工单位是通过租赁方式获取所需的机械设备和施工机具及配件。这对于降低施工成本、提高机械设备等使用率有着积极作用的，但也存在着出租的机械设备等安全责任不明确的问题。因此，必须依法对出租单位的安全责任作出规定。

2008 年建设部发布的《建筑起重机械安全监督管理规定》中规定，出租单位应当在签订的建筑起重机械租赁合同中，明确租赁双方的安全责任，并出具建筑起重机械特种设备制造许可证、产品合格证、制造监督检验证明、备案证明和自检合格证明，提供安装使用说明书。有下列情形之一的建筑起重机械，不得出租、使用：（1）属国家明令淘汰或者禁止使用的；（2）超过安全技术标准或者制造厂家规定的使用年限的；（3）经检验达不到安全技术标准规定的；（4）没有完整安全技术档案的；（5）没有齐全有效的安全保护装置的。建筑起重机械有以上第（1）、（2）、（3）项情形之一的，出租单位或者自购建筑起重机械的使用单位应当予以报废，并向原备案机关办理注销手续。

机械设备等单位违法行为应承担的法律责任，《建设工程安全生产管理条例》规定，为建设工程提供机械设备和配件的单位，未按照安全施工的要求配备齐全有效的保险、限位等安全设施和装置的，责令限期改正，处合同价款 1 倍以上 3 倍以下的罚款；造成损失的，依法承担赔偿责任。

出租单位出租未经安全性能检测或者经检测不合格的机械设备和施工机具及配件的，责令停业整顿，并处 5 万元以上 10 万元以下的罚款；造成损失的，依法承担赔偿责任。

施工起重机械和整体提升脚手架、模板等自升式架设设施安装、拆卸单位有下列行为之一的，责令限期改正，处 5 万元以上 10 万元以下的罚款；情节严重的，责令停业整顿，降低资质等级，直至吊销资质证书；造成损失的，依法承担赔偿责任：（1）未编制拆

装方案、制定安全施工措施的；（2）未由专业技术人员现场监督的；（3）未出具自检合格证明或者出具虚假证明的；（4）未向施工单位进行安全使用说明，办理移交手续的。

施工起重机械和整体提升脚手架、模板等自升式架设设施安装、拆卸单位有以上规定的第（1）项、第（3）项行为，经有关部门或者单位职工提出后，对事故隐患仍不采取措施，因而发生重大伤亡事故或者造成其他严重后果，构成犯罪的，对直接责任人员，依照刑法有关规定追究刑事责任。

2. 检验检测机构应当承担的法律责任

《安全生产法》规定，承担安全评价、认证、检测、检验工作的机构，出具虚假证明的，没收违法所得；违法所得在 10 万元以上的，并处违法所得 2 倍以上 5 倍以下的罚款；没有违法所得或者违法所得不足 10 万元的，单处或者并处 10 万元以上 20 万元以下的罚款；对其直接负责的主管人员和其他直接责任人员处 2 万元以上 5 万元以下的罚款；给他人造成损害的，与生产经营单位承担连带赔偿责任；构成犯罪的，依照刑法有关规定追究刑事责任。对有前款违法行为的机构，吊销其相应资质。

《特种设备安全法》规定，特种设备检验、检测机构及其检验、检测人员有下列行为之一的，责令改正，对机构处 5 万元以上 20 万元以下罚款，对直接负责的主管人员和其他直接责任人员处 5000 元以上 5 万元以下罚款；情节严重的，吊销机构资质和有关人员的资格：（1）未经核准或者超出核准范围、使用未取得相应资格的人员从事检验、检测的；（2）未按照安全技术规范的要求进行检验、检测的；（3）出具虚假的检验、检测结果和鉴定结论或者检验、检测结果和鉴定结论严重失实的；（4）发现特种设备存在严重事故隐患，未及时告知相关单位，并立即向负责特种设备安全监督管理的部门报告的；（5）泄露检验、检测过程中知悉的商业秘密的；（6）从事有关特种设备的生产、经营活动的；（7）推荐或者监制、监销特种设备的；（8）利用检验工作故意刁难相关单位的。

四、施工单位的安全生产法律义务和责任

建筑行业作为一个高危行业，安全事故时有发生，严重威胁到施工人员的生命安全以及建筑行业的外在形象。纵然建筑行业自身存有多种安全隐患，但是大部分安全事故的发生都是源于未能有效贯彻落实安全生产法律义务和责任，尤其是建筑施工企业，在建筑工程施工过程中，更是应该承担其安全生产主体责任。

（一）施工单位的安全生产法律义务

建设工程施工多为露天、高处作业，施工环境和作业条件较差，不安全因素较多，历来属事故多发的高危行业之一。因此，必须牢固树立以人为本、安全发展的理念，坚持"安全第一、预防为主、综合治理"方针，坚持速度、质量、效益与安全的有机统一，强化和落实企业主体责任，防范和遏制重特大事故，防止和减少违章指挥、违规作业、违反劳动纪律行为，促进建设工程安全生产形势持续稳定好转。同时，还应当逐步实现施工现场的机械化、智能化、信息化和建筑技术操作工人的职业教育化，最大限度地改善施工现场的作业环境，减少劳动用工，降低劳动强度，提高劳动者的综合素质。

1. 建筑施工单位实行安全生产许可证制度

2014 年 7 月经修改后发布的《安全生产许可证条例》中规定，国家对矿山企业、建筑施工企业和危险化学品、烟花爆竹、民用爆炸物品生产企业（以下统称"企业"）实行安全生产许可制度。企业未取得安全生产许可证的，不得从事生产活动。省、自治区、直辖市人民政府建设主管部门负责建筑施工企业安全生产许可证的颁发和管理，并接受国务院建设主管部门的指导和监督。

（1）申请领取安全生产许可证的条件

《建筑施工企业安全生产许可证管理规定》中进一步作出规定，建筑施工企业取得安全生产许可证，应当具备下列安全生产条件：

1）建立健全安全生产责任制，制定完备的安全生产规章制度和操作规程；

2）保证本单位安全生产条件所需资金的投入；

3）设置安全生产管理机构，按照国家有关规定配备专职安全生产管理人员；

4）主要负责人、项目负责人、专职安全生产管理人员经建设主管部门或者其他有关部门考核合格；

5）特种作业人员经有关业务主管部门考核合格，取得特种作业操作资格证书；

6）管理人员和作业人员每年至少进行 1 次安全生产教育培训并考核合格；

7）依法参加工伤保险，依法为施工现场从事危险作业的人员办理意外伤害保险，为从业人员交纳保险费；

8）施工现场的办公、生活区及作业场所和安全防护用具、机械设备、施工机具及配件符合有关安全生产法律、法规、标准和规程的要求；

9）有职业危害防治措施，并为作业人员配备符合国家标准或者行业标准的安全防护用具和安全防护服装；

10）有对危险性较大的分部分项工程及施工现场易发生重大事故的部位、环节的预防、监控措施和应急预案；

11）有生产安全事故应急救援预案、应急救援组织或者应急救援人员，配备必要的应急救援器材、设备；

12）法律、法规规定的其他条件。建筑施工企业未取得安全生产许可证的，不得从事建筑施工活动。

（2）安全生产许可证的申请

《安全生产许可证条例》规定，省、自治区、直辖市人民政府建设主管部门负责建筑施工企业安全生产许可证的颁发和管理，并接受国务院建设主管部门的指导和监督。

《建筑施工企业安全生产许可证管理规定》进一步明确，建筑施工企业从事建筑施工活动前，应当依照本规定向企业注册所在地省、自治区、直辖市人民政府住房城乡建设主管部门申请领取安全生产许可证。

建筑施工企业申请安全生产许可证时，应当向住房城乡建设主管部门提供下列材料：1）建筑施工企业安全生产许可证申请表；2）企业法人营业执照；3）与申请安全生产许可证应当具备的安全生产条件相关的文件、材料。

建筑施工企业申请安全生产许可证，应当对申请材料实质内容的真实性负责，不得隐瞒有关情况或者提供虚假材料。

（3）安全生产许可证的有效期

安全生产许可证的有效期为 3 年。安全生产许可证有效期满需要延期的，企业应当于期满前 3 个月向原安全生产许可证颁发管理机关办理延期手续。企业在安全生产许可证有效期内，严格遵守有关安全生产的法律法规，未发生死亡事故的，安全生产许可证有效期届满时，经原安全生产许可证颁发管理机关同意，不再审查，安全生产许可证有效期延期 3 年。

建筑施工企业变更名称、地址、法定代表人等，应当在变更后 10 日内，到原安全生产许可证颁发管理机关办理安全生产许可证变更手续。建筑施工企业破产、倒闭、撤销的，应当将安全生产许可证交回原安全生产许可证颁发管理机关予以注销。建筑施工企业遗失安全生产许可证，应当立即向原安全生产许可证颁发管理机关报告，并在公众媒体上声明作废后，方可申请补办。

2. 施工单位从事建设工程的新建、扩建、改建和拆除等活动

应当具备国家规定的注册资本、专业技术人员、技术装备和安全生产等条件，依法取得相应等级的资质证书，并在其资质等级许可的范围内承揽工程。

3. 施工单位主要负责人依法对本单位的安全生产工作全面负责

施工单位应当建立健全安全生产责任制度和安全生产教育培训制度，制定安全生产规章制度和操作规程，保证本单位安全生产条件所需资金的投入，对所承担的建设工程进行定期和专项安全检查，并做好安全检查记录。

施工单位的项目负责人应当由取得相应执业资格的人员担任，对建设工程项目的安全施工负责，落实安全生产责任制度、安全生产规章制度和操作规程，确保安全生产费用的有效使用，并根据工程的特点组织制定安全施工措施，消除安全事故隐患，及时、如实报告生产安全事故。

4. 安全措施费

施工单位对列入建设工程概算的安全作业环境及安全施工措施所需费用，应当用于施工安全防护用具及设施的采购和更新、安全施工措施的落实、安全生产条件的改善，不得挪作他用。

5. 施工单位应当设立安全生产管理机构，配备专职安全生产管理人员

专职安全生产管理人员负责对安全生产进行现场监督检查。发现安全事故隐患，应当及时向项目负责人和安全生产管理机构报告；对违章指挥、违章操作的，应当立即制止。

专职安全生产管理人员的配备办法由国务院建设行政主管部门会同国务院其他有关部门制定。

6. 建设工程实行施工总承包的，由总承包单位对施工现场的安全生产负总责

总承包单位应当自行完成建设工程主体结构的施工。

总承包单位依法将建设工程分包给其他单位的，分包合同中应当明确各自的安全生产方面的权利、义务。总承包单位和分包单位对分包工程的安全生产承担连带责任。

分包单位应当服从总承包单位的安全生产管理，分包单位不服从管理导致生产安全事故的，由分包单位承担主要责任。

7. 特殊工种证件

垂直运输机械作业人员、安装拆卸工、爆破作业人员、起重信号工、登高架设作业人

员等特种作业人员，必须按照国家有关规定经过专门的安全作业培训，并取得特种作业操作资格证书后，方可上岗作业。

8. 施工方案

施工单位应当在施工组织设计中编制安全技术措施和施工现场临时用电方案，对下列达到一定规模的危险性较大的分部分项工程编制专项施工方案，并附具安全验算结果，经施工单位技术负责人、总监理工程师签字后实施，由专职安全生产管理人员进行现场监督：（1）基坑支护与降水工程；（2）土方开挖工程；（3）模板工程；（4）起重吊装工程；（5）脚手架工程；（6）拆除、爆破工程；（7）国务院建设行政主管部门或者其他有关部门规定的其他危险性较大的工程。

对前款所列工程中涉及深基坑、地下暗挖工程、高大模板工程的专项施工方案，施工单位还应当组织专家进行论证、审查。

达到一定规模的危险性较大工程的标准，由国务院建设行政主管部门会同国务院其他有关部门制定。

9. 安全技术交底

建设工程施工前，施工单位负责项目管理的技术人员应当对有关安全施工的技术要求向施工作业班组、作业人员作出详细说明，并由双方签字确认。

10. 安全警示标志

施工单位应当在施工现场入口处、施工起重机械、临时用电设施、脚手架、出入通道口、楼梯口、电梯井口、孔洞口、桥梁口、隧道口、基坑边沿、爆破物及有害危险气体和液体存放处等危险部位，设置明显的安全警示标志。安全警示标志必须符合国家标准。

施工单位应当根据不同施工阶段和周围环境及季节、气候的变化，在施工现场采取相应的安全施工措施。施工现场暂时停止施工的，施工单位应当做好现场防护，所需费用由责任方承担，或者按照合同约定执行。

11. 生活区与办公区

施工单位应当将施工现场的办公、生活区与作业区分开设置，并保持安全距离；办公、生活区的选址应当符合安全性要求。职工的膳食、饮水、休息场所等应当符合卫生标准。施工单位不得在尚未竣工的建筑物内设置员工集体宿舍。

施工现场临时搭建的建筑物应当符合安全使用要求。施工现场使用的装配式活动房屋应当具有产品合格证。

12. 周围环境

施工单位对因建设工程施工可能造成损害的毗邻建筑物、构筑物和地下管线等，应当采取专项防护措施。

施工单位应当遵守有关环境保护法律、法规的规定，在施工现场采取措施，防止或者减少粉尘、废气、废水、固体废物、噪声、振动和施工照明对人和环境的危害和污染。

在城市市区内的建设工程，施工单位应当对施工现场实行封闭围挡。

13. 消防管理

施工单位应当在施工现场建立消防安全责任制度，确定消防安全责任人，制定用火、用电、使用易燃易爆材料等各项消防安全管理制度和操作规程，设置消防通道、消防水源，配备消防设施和灭火器材，并在施工现场入口处设置明显标志。

14. 作业人员

施工单位应当向作业人员提供安全防护用具和安全防护服装，并书面告知危险岗位的操作规程和违章操作的危害。

作业人员有权对施工现场的作业条件、作业程序和作业方式中存在的安全问题提出批评、检举和控告，有权拒绝违章指挥和强令冒险作业。

在施工中发生危及人身安全的紧急情况时，作业人员有权立即停止作业或者在采取必要的应急措施后撤离危险区域。

15. 安全规程

作业人员应当遵守安全施工的强制性标准、规章制度和操作规程，正确使用安全防护用具、机械设备等。

16. 机械管理

施工单位采购、租赁的安全防护用具、机械设备、施工机具及配件，应当具有生产（制造）许可证、产品合格证，并在进入施工现场前进行查验。

施工现场的安全防护用具、机械设备、施工机具及配件必须由专人管理，定期进行检查、维修和保养，建立相应的资料档案，并按照国家有关规定及时报废。

17. 机械验收

施工单位在使用施工起重机械和整体提升脚手架、模板等自升式架设设施前，应当组织有关单位进行验收，也可以委托具有相应资质的检验检测机构进行验收；使用承租的机械设备和施工机具及配件的，由施工总承包单位、分包单位、出租单位和安装单位共同进行验收。验收合格的方可使用。

《特种设备安全监察条例》规定的施工起重机械，在验收前应当经有相应资质的检验检测机构监督检验合格。

施工单位应当自施工起重机械和整体提升脚手架、模板等自升式架设设施验收合格之日起 30 日内，向建设行政主管部门或者其他有关部门登记。登记标志应当置于或者附着于该设备的显著位置。

18. 管理人员安全考核

施工单位的主要负责人、项目负责人、专职安全生产管理人员应当经建设行政主管部门或者其他有关部门考核合格后方可任职。

施工单位应当对管理人员和作业人员每年至少进行一次安全生产教育培训，其教育培训情况记入个人工作档案。安全生产教育培训考核不合格的人员，不得上岗。

19. 三级安全培训

作业人员进入新的岗位或者新的施工现场前，应当接受安全生产教育培训。未经教育培训或者教育培训考核不合格的人员，不得上岗作业。

施工单位在采用新技术、新工艺、新设备、新材料时，应当对作业人员进行相应的安全生产教育培训。

20. 保险

施工单位应当为施工现场从事危险作业的人员办理意外伤害保险。

意外伤害保险费由施工单位支付。实行施工总承包的，由总承包单位支付意外伤害保险费。意外伤害保险期限自建设工程开工之日起至竣工验收合格止。

21. 安全应急预案

施工单位应当根据建设工程施工的特点、范围，对施工现场易发生重大事故的部位、环节进行监控，制定施工现场生产安全事故应急救援预案。实行施工总承包的，由总承包单位统一组织编制建设工程生产安全事故应急救援预案，工程总承包单位和分包单位按照应急救援预案，各自建立应急救援组织或者配备应急救援人员，配备救援器材、设备，并定期组织演练。

22. 安全事故报告

施工单位发生生产安全事故，应当按照国家有关伤亡事故报告和调查处理的规定，及时、如实地向负责安全生产监督管理的部门、建设行政主管部门或者其他有关部门报告；特种设备发生事故的，还应当同时向特种设备安全监督管理部门报告。接到报告的部门应当按照国家有关规定，如实上报。实行施工总承包的建设工程，由总承包单位负责上报事故。发生生产安全事故后，施工单位应当采取措施防止事故扩大，保护事故现场。需要移动现场物品时，应当做出标记和书面记录，妥善保管有关证物。

（二）施工单位的安全生产法律责任

1. 安全生产许可证违法行为应承担的主要法律责任

（1）未取得安全生产许可证擅自从事施工活动应承担的法律责任

《安全生产许可证条例》规定，未取得安全生产许可证擅自进行生产的，责令停止生产，没收违法所得，并处 10 万元以上 50 万元以下的罚款；造成重大事故或者其他严重后果，构成犯罪的，依法追究刑事责任。

《建筑施工企业安全生产许可证管理规定》进一步规定，建筑施工企业未取得安全生产许可证擅自从事建筑施工活动的，责令其在建项目停止施工，没收违法所得，并处 10 万元以上 50 万元以下的罚款；造成重大安全事故或者其他严重后果，构成犯罪的，依法追究刑事责任。

（2）安全生产许可证有效期满未办理延期手续继续从事施工活动应承担的法律责任

《安全生产许可证条例》规定，安全生产许可证有效期满未办理延期手续，继续进行生产的，责令停止生产，限期补办延期手续，没收违法所得，并处 5 万元以上 10 万元以下的罚款；逾期仍不办理延期手续，继续进行生产的，依照未取得安全生产许可证擅自进行生产的规定处罚。

《建筑施工企业安全生产许可证管理规定》进一步规定，安全生产许可证有效期满未办理延期手续，继续从事建筑施工活动的，责令其在建项目停止施工，限期补办延期手续，没收违法所得，并处 5 万元以上 10 万元以下的罚款；逾期仍不办理延期手续，继续从事建筑施工活动的，依照未取得安全生产许可证擅自从事建筑施工活动的规定处罚。

（3）转让安全生产许可证等应承担的法律责任

《安全生产许可证条例》规定，转让安全生产许可证的，没收违法所得，处 10 万元以上 50 万元以下的罚款，并吊销其安全生产许可证；构成犯罪的，依法追究刑事责任；接受转让的，依照未取得安全生产许可证擅自进行生产的规定处罚。冒用安全生产许可证或者使用伪造的安全生产许可证的，依照未取得安全生产许可证擅自进行生产的规定处罚。

《建筑施工企业安全生产许可证管理规定》进一步规定，建筑施工企业转让安全生产许可证的，没收违法所得，处 10 万元以上 50 万元以下的罚款，并吊销安全生产许可证构成犯罪的，依法追究刑事责任；接受转让的，依照未取得安全生产许可证擅自从事建筑施工活动的规定处罚。冒用安全生产许可证或者使用伪造的安全生产许可证的，依照未取得安全生产许可证擅自从事建筑施工活动的规定处罚。

（4）以不正当手段取得安全生产许可证应承担的法律责任

《建筑施工企业安全生产许可证管理规定》中规定，建筑施工企业隐瞒有关情况或者提供虚假材料申请安全生产许可证的，不予受理或者不予颁发安全生产许可证，并给予警告，1 年内不得申请安全生产许可证。

建筑施工企业以欺骗、贿赂等不正当手段取得安全生产许可证的，撤销安全生产许可证，3 年内不得再次申请安全生产许可证；构成犯罪的，依法追究刑事责任。

（5）暂扣安全生产许可证并限期整改的规定

《建筑施工企业安全生产许可证管理规定》中规定，取得安全生产许可证的建筑施工企业，发生重大安全事故的，暂扣安全生产许可证并限期整改。

建筑施工企业不再具备安全生产条件的，暂扣安全生产许可证并限期整改；情节严重的，吊销安全生产许可证。

2. 对于施工安全生产责任和安全教育培训违法行为应承担的主要法律责任

（1）施工单位违法行为应承担的法律责任

《安全生产法》规定，生产经营单位有下列行为之一的，责令限期改正，可以处 5 万元以下的罚款；逾期未改正的，责令停产停业整顿，并处 5 万元以上 10 万元以下的罚款，对其直接负责的主管人员和其他直接责任人员处 1 万元以上 2 万元以下的罚款：1）未按照规定设置安全生产管理机构或者配备安全生产管理人员的；2）建筑施工、道路运输单位的主要负责人和安全生产管理人员未按照规定经考核合格的；3）未按照规定对从业人员、被派遣劳动者、实习学生进行安全生产教育和培训，或者未按照规定如实告知有关的安全生产事项的；4）未如实记录安全生产教育和培训情况的；5）未将事故隐患排查治理情况如实记录或者未向从业人员通报的；6）未按照规定制定生产安全事故应急救援预案或者未定期组织演练的；7）特种作业人员未按照规定经专门的安全作业培训并取得相应资格，上岗作业的。

两个以上生产经营单位在同一作业区域内进行可能危及对方安全生产的生产经营活动，未签订安全生产管理协议或者未指定专职安全生产管理人员进行安全检查与协调的，责令限期改正，可以处 5 万元以下的罚款，对其直接负责的主管人员和其他直接责任人员可以处一万元以下的罚款；逾期未改正的，责令停产停业。

《建筑法》规定，建筑施工企业违反本法规定，对建筑安全事故隐患不采取措施予以消除的，责令改正，可以处以罚款；情节严重的，责令停业整顿，降低资质等级或者吊销资质证书；构成犯罪的，依法追究刑事责任。

《建设工程安全生产管理条例》规定，违反本条例的规定，施工单位有下列行为之一的，责令限期改正；逾期未改正的，责令停业整顿，依照《中华人民共和国安全生产法》的有关规定处以罚款；造成重大安全事故，构成犯罪的，对直接责任人员，依照刑法有关规定追究刑事责任：1）未设立安全生产管理机构、配备专职安全生产管理人员或者分部分项工程施工时无专职安全生产管理人员现场监督的；2）施工单位的主要负责人、项目负责人、专职安全生产管理人员、作业人员或者特种作业人员，未经安全教育培训或者经考核不合格即从事相关工作的；3）未在施工现场的危险部位设置明显的安全警示标志，或者未按照国家有关规定在施工现场设置消防通道、消防水源、配备消防设施和灭火器材的；4）未向作业人员提供安全防护用具和安全防护服装的；5）未按照规定在施工起重机械和整体提升脚手架、模板等自升式架设设施验收合格后登记的；6）使用国家明令淘汰、禁止使用的危及施工安全的工艺、设备、材料的。

施工单位取得资质证书后，降低安全生产条件的，责令限期改正；经整改仍未达到与其资质等级相适应的安全生产条件的，责令停业整顿，降低其资质等级直至吊销资质证书。

施工单位挪用列入建设工程概算的安全生产作业环境及安全施工措施所需费用的，责令限期改正，处挪用费用 20% 以上 50% 以下的罚款；造成损失的，依法承担赔偿责任。

2015 年 8 月经修改后公布的《中华人民共和国刑法》（以下简称《刑法》）第 137 条规定，建设单位、设计单位、施工单位、工程监理单位违反国家规定，降低工程质量标准，造成重大安全事故的，对直接责任人员，处 5 年以下有期徒刑或者拘役，并处罚金；后果特别严重的，处 5 年以上 10 年以下有期徒刑，并处罚金。

住房和城乡建设部《房屋市政工程生产安全重大隐患排查治理挂牌督办暂行办法》规定，建筑施工企业不认真执行《房屋市政工程生产安全重大隐患治理挂牌督办通知书》的，应依法责令整改；情节严重的要依法责令停工整改；不认真整改导致生产安全事故发生的，依法从重追究企业和相关负责人的责任。

（2）施工管理人员违法行为应承担的法律责任

《安全生产法》规定，生产经营单位的主要负责人未履行本法规定的安全生产管理职责的，责令限期改正；逾期未改正的，处 2 万元以上 5 万元以下的罚款，责令生产经营单位停产停业整顿。生产经营单位的主要负责人有前款违法行为，导致生产安全事故发生的，给予撤职处分；构成犯罪的，依照刑法有关规定追究刑事责任。生产经营单位的主要负责人依照前款规定受刑事处罚或者撤职处分的，自刑罚执行完毕或者受处分之日起，5 年内不得担任任何生产经营单位的主要负责人；对重大、特别重大生产安全事故负有责任的，终身不得担任本行业生产经营单位的主要负责人。

生产经营单位的主要负责人未履行本法规定的安全生产管理职责，导致生产安全事故发生的，由安全生产监督管理部门依照下列规定处以罚款：1）发生一般事故的，处上一年年收入 30% 的罚款；2）发生较大事故的，处上一年年收入 40% 的罚款；3）发生重大事故的，处上一年年收入 60% 的罚款；4）发生特别重大事故的，处上一年年收入 80% 的罚款。

生产经营单位的安全生产管理人员未履行本法规定的安全生产管理职责的，责令限期改正；导致生产安全事故发生的，暂停或者撤销其与安全生产有关的资格；构成犯罪的，依照刑法有关规定追究刑事责任。

《建筑法》规定，建筑施工企业的管理人员违章指挥、强令职工冒险作业，因而发生重大伤亡事故或者造成其他严重后果的，依法追究刑事责任。

《建设工程安全生产管理条例》规定，施工单位的主要负责人、项目负责人未履行安全生产管理职责的，责令限期改正；逾期未改正的，责令施工单位停业整顿；造成重大安全事故、重大伤亡事故或者其他严重后果，构成犯罪的，依照刑法有关规定追究刑事责任。

施工单位的主要负责人、项目负责人有以上违法行为，尚不够刑事处罚的，处 2 万元以上 20 万元以下的罚款或者按照管理权限给予撤职处分；自刑罚执行完毕或者受处分之日起，5 年内不得担任任何施工单位的主要负责人、项目负责人。

注册执业人员未执行法律、法规和工程建设强制性标准的，责令停止执业 3 个月以上 1 年以下；情节严重的，吊销执业资格证书，5 年内不予注册；造成重大安全事故的，终身不予注册；构成犯罪的，依照刑法有关规定追究刑事责任。

《刑法》第 134 条第 2 款规定，强令他人违章冒险作业，因而发生重大伤亡事故或者造成其他严重后果的，处 5 年以下有期徒刑或者拘役；情节特别恶劣的，处 5 年以上有期徒刑。第 135 条第 1 款规定，安全生产设施或者安全生产条件不符合国家规定，因而发生重大伤亡事故或者造成其他严重后果的，对直接负责的主管人员和其他直接责任人员，处 3 年以下有期徒刑或者拘役；情节特别恶劣的，处 3 年以上 7 年以下有期徒刑。

（3）施工作业人员违法行为应承担的法律责任

《安全生产法》规定，生产经营单位的从业人员不服从管理，违反安全生产规章制度或者操作规程的，由生产经营单位给予批评教育，依照有关规章制度给予处分；构成犯罪的，依照刑法有关规定追究刑事责任。

《建设工程安全生产管理条例》规定，作业人员不服管理、违反规章制度和操作规程冒险作业造成重大伤亡事故或者其他严重后果，构成犯罪的，依照刑法有关规定追究刑事责任。

《刑法》第 134 条第 1 款规定，在生产、作业中违反有关安全管理的规定，因而发生重大伤亡事故或者造成其他严重后果的，处 3 年以下有期徒刑或者拘役；情节特别恶劣的，处 3 年以上 7 年以下有期徒刑。

《最高人民法院、最高人民检察院关于办理危害生产安全刑事案件适用法律若干问题的解释》中规定，刑法第 134 条第 1 款规定的犯罪主体，包括对生产、作业负有组织、指挥或者管理职责的负责人、管理人员、实际控制人、投资人等人员，以及直接从事生产、作业的人员。

（4）建筑施工特种作业人员违法行为应承担的法律责任

《建筑施工特种作业人员管理规定》中规定，有下列情形之一的，考核发证机关应当撤销资格证书：1）持证人弄虚作假骗取资格证书或者办理延期复核手续的；2）考核发证机关工作人员违法核发资格证书的；3）考核发证机关规定应当撤销资格证书的其他情形。

有下列情形之一的，考核发证机关应当注销资格证书：1）依法不予延期的；2）持证人逾期未申请办理延期复核手续的；3）持证人死亡或者不具有完全民事行为能力的；4）考核发证机关规定应当注销的其他情形。

（5）安全生产教育培训违法行为应承担的法律责任

《国务院安委会关于进一步加强安全培训工作的决定》规定，严肃追究安全培训责任。对应持证未持证或者未经培训就上岗的人员，一律先离岗、培训持证后再上岗，并依法对企业按规定上限处罚，直至停产整顿和关闭。

对存在不按大纲教学、不按题库考试、教考不分、乱办班等行为的安全培训和考试机构，一律依法严肃处罚。对各类生产安全责任事故，一律追查培训、考试、发证不到位的责任。对因未培训、假培训或者未持证上岗人员的直接责任引发重特大事故的，所在企业主要负责人依法终身不得担任本行业企业矿长（厂长、经理），实际控制人依法承担相应责任。

3. 对于施工现场安全防护、安全费用、特种设备安全、消防安全、食品安全、工伤保险等违法行为应承担的主要法律责任

（1）施工现场安全防护违法行为应承担的法律责任

《建筑法》规定，建筑施工企业违反本法规定，对建筑安全事故隐患不采取措施予以消除的，责令改正，可以处以罚款；情节严重的，责令停业整顿，降低资质等级或者吊销资质证书；构成犯罪的，依法追究刑事责任。

《安全生产法》规定，生产经营单位有下列行为之一的，责令限期改正，可以处 5 万元以下的罚款；逾期未改正的，处 5 万元以上 20 万元以下的罚款，对其直接负责的主管人员和其他直接责任人员处 1 万元以上 2 万元以下的罚款；情节严重的，责令停产停业整顿；构成犯罪的，依照刑法有关规定追究刑事责任：1）未在有较大危险因素的生产经营场所和有关设施、设备上设置明显的安全警示标志的；2）安全设备的安装、使用、检测、改造和报废不符合国家标准或者行业标准的；3）未对安全设备进行经常性维护、保养和定期检测的；4）未为从业人员提供符合国家标准或者行业标准的劳动防护用品的；5）使用应当淘汰的危及生产安全的工艺、设备的。

《建设工程安全生产管理条例》规定，施工单位有下列行为之一的，责令限期改正；逾期未改正的，责令停业整顿，并处 5 万元以上 10 万元以下的罚款；造成重大安全事故，构成犯罪的，对直接责任人员，依照刑法有关规定追究刑事责任：1）施工前未对有关安全施工的技术要求作出详细说明的；2）未根据不同施工阶段和周围环境及季节、气候的变化，在施工现场采取相应的安全施工措施，或者在城市市区内的建设工程的施工现场未实行封闭围挡的；3）在尚未竣工的建筑物内设置员工集体宿舍的；4）施工现场临时搭建的建筑物不符合安全使用要求的；5）未对因建设工程施工可能造成损害的毗邻建筑物、构筑物和地下管线等采取专项防护措施的。施工单位有以上规定第 4）项、第 5）项行为，造成损失的，依法承担赔偿责任。

施工单位有下列行为之一的，责令限期改正；逾期未改正的，责令停业整顿，并处 10 万元以上 30 万元以下的罚款；情节严重的，降低资质等级，直至吊销资质证书；造成重大安全事故，构成犯罪的，对直接责任人员，依照刑法有关规定追究刑事责任；造成损失的，依法承担赔偿责任：1）安全防护用具、机械设备、施工机具及配件在进入施工现场前未经查验或者查验不合格即投入使用的；2）使用未经验收或者验收不合格的施工起重机械和整体提升脚手架、模板等自升式架设设施的；3）委托不具有相应资质的单位承担施工现场安装、拆卸施工起重机械和整体提升脚手架、模板等自升式架设设施的；4）在施工组织设计中未编制安全技术措施、施工现场临时用电方案或者专项施工方案的。

（2）施工单位安全费用违法行为应承担的法律责任

《安全生产法》规定，生产经营单位的决策机构、主要负责人或者个人经营的投资人

不依照本法规定保证安全生产所必需的资金投入，致使生产经营单位不具备安全生产条件的，责令限期改正，提供必需的资金；逾期未改正的，责令生产经营单位停产停业整顿。有前款违法行为，导致发生生产安全事故的，对生产经营单位的主要负责人给予撤职处分，对个人经营的投资人处 2 万元以上 20 万元以下的罚款；构成犯罪的，依照刑法有关规定追究刑事责任。

《建设工程安全生产管理条例》规定，施工单位挪用列入建设工程概算的安全生产作业环境及安全施工措施所需费用的，责令限期改正，处挪用费用 20％ 以上 50％ 以下的罚款；造成损失的，依法承担赔偿责任。

《企业安全生产费用提取和使用管理办法》中规定，企业未按本办法提取和使用安全费用的，安全生产监督管理部门、煤矿安全监察机构和行业主管部门会同财政部门责令其限期改正，并依照相关法律法规进行处理、处罚。建设工程施工总承包单位未向分包单位支付必要的安全费用以及承包单位挪用安全费用的，由建设、交通运输、铁路、水利、安全生产监督管理、煤矿安全监察等主管部门依照相关法规、规章进行处理、处罚。

《建筑工程安全防护、文明施工措施费用及使用管理规定》中规定，建设单位未按本规定支付安全防护、文明施工措施费用的，由县级以上建设行政主管部门依据《建设工程安全生产管理条例》第 54 条规定，责令限期整改；逾期未改正的，责令该建设工程停止施工。

施工单位挪用安全防护、文明施工措施费用的，由县级以上建设主管部门依据《建设工程安全生产管理条例》第 63 条规定，责令限期整改，处挪用费用 20％ 以上 50％ 以下的罚款；造成损失的，依法承担赔偿责任。

（3）特种设备安全违法行为应承担的法律责任

《特种设备安全法》规定，特种设备安装、改造、修理的施工单位在施工前未书面告知负责特种设备安全监督管理的部门即行施工的，或者在验收后 30 日内未将相关技术资料和文件移交特种设备使用单位的，责令限期改正；逾期未改正的，处 1 万元以上 10 万元以下罚款。

特种设备的制造、安装、改造、重大修理以及锅炉清洗过程，未经监督检验的，责令限期改正；逾期未改正的，处 5 万元以上 20 万元以下罚款；有违法所得的，没收违法所得；情节严重的，吊销生产许可证。

特种设备使用单位有下列行为之一的，责令限期改正；逾期未改正的，责令停止使用有关特种设备，处 1 万元以上 10 万元以下罚款：1）使用特种设备未按照规定办理使用登记的；2）未建立特种设备安全技术档案或者安全技术档案不符合规定要求，或者未依法设置使用登记标志、定期检验标志的；3）未对其使用的特种设备进行经常性维护保养和定期自行检查，或未对其使用的特种设备的安全附件、安全保护装置进行定期校验、检修，并作出记录的；4）未按照安全技术规范的要求及时申报并接受检验的；5）未按照安全技术规范的要求进行锅炉水（介）质处理的；6）未制定特种设备事故应急专项预案的。

特种设备使用单位有下列行为之一的，责令停止使用有关特种设备，处 3 万元以上 30 万元以下罚款：1）使用未取得许可生产，未经检验或者检验不合格的特种设备，或者国家明令淘汰、已经报废的特种设备的；2）特种设备出现故障或者发生异常情况，未对其进行全面检查、消除事故隐患，继续使用的；3）特种设备存在严重事故隐患，无改造、修理价值，或者达到安全技术规范规定的其他报废条件，未依法履行报废义务，并办理使用登记证书注销手续的。

特种设备生产、经营、使用单位有下列情形之一的，责令限期改正；逾期未改正的，责令停止使用有关特种设备或者停产停业整顿，处 1 万元以上 5 万元以下罚款：1）未配备具有相应资格的特种设备安全管理人员、检测人员和作业人员的；2）使用未取得相应资格的人员从事特种设备安全管理、检测和作业的；3）未对特种设备安全管理人员、检测人员和作业人员进行安全教育和技能培训的。

特种设备生产、经营、使用单位或者检验、检测机构拒不接受负责特种设备安全监督管理的部门依法实施的监督检查的，责令限期改正；逾期未改正的，责令停产停业整顿，处 2 万元以上 20 万元以下罚款。

特种设备生产、经营、使用单位擅自动用、调换、转移、损毁被查封、扣押的特种设备或者其主要部件的，责令改正，处 5 万元以上 20 万元以下罚款；情节严重的，吊销生产许可证，注销特种设备使用登记证书。

（4）施工现场消防安全违法行为应承担的法律责任

《消防法》规定，违反本法规定，有下列行为之一的，责令改正，处 5000 元以上 5 万元以下罚款：1）消防设施、器材或者消防安全标志的配置、设置不符合国家标准、行业标准，或者未保持完好有效的；2）损坏、挪用或者擅自拆除、停用消防设施、器材的；3）占用、堵塞、封闭疏散通道、安全出口或者有其他妨碍安全疏散行为的；4）埋压、圈占、遮挡消火栓或者占用防火间距的；5）占用、堵塞、封闭消防车通道，妨碍消防车通行的；6）人员密集场所在门窗上设置影响逃生和灭火救援的障碍物的；7）对火灾隐患经公安机关消防机构通知后不及时采取措施消除的。

有下列行为之一，尚不构成犯罪的，处 10 日以上 15 日以下拘留，可以并处 500 元以下罚款；情节较轻的，处警告或者 500 元以下罚款：1）指使或者强令他人违反消防安全规定，冒险作业的；2）过失引起火灾的；3）在火灾发生后阻拦报警，或者负有报告职责的人员不及时报警的；4）扰乱火灾现场秩序，或者拒不执行火灾现场指挥员指挥，影响灭火救援的；5）故意破坏或者伪造火灾现场的；6）擅自拆封或者使用被公安机关消防机构查封的场所、部位的。

当事人逾期不执行停产停业、停止使用、停止施工决定的，由作出决定的公安机关消防机构强制执行。

《国务院关于加强和改进消防工作的意见》规定，各单位因消防安全责任不落实、火灾防控措施不到位，发生人员伤亡火灾事故的，要依法依纪追究有关人员的责任；发生重大火灾事故的，要依法依纪追究单位负责人、实际控制人、上级单位主要负责人和当地政府及有关部门负责人的责任。

《建设工程消防监督管理规定》中规定，建设、设计、施工、工程监理单位、消防技术服务机构及其从业人员违反有关消防法规、国家工程建设消防技术标准，造成危害后果的，除依法给予行政处罚或者追究刑事责任外，还应当依法承担民事赔偿责任。

（5）施工现场食品安全违法行为应承担的法律责任

《食品安全法》规定，违反本法规定，有下列情形之一的，由县级以上人民政府食品药品监督管理部门责令改正，给予警告；拒不改正的，处 5000 元以上 5 万元以下罚款；

情节严重的，责令停产停业，直至吊销许可证：1）食品、食品添加剂生产者未按规定对采购的食品原料和生产的食品、食品添加剂进行检验；2）食品生产经营企业未按规定建立食品安全管理制度，或者未按规定配备或者培训、考核食品安全管理人员；3）食品、食品添加剂生产经营者进货时未查验许可证和相关证明文件，或者未按规定建立并遵守进货查验记录、出厂检验记录和销售记录制度；4）食品生产经营企业未制定食品安全事故处置方案；5）餐具、饮具和盛放直接入口食品的容器，使用前未经洗净、消毒或者清洗消毒不合格，或者餐饮服务设施、设备未按规定定期维护、清洗、校验；6）食品生产经营者安排未取得健康证明或者患有国务院卫生行政部门规定的有碍食品安全疾病的人员从事接触直接入口食品的工作；7）食品经营者未按规定要求销售食品；8）保健食品生产企业未按规定向食品药品监督管理部门备案，或者未按备案的产品配方、生产工艺等技术要求组织生产；9）婴幼儿配方食品生产企业未将食品原料、食品添加剂、产品配方、标签等向食品药品监督管理部门备案；10）特殊食品生产企业未按规定建立生产质量管理体系并有效运行，或者未定期提交自查报告；11）食品生产经营者未定期对食品安全状况进行检查评价，或者生产经营条件发生变化，未按规定处理；12）学校、托幼机构、养老机构、建筑工地等集中用餐单位未按规定履行食品安全管理责任；13）食品生产企业、餐饮服务提供者未按规定制定、实施生产经营过程控制要求。

餐具、饮具集中消毒服务单位违反本法规定用水，使用洗涤剂、消毒剂，或者出厂的餐具、饮具未按规定检验合格并随附消毒合格证明，或者未按规定在独立包装上标注相关内容的，由县级以上人民政府卫生行政部门依照前款规定给予处罚。

食品相关产品生产者未按规定对生产的食品相关产品进行检验的，由县级以上人民政府质量监督部门依照第一款规定给予处罚。

食用农产品销售者违反本法第六十五条规定的，由县级以上人民政府食品药品监督管理部门依照第一款规定给予处罚。

（6）工伤保险违法行为应承担的法律责任

《工伤保险条例》规定，用人单位、工伤职工或者其近亲属骗取工伤保险待遇，医疗机构、辅助器具配置机构骗取工伤保险基金支出的，由社会保险行政部门责令退还，处骗取金额2倍以上5倍以下的罚款；情节严重，构成犯罪的，依法追究刑事责任。

用人单位依照本条例规定应当参加工伤保险而未参加的，由社会保险行政部门责令限期参加，补缴应当缴纳的工伤保险费，并自欠缴之日起，按日加收万分之五的滞纳金；逾期仍不缴纳的，处欠缴数额1倍以上3倍以下的罚款。依照本条例规定应当参加工伤保险而未参加工伤保险的用人单位职工发生工伤的，由该用人单位按照本条例规定的工伤保险待遇项目和标准支付费用。用人单位参加工伤保险并补缴应当缴纳的工伤保险费、滞纳金后，由工伤保险基金和用人单位依照本条例的规定支付新发生的费用。

用人单位违反本条例规定，拒不协助社会保险行政部门对事故进行调查核实的，由社会保险行政部门责令改正，处2000元以上2万元以下的罚款。

4. 对于施工安全事故应急救援与调查处理违法行为应承担的主要法律责任

（1）制定事故应急救援预案违法行为应承担的法律责任

《安全生产法》规定，生产经营单位有下列行为之一的，责令限期改正，可以处10万元以下的罚款；逾期未改正的，责令停产停业整顿，并处10万元以上20万元以下的罚款，对其直接负责的主管人员和其他直接责任人员处 2 万元以上 5 万元以下的罚款；构成犯罪的，依照刑法有关规定追究刑事责任：1) 对重大危险源未登记建档，或者未进行评估、监控，或者未制定应急预案的；2) 未建立事故隐患排查治理制度的。

《生产安全事故应急预案管理办法》规定，生产经营单位应急预案未按照本办法规定备案的，由县级以上安全生产监督管理部门给予警告，并处 3 万元以下罚款。

（2）事故报告及采取相应措施违法行为应承担的法律责任

《安全生产法》规定，生产经营单位的主要负责人在本单位发生生产安全事故时，不立即组织抢救或者在事故调查处理期间擅离职守或者逃匿的，给予降级、撤职的处分，并由安全生产监督管理部门处上一年年收入 60％至 100％的罚款；对逃匿的处 15 日以下拘留；构成犯罪的，依照刑法有关规定追究刑事责任。生产经营单位的主要负责人对生产安全事故隐瞒不报、谎报或者迟报的，依照前款规定处罚。

《特种设备安全法》规定，发生特种设备事故，有下列情形之一的，对单位处 5 万元以上 20 万元以下罚款；对主要负责人处 1 万元以上 5 万元以下罚款；主要负责人属于国家工作人员的，并依法给予处分：1) 发生特种设备事故时，不立即组织抢救或者在事故调查处理期间擅离职守或者逃匿的；2) 对特种设备事故迟报、谎报或者瞒报的。

《生产安全事故报告和调查处理条例》规定，事故发生单位主要负责人有下列行为之一的，处上一年年收入 40％至 80％的罚款；属于国家工作人员的，并依法给予处分；构成犯罪的，依法追究刑事责任：1) 不立即组织事故抢救的；2) 迟报或者漏报事故的；3) 在事故调查处理期间擅离职守的。

事故发生单位及其有关人员有下列行为之一的，对事故发生单位处 100 万元以上 500 万元以下的罚款；对主要负责人、直接负责的主管人员和其他直接责任人员处上一年年收入 60％至 100％的罚款；属于国家工作人员的，并依法给予处分；构成违反治安管理行为的，由公安机关依法给予治安管理处罚；构成犯罪的，依法追究刑事责任：1) 谎报或者瞒报事故的；2) 伪造或者故意破坏事故现场的；3) 转移、隐匿资金、财产，或者销毁有关证据、资料的；4) 拒绝接受调查或者拒绝提供有关情况和资料的；5) 在事故调查中作伪证或者指使他人作伪证的；6) 事故发生后逃匿的。

《刑法》第 139 条之一规定，在安全事故发生后，负有报告职责的人员不报或者谎报事故情况，贻误事故抢救，情节严重的，处 3 年以下有期徒刑或者拘役；情节特别严重的，处 3 年以上 7 年以下有期徒刑。

《最高人民法院、最高人民检察院关于办理危害生产安全刑事案件适用法律若干问题的解释》中规定，刑法第 139 条之一规定的"负有报告职责的人员"，是指负有组织、指挥或者管理职责的负责人、管理人员、实际控制人、投资人，以及其他负有报告职责的人员。

在安全事故发生后，负有报告职责的人员不报或者谎报事故情况，贻误事故抢救，具有下列情形之一的，应当认定为刑法第 139 条之一规定的"情节严重"：1) 导致事故后果扩大，增加死亡 1 人以上，或者增加重伤 3 人以上，或者增加直接经济损失 100 万元以上的；2) 实施下列行为之一，致使不能及时有效开展事故抢救的：①决定不报、迟报、谎报事故情况或者指使、串通有关人员不报、迟报、谎报事故情况的；②在事故抢救期间擅离职守或者逃匿的；③伪造、破坏事故现场，或者转移、藏匿、毁灭遇难人员尸体，或者转移、藏匿受伤人员的；④毁灭、伪造、隐匿与事故有关的图纸、记录、计算机数据等资料以及其他证据的；3）其他情节严重的情形。

具有下列情形之一的，应当认定为刑法第139条之一规定的"情节特别严重"：1）导致事故后果扩大，增加死亡3人以上，或者增加重伤10人以上，或者增加直接经济损失500万元以上的；2）采用暴力、胁迫、命令等方式阻止他人报告事故情况，导致事故后果扩大的；3）其他情节特别严重的情形。

在安全事故发生后，与负有报告职责的人员串通，不报或者谎报事故情况，贻误事故抢救，情节严重的，依照刑法第139条之一的规定，以共犯论处。在安全事故发生后，直接负责的主管人员和其他直接责任人员故意阻挠开展抢救，导致人员死亡或者重伤，或者为了逃避法律追究，对被害人进行隐藏、遗弃，致使被害人因无法得到救助而死亡或者重度残疾的，分别依照刑法第232条、第234条的规定，以故意杀人罪或者故意伤害罪定罪处罚。

实施刑法第132条、第134条至第139条之一规定的犯罪行为，在安全事故发生后积极组织、参与事故抢救，或者积极配合调查、主动赔偿损失的，可以酌情从轻处罚。

（3）事故调查违法行为应承担的法律责任

《生产安全事故报告和调查处理条例》规定，参与事故调查的人员在事故调查中有下列行为之一的，依法给予处分；构成犯罪的，依法追究刑事责任：1）对事故调查工作不负责任，致使事故调查工作有重大疏漏的；2）包庇、袒护负有事故责任的人员或者借机打击报复的。

（4）事故责任单位及主要负责人应承担的法律责任

《安全生产法》规定，生产经营单位与从业人员订立协议，免除或者减轻其对从业人员因生产安全事故伤亡依法应承担的责任的，该协议无效；对生产经营单位的主要负责人、个人经营的投资人处2万元以上10万元以下的罚款。

发生生产安全事故，对负有责任的生产经营单位除要求其依法承担相应的赔偿等责任外，由安全生产监督管理部门依照下列规定处以罚款：1）发生一般事故的，处20万元以上50万元以下的罚款；2）发生较大事故的，处50万元以上100万元以下的罚款；3）发生重大事故的，处100万元以上500万元以下的罚款；4）发生特别重大事故的，处500万元以上1000万元以下的罚款；情节特别严重的，处1000万元以上2000万元以下的罚款。

生产经营单位发生生产安全事故造成人员伤亡、他人财产损失的，应当依法承担赔偿责任；拒不承担或者其负责人逃匿的，由人民法院依法强制执行。生产安全事故的责任人未依法承担赔偿责任，经人民法院依法采取执行措施后，仍不能对受害人给予足额赔偿的，应当继续履行赔偿义务；受害人发现责任人有其他财产的，可以随时请求人民法院执行。

《特种设备安全法》规定，造成人身、财产损害的，依法承担民事责任。应当承担民事赔偿责任和缴纳罚款、罚金，其财产不足以同时支付时，先承担民事赔偿责任。构成违反治安管理行为的，依法给予治安管理处罚；构成犯罪的，依法追究刑事责任。

特种设备安全管理人员、检测人员和作业人员不履行岗位职责，违反操作规程和有关安全规章制度，造成事故的，吊销相关人员的资格。

《生产安全事故报告和调查处理条例》规定，事故发生单位对事故发生负有责任的，依照下列规定处以罚款：1）发生一般事故的，处10万元以上20万元以下的罚款；2）发生较大事故的，处20万元以上50万元以下的罚款；3）发生重大事故的，处50万元以上200万元以下的罚款；4）发生特别重大事故的，处200万元以上500万元以下的罚款。

事故发生单位主要负责人未依法履行安全生产管理职责，导致事故发生的，依照下列规定处以罚款；属于国家工作人员的，并依法给予处分；构成犯罪的，依法追究刑事责任：1）发生一般事故的，处上一年年收入30%的罚款；2）发生较大事故的，处上一年年收入40%的罚款；3）发生重大事故的，处上一年年收入60%的罚款；4）发生特别重大事故的，处上一年年收入80%的罚款。

事故发生单位对事故发生负有责任的，由有关部门依法暂扣或者吊销其有关证照；对事故发生单位负有事故责任的有关人员，依法暂停或者撤销其与安全生产有关的执业资格、岗位证书；事故发生单位主要负责人受到刑事处罚或者撤职处分的，自刑罚执行完毕或者受处分之日起，5年内不得担任任何生产经营单位的主要负责人。

5.《建筑工程安全管理条例》规定的其他违法行为应承担的法律责任

（1）违反本条例的规定，施工单位有下列行为之一的，责令限期改正；逾期未改正的，责令停业整顿，依照《中华人民共和国安全生产法》的有关规定处以罚款；造成重大安全事故，构成犯罪的，对直接责任人员，依照刑法有关规定追究刑事责任：

1）未设立安全生产管理机构、配备专职安全生产管理人员或者分部分项工程施工时无专职安全生产管理人员现场监督的；

2）施工单位的主要负责人、项目负责人、专职安全生产管理人员、作业人员或者特种作业人员，未经安全教育培训或者经考核不合格即从事相关工作的；

3）未在施工现场的危险部位设置明显的安全警示标志，或者未按照国家有关规定在施工现场设置消防通道、消防水源、配备消防设施和灭火器材的；

4）未向作业人员提供安全防护用具和安全防护服装的；

5）未按照规定在施工起重机械和整体提升脚手架、模板等自升式架设设施验收合格后登记的；

6）使用国家明令淘汰、禁止使用的危及施工安全的工艺、设备、材料的。

（2）违反本条例的规定，施工单位挪用列入建设工程概算的安全生产作业环境及安全施工措施所需费用的，责令限期改正，处挪用费用20%以上50%以下的罚款；造成损失的，依法承担赔偿责任。

（3）违反本条例的规定，施工单位有下列行为之一的，责令限期改正；逾期未改正的，责令停业整顿，并处5万元以上10万元以下的罚款；造成重大安全事故，构成犯罪的，对直接责任人员，依照刑法有关规定追究刑事责任：

1）施工前未对有关安全施工的技术要求作出详细说明的；

2）未根据不同施工阶段和周围环境及季节、气候的变化，在施工现场采取相应的安全施工措施，或者在城市市区内的建设工程的施工现场未实行封闭围挡的；

3）在尚未竣工的建筑物内设置员工集体宿舍的；

4）施工现场临时搭建的建筑物不符合安全使用要求的；

5）未对因建设工程施工可能造成损害的毗邻建筑物、构筑物和地下管线等采取专项防护措施的。

施工单位有前款规定第4)项、第5)项行为，造成损失的，依法承担赔偿责任。

（4）违反本条例的规定，施工单位有下列行为之一的，责令限期改正；逾期未改正的，责令停业整顿，并处10万元以上30万元以下的罚款；情节严重的，降低资质等级，直至吊销资质证书；造成重大安全事故，构成犯罪的，对直接责任人员，依照刑法有关规定追究刑事责任；造成损失的，依法承担赔偿责任：

1）安全防护用具、机械设备、施工机具及配件在进入施工现场前未经查验或者查验不合格即投入使用的；

2）使用未经验收或者验收不合格的施工起重机械和整体提升脚手架、模板等自升式架设设施的；

3）委托不具有相应资质的单位承担施工现场安装、拆卸施工起重机械和整体提升脚手架、模板等自升式架设设施的；

4）在施工组织设计中未编制安全技术措施、施工现场临时用电方案或者专项施工方案的。

（5）违反本条例的规定，施工单位的主要负责人、项目负责人未履行安全生产管理职责的，责令限期改正；逾期未改正的，责令施工单位停业整顿；造成重大安全事故、重大伤亡事故或者其他严重后果，构成犯罪的，依照刑法有关规定追究刑事责任。

作业人员不服管理、违反规章制度和操作规程冒险作业造成重大伤亡事故或者其他严重后果，构成犯罪的，依照刑法有关规定追究刑事责任。

施工单位的主要负责人、项目负责人有前款违法行为，尚不够刑事处罚的，处2万元以上20万元以下的罚款或者按照管理权限给予撤职处分；自刑罚执行完毕或者受处分之日起，5年内不得担任任何施工单位的主要负责人、项目负责人。

（6）施工单位取得资质证书后，降低安全生产条件的，责令限期改正；经整改仍未达到与其资质等级相适应的安全生产条件的，责令停业整顿，降低其资质等级直至吊销资质证书。

五、政府主管部门的监督管理

（一）建设工程安全生产的监督管理体制

《安全生产法》规定，国务院安全生产监督管理部门依照本法，对全国安全生产工作实施综合监督管理；县级以上地方各级人民政府安全生产监督管理部门依照本法，对本行政区域内安全生产工作实施综合监督管理。国务院有关部门依照本法和其他有关法律、行政法规的规定，在各自的职责范围内对有关行业、领域的安全生产工作实施监督管理；县级以上地方各级人民政府有关部门依照本法和其他有关法律、法规的规定，在各自的职责范围内对有关行业、领域的安全生产工作实施监督管理。

安全生产监督管理部门和对有关行业、领域的安全生产工作实施监督管理的部门，统称负有安全生产监督管理职责的部门。

《建设工程安全生产管理条例》进一步规定，国务院负责安全生产监督管理的部门依照《中华人民共和国安全生产法》的规定，对全国安全生产工作实施综合监督管理。县级以上地方各级人民政府负责安全生产监督管理的部门，依照《中华人民共和国安全生产法》的规定，对本行政区域内安全生产工作实施综合监督管理。

国务院建设行政主管部门对全国的建设工程安全生产实施监督管理。国务院铁路、交通、水利等有关部门按照国务院规定的职责分工，负责有关专业建设工程安全生产的监督管理。县级以上地方人民政府建设行政主管部门对本行政区域内的建设工程安全生产实施监督管理。县级以上地方人民政府交通、水利等有关部门在各自的职责范围内，负责本行政区域内的专业建设工程安全生产的监督管理。建设行政主管部门或者其他有关部门可以将施工现场的监督检查委托给建设工程安全监督机构具体实施。

（二）政府主管部门对涉及安全生产事项的审查

《安全生产法》规定，负有安全生产监督管理职责的部门依照有关法律、法规的规定，对涉及安全生产的事项需要审查批准（包括批准、核准、许可、注册、认证、颁发证照等，下同）或者验收的，必须严格依照有关法律、法规和国家标准或者行业标准规定的安全生产条件和程序进行审查；不符合有关法律、法规和国家标准或者行业标准规定的安全生产条件的，不得批准或者验收通过。对未依法取得批准或者验收合格的单位擅自从事有关活动的，负责行政审批的部门发现或者接到举报后应当立即予以取缔，并依法予以处理。对已经依法取得批准的单位，负责行政审批的部门发现其不再具备安全生产条件的，应当撤销原批准。

负有安全生产监督管理职责的部门对涉及安全生产的事项进行审查、验收，不得收取费用；不得要求接受审查、验收的单位购买其指定品牌或者指定生产、销售单位的安全设备、器材或者其他产品。

《建设工程安全生产管理条例》规定，建设行政主管部门在审核发放施工许可证时，应当对建设工程是否有安全施工措施进行审查，对没有安全施工措施的，不得颁发施工许可证。

建设行政主管部门或者其他有关部门对建设工程是否有安全施工措施进行审查时，不得收取费用。

（三）政府主管部门实施安全生产行政执法工作的法定职权

《安全生产法》规定，安全生产监督管理部门和其他负有安全生产监督管理职责的部门依法开展安全生产行政执法工作，对生产经营单位执行有关安全生产的法律、法规和国家标准或者行业标准的情况进行监督检查，行使以下职权：（1）进入生产经营单位进行检查，调阅有关资料，向有关单位和人员了解情况；（2）对检查中发现的安全生产违法行为，当场予以纠正或者要求限期改正；对依法应当给予行政处罚的行为，依照本法和其他有关法律、行政法规的规定作出行政处罚决定；（3）对检查中发现的事故隐患，应当责令立即排除；重大事故隐患排除前或者排除过程中无法保证安全的，应当责令从危险区域内撤出作业人员，责令暂时停产停业或者停止使用相关设施、设备；重大事故隐患排除后，经审查同意，方可恢复生产经营和使用；（4）对有根据认为不符合保障安全生产的国家标准或者行业标准的设施、设备、器材以及违法生产、储存、使用、经营、运输的危险物品予以查封或者扣押，对违法生产、储存、使用、经营危险物品的作业场所予以查封，并依法作出处理决定。监督检查不得影响被检查单位的正常生产经营活动。

生产经营单位对负有安全生产监督管理职责的部门的监督检查人员（以下统称"安全生产监督检查人员"）依法履行监督检查职责，应当予以配合，不得拒绝、阻挠。生产经营单位拒绝、阻碍负有安全生产监督管理职责的部门依法实施监督检查的，责令改正；拒不改正的，处2万元以上20万元以下的罚款；对其直接负责的主管人员和其他直接责任人员1万元以上2万元以下的罚款；构成犯罪的，依照刑法有关规定追究刑事责任。

安全生产监督检查人员执行监督检查任务时，必须出示有效的监督执法证件；对涉及被检查单位的技术秘密和业务秘密，应当为其保密。负有安全生产监督管理职责的部门在监督检查中，应当互相配合，实行联合检查；确需分别进行检查的，应当互通情况，发现存在的安全问题应当由其他有关部门进行处理的，应当及时移送其他有关部门并形成记录备查，接受移送的部门应当及时进行处理。

负有安全生产监督管理职责的部门依法对存在重大事故隐患的生产经营单位作出停产停业、停止施工、停止使用相关设施或者设备的决定，生产经营单位应当依法执行，及时消除事故隐患。生产经营单位拒不执行，有发生生产安全事故的现实危险的，在保证安全的前提下，经本部门主要负责人批准，负有安全生产监督管理职责的部门可以采取通知有关单位停止供电、停止供应民用爆炸物品等措施，强制生产经营单位履行决定。通知应当采用书面形式，有关单位应当予以配合。负有安全生产监督管理职责的部门依照前款规定采取停止供电措施，除有危及生产安全的紧急情形外，应当提前24小时通知生产经营单位。生产经营单位依法履行行政决定、采取相应措施消除事故隐患的，负有安全生产监督管理职责的部门应当及时解除前款规定的措施。

《建设工程安全生产管理条例》规定，县级以上人民政府负有建设工程安全生产监督管理职责的部门在各自的职责范围内履行安全监督检查职责时，有权采取下列措施：（1）要求被检查单位提供有关建设工程安全生产的文件和资料；（2）进入被检查单位施工现场进行检查；（3）纠正施工中违反安全生产要求的行为；（4）对检查中发现的安全事故隐患，责令立即排除，重大安全事故隐患排除前或者排除过程中无法保证安全的，责令从危险区域内撤出作业人员或者暂时停止施工。

《特种设备安全法》还规定，负责特种设备安全监督管理的部门在依法履行监督检查职责时，可以行使下列职权：（1）进入现场进行检查，向特种设备生产、经营、使用单位和检验、检测机构的主要负责人和其他有关人员调查、了解有关情况；（2）根据举报或者取得的涉嫌违法证据，查阅、复制特种设备生产、经营、使用单位和检验、检测机构的有关合同、发票、账簿以及其他有关资料；（3）对有证据表明不符合安全技术规范要求或者存在严重事故隐患的特种设备实施查封、扣押；（4）对流入市场的达到报废条件或者已经报废的特种设备实施查封、扣押；（5）对违反本法规定的行为作出行政处罚决定。

负责特种设备安全监督管理的部门在依法履行职责过程中，发现违反本法规定和安全技术规范要求的行为或者特种设备存在事故隐患时，应当以书面形式发出特种设备安全监察指令，责令有关单位及时采取措施予以改正或者消除事故隐患。紧急情况下要求有关单位采取紧急处置措施的，应当随后补发特种设备安全监察指令。

负责特种设备安全监督管理的部门在依法履行职责过程中，发现重大违法行为或者特种设备存在严重事故隐患时，应当责令有关单位立即停止违法行为、采取措施消除事故隐患，并及时向上级负责特种设备安全监督管理的部门报告。接到报告的负责特种设备安全监督管理的部门应当采取必要措施，及时予以处理。

负责特种设备安全监督管理的部门实施安全监督检查时，应当有 2 名以上特种设备安全监察人员参加，并出示有效的特种设备安全行政执法证件。负责特种设备安全监督管理的部门对特种设备生产、经营、使用单位和检验、检测机构实施监督检查，应当对每次监督检查的内容、发现的问题及处理情况作出记录，并由参加监督检查的特种设备安全监察人员和被检查单位的有关负责人签字后归档。被检查单位的有关负责人拒绝签字的，特种设备安全监察人员应当将情况记录在案。负责特种设备安全监督管理的部门及其工作人员不得推荐或者监制、监销特种设备；对履行职责过程中知悉的商业秘密负有保密义务。

（四）组织制定特大事故应急救援预案和重大生产安全事故抢救

《安全生产法》规定，县级以上地方各级人民政府应当组织有关部门制定本行政区域内特大生产安全事故应急救援预案，建立应急救援体系。

有关地方人民政府和负有安全生产监督管理职责的部门负责人接到重大生产安全事故报告后，应当立即赶到事故现场，组织事故抢救。

（五）建立安全生产的举报制度、相关信息系统和淘汰严重危及施工安全的工艺设备材料

《安全生产法》规定，负有安全生产监督管理职责的部门应当建立举报制度，公开举报电话、信箱或者电子邮件地址，受理有关安全生产的举报；受理的举报事项经调查核实后，应当形成书面材料；需要落实整改措施的，报经有关负责人签字并督促落实。任何单位或者个人对事故隐患或者安全生产违法行为，均有权向负有安全生产监督管理职责的部门报告或者举报。

负有安全生产监督管理职责的部门应当建立安全生产违法行为信息库，如实记录生产经营单位的安全生产违法行为信息；对违法行为情节严重的生产经营单位，应当向社会公告，并通报行业主管部门、投资主管部门、国土资源主管部门、证券监督管理机构以及有关金融机构。国务院安全生产监督管理部门建立全国统一的生产安全事故应急救援信息系统，国务院有关部门建立健全相关行业、领域的生产安全事故应急救援信息系统。

《建设工程安全生产管理条例》规定，国家对严重危及施工安全的工艺、设备、材料实行淘汰制度。具体目录由国务院建设行政主管部门会同国务院其他有关部门制定并公布。

县级以上人民政府建设行政主管部门和其他有关部门应当及时受理对建设工程生产安全事故及安全事故隐患的检举、控告和投诉。

第三章 建筑施工企业、工程项目的安全生产责任制

安全生产责任制是根据我国的安全生产方针"安全第一,预防为主,综合治理"和安全生产法规建立的各级领导、职能部门、工程技术人员、岗位操作人员在劳动生产过程中对安全生产层层负责的制度。

安全生产责任制是企业岗位责任制的一个组成部分,是企业中最基本的一项安全制度,是安全规章制度的核心,安全生产责任制的实质是"安全生产,人人有责"。安全生产责任制的核心是切实加强安全生产的领导。

实践证明,凡是建立、健全了安全生产责任制的企业,各级领导重视安全生产、劳动保护工作,切实贯彻执行党的安全生产、劳动保护方针、政策和国家的安全生产、劳动保护法规,在认真负责地组织生产的同时,积极采取措施,改善劳动条件,工伤事故和职业性疾病就会减少。反之,就会职责不清,相互推诿,而使安全生产、劳动保护工作无人负责,无法进行,工伤事故与职业性疾病就会不断发生。

一、建筑施工企业的安全生产责任制

施工单位是建设工程施工活动的主体,必须加强对施工安全生产的管理,落实施工安全生产的主体责任。

《安全生产法》规定,生产经营单位的安全生产责任制应当明确各岗位的责任人员、责任范围和考核标准等内容。生产经营单位应当建立相应的机制,加强对安全生产责任制落实情况的监督考核,保证安全生产责任制的落实。

《建筑法》规定,建筑施工企业必须依法加强对建筑安全生产的管理,执行安全生产责任制度,采取有效措施,防止伤亡和其他安全生产事故的发生。

2011年国务院颁发的《国务院关于坚持科学发展安全发展促进安全生产形势持续稳定好转的意见》进一步指出,认真落实企业安全生产主体责任。企业必须严格遵守和执行安全生产法律法规、规章制度与技术标准,依法依规加强安全生产,加大安全投入,健全安全管理机构。

(一) 施工单位主要负责人对安全生产工作全面负责

1.《安全生产法》规定,生产经营单位的主要负责人对本单位的安全生产工作全面负责

生产经营单位的主要负责人对本单位安全生产工作负有下列职责:(1)建立、健全本单位安全生产责任制;(2)组织制定本单位安全生产规章制度和操作规程;(3)保证本单位安全生产投入的有效实施;(4)督促、检查本单位的安全生产工作,及时消除生产安全事故隐患;(5)组织制定并实施本单位的生产安全事故应急救援预案;(6)及时、如实报告生产安全事故;(7)组织制定并实施本单位安全生产教育和培训计划。

《建筑法》规定，建筑施工企业的法定代表人对本企业的安全生产负责。

《建设工程安全生产管理条例》也规定，施工单位主要负责人依法对本单位的安全生产工作全面负责。

2015年国务院办公厅颁发的《关于加强安全生产监管执法的通知》中进一步规定，国有大中型企业和规模以上企业要建立安全生产委员会，主任由董事长或总经理担任，董事长、党委书记、总经理对安全生产工作均负有领导责任，企业领导班子成员和管理人员实行安全生产"一岗双责"。所有企业都要建立生产安全风险警示和预防应急公告制度，完善风险排查、评估、预警和防控机制，加强风险预控管理，按规定将本单位重大危险源及相关安全措施、应急措施报有关地方人民政府安全生产监督管理部门和有关部门备案。

不少施工安全事故都表明，如果施工单位主要负责人忽视安全生产，缺乏保证安全生产的有效措施，就会给企业职工的生命安全和身体健康带来威胁，给国家和人民的财产带来损失，企业的经济效益也得不到保障。因此，施工单位主要负责人必须自觉贯彻"安全第一、预防为主、综合治理"方针，摆正安全与生产的关系，切实克服生产、安全"两张皮"的现象。

2. 施工单位主要负责人

通常是指对施工单位全面负责，有生产经营决策权的人。具体说，可以是施工企业的董事长，也可以是总经理或总裁等。

（二）施工单位安全生产管理机构和专职安全生产管理人员的安全生产责任

1. 施工单位专职安全生产管理人员的安全生产责任

《安全生产法》规定，矿山、金属冶炼、建筑施工、道路运输单位和危险物品的生产、经营、储存单位，应当设置安全生产管理机构或者配备专职安全生产管理人员。

生产经营单位的安全生产管理机构以及安全生产管理人员履行下列职责：

（1）组织或者参与拟订本单位安全生产规章制度、操作规程和生产安全事故应急救援预案。

（2）组织或者参与本单位安全生产教育和培训，如实记录安全生产教育和培训情况。

（3）督促落实本单位重大危险源的安全管理措施。

（4）组织或者参与本单位应急救援演练。

（5）检查本单位的安全生产状况，及时排查生产安全事故隐患，提出改进安全生产管理的建议。

（6）制止和纠正违章指挥、强令冒险作业、违反操作规程的行为。

（7）督促落实本单位安全生产整改措施。

生产经营单位的安全生产管理机构以及安全生产管理人员应当恪尽职守，依法履行职责。生产经营单位作出涉及安全生产的经营决策，应当听取安全生产管理机构以及安全生产管理人员的意见。生产经营单位不得因安全生产管理人员依法履行职责而降低其工资、福利等待遇或者解除与其订立的劳动合同。

生产经营单位的安全生产管理人员应当根据本单位的生产经营特点，对安全生产状况进行经常性检查；对检查中发现的安全问题，应当立即处理；不能处理的，应当及时报告本单位有关负责人，有关负责人应当及时处理。检查及处理情况应当如实记录在案。生产经营单位的安全生产管理人员在检查中发现重大事故隐患，依照前款规定向本单位有关负责人报告，有关负责人不及时处理的，安全生产管理人员可以向主管的负有安全生产监督管理职责的部门报告，接到报告的部门应当依法及时处理。

《建设工程安全生产管理条例》还规定，施工单位应当设立安全生产管理机构，配备专职安全生产管理人员。专职安全生产管理人员负责对安全生产进行现场监督检查。发现安全事故隐患，应当及时向项目负责人和安全生产管理机构报告；对违章指挥、违章操作的，应当立即制止。

2. 施工单位安全生产管理机构的安全生产责任

2008年5月住房和城乡建设部经修改后发布的《建筑施工企业安全生产管理机构设置及专职安全生产管理人员配备办法》规定，建筑施工企业应当依法设置安全生产管理机构，在企业主要负责人的领导下开展本企业的安全生产管理工作。

建筑施工企业安全生产管理机构具有以下职责：（1）宣传和贯彻国家有关安全生产法律法规和标准；（2）编制并适时更新安全生产管理制度并监督实施；（3）组织或参与企业生产安全事故应急救援预案的编制及演练；（4）组织开展安全教育培训与交流；（5）协调配备项目专职安全生产管理人员；（6）制订企业安全生产检查计划并组织实施；（7）监督在建项目安全生产费用的使用；（8）参与危险性较大工程安全专项施工方案专家论证会；（9）通报在建项目违规违章查处情况；（10）组织开展安全生产评优评先表彰工作；（11）建立企业在建项目安全生产管理档案；（12）考核评价分包企业安全生产业绩及项目安全生产管理情况；（13）参加生产安全事故的调查和处理工作；（14）企业明确的其他安全生产管理职责。

建筑施工企业安全生产管理机构专职安全生产管理人员在施工现场检查过程中具有以下职责：（1）查阅在建项目安全生产有关资料、核实有关情况；（2）检查危险性较大工程安全专项施工方案落实情况；（3）监督项目专职安全生产管理人员履责情况；（4）监督作业人员安全防护用品的配备及使用情况；（5）对发现的安全生产违章违规行为或安全隐患，有权当场予以纠正或作出处理决定；（6）对不符合安全生产条件的设施、设备、器材，有权当场作出查封的处理决定；（7）对施工现场存在的重大安全隐患有权越级报告或直接向建设主管部门报告；（8）企业明确的其他安全生产管理职责。

（三）施工单位负责人施工现场带班

2010年7月颁发的《国务院关于进一步加强企业安全生产工作的通知》中规定，强化生产过程管理的领导责任。企业主要负责人和领导班子成员要轮流现场带班。

2011年7月住房和城乡建设部发布的《建筑施工企业负责人及项目负责人施工现场带班暂行办法》进一步规定，企业负责人带班检查是指由建筑施工企业负责人带队实施对工程项目质量安全生产状况及项目负责人带班生产情况的检查。建筑施工企业负责人，是指企业的法定代表人、总经理、主管质量安全和生产工作的副总经理、总工程师和副总工程师。

建筑施工企业负责人要定期带班检查，每月检查时间不少于其工作日的25%。建筑施工企业负责人带班检查时，应认真做好检查记录，并分别在企业和工程项目存档备查。工程项目进行超过一定规模的危险性较大的分部分项工程施工时，建筑施工企业负责人应到施工现场进行带班检查。工程项目出现险情或发现重大隐患时，建筑施工企业负责人应到施工现场带班检查，督促工程项目进行整改，及时消除险情和隐患。

对于有分公司（非独立法人）的企业集团，集团负责人因故不能到现场的，可书面委托工程所在地的分公司负责人对施工现场进行带班检查。

二、工程项目的安全生产责任制

工程项目是安全生产工作的载体，项目经理部负责具体组织和实施各项安全生产工作，因此，建立并完善项目经理部的安全生产责任制和监督考核体系就显得尤为重要。

（一）建设工程项目安全生产领导小组的安全生产责任

1. 建筑施工企业应当在建设工程项目组建安全生产领导小组

建设工程实行施工、总承包的，安全生产领导小组由总承包企业、专业承包企业和劳务分包企业项目经理、技术负责人和专职安全生产管理人员组成。

2. 安全生产领导小组的主要职责

（1）贯彻落实国家有关安全生产法律法规和标准。

（2）组织制定项目安全生产管理制度并监督实施。

（3）编制项目生产安全事故应急救援预案并组织演练。

（4）保证项目安全生产费用的有效使用。

（5）组织编制危险性较大工程安全专项施工方案。

（6）开展项目安全教育培训。

（7）组织实施项目安全检查和隐患排查。

（8）建立项目安全生产管理档案。

（9）及时、如实报告安全生产事故。

（二）项目负责人的安全生产责任

施工项目负责人是指建设工程项目的项目经理。施工单位不同于一般的生产经营单位，通常会同时承建若干建设工程项目，且异地承建施工的现象很普遍。为了加强对施工现场的管理，施工单位都要对每个建设工程项目委派一名项目负责人即项目经理，由他对该项目的施工管理全面负责。

《建设工程安全生产管理条例》规定，施工单位的项目负责人应当由取得相应执业资格的人员担任，对建设工程项目的安全施工负责，落实安全生产责任制度、安全生产规章制度和操作规程，确保安全生产费用的有效使用，并根据工程的特点组织制定安全施工措施，消除安全事故隐患，及时、如实报告生产安全事故。

1. 施工项目负责人的执业资格和安全生产责任

施工项目负责人经施工单位法定代表人的授权，要选配技术、生产、材料、成本等管理人员组成项目管理班子，代表施工单位在本建设工程项目上履行管理职责。

施工项目负责人的安全生产责任主要是：（1）对建设工程项目的安全施工负责；（2）落实安全生产责任制度、安全生产规章制度和操作规程；（3）确保安全生产费用的有效使用；（4）根据工程的特点组织制定安全施工措施，消除安全事故隐患；（5）及时、如实报告生产安全事故情况。

2. 施工单位项目负责人施工现场带班

《建筑施工企业负责人及项目负责人施工现场带班暂行办法》规定，项目负责人是工程项目质量安全管理的第一责任人，应对工程项目落实带班制度负责。项目负责人带班生产是指项目负责人在施工现场组织协调工程项目的质量安全生产活动。

项目负责人在同一时期只能承担一个工程项目的管理工作。项目负责人带班生产时，要全面掌握工程项目质量安全生产状况，加强对重点部位、关键环节的控制，及时消除隐患。要认真做好带班生产记录并签字存档备查。项目负责人每月带班生产时间不得少于本月施工时间的 80%。因其他事务需离开施工现场时，应向工程项目的建设单位请假，经批准后方可离开。离开期间应委托项目相关负责人负责其外出时的日常工作。

（三）建设工程项目专职安全生产管理人员的安全生产责任

1. 建筑施工企业应当设立建设工程项目专职安全管理机构及专职安全管理人员

建筑施工企业及施工项目应建立安全生产专职机构，并安全规定配备安全生产专职人员。建设工程项目的专职安全生产管理人员应当定期将项目安全生产管理情况报告企业安全生产管理机构。

2. 项目专职安全生产管理人员的主要安全生产责任

（1）负责施工现场安全生产日常检查并做好检查记录。

（2）现场监督危险性较大工程安全专项施工方案实施情况。

（3）对作业人员违规违章行为有权予以纠正或查处。

（4）对施工现场存在的安全隐患有权责令立即整改。

（5）对于发现的重大安全隐患，有权向企业安全生产管理机构报告。

（6）依法报告生产安全事故情况。

3. 专职安全生产管理人员的配备要求

（1）建筑施工企业安全生产管理机构专职安全生产管理人员的配备应满足下列要求，并应根据企业经营规模、设备管理和生产需要予以增加：

1）建筑施工总承包资质序列企业：特级资质不少于 6 人；一级资质不少于 4 人；二级和二级以下资质企业不少于 3 人。

2）建筑施工专业承包资质序列企业：一级资质不少于 3 人；二级和二级以下资质企业不少于 2 人。

3）建筑施工劳务分包资质序列企业：不少于 2 人。

4）建筑施工企业的分公司、区域公司等较大的分支机构应依据实际生产情况配备不少于 2 人的专职安全生产管理人员。

（2）总承包单位配备项目专职安全生产管理人员应当满足下列要求：

1）建筑工程、装修工程按照建筑面积配备：

① 1 万 m^2 以下的工程不少于 1 人。

② 1 万～5 万 m^2 的工程不少于 2 人。

③ 5 万 m^2 及以上的工程不少于 3 人，且按专业配备专职安全生产管理人员。

2）土木工程、线路管道、设备安装工程按照工程合同价配备：

① 5000 万元以下的工程不少于 1 人。

② 5000 万～1 亿元的工程不少于 2 人。

③ 1 亿元及以上的工程不少于 3 人，且按专业配备专职安全生产管理人员。

（3）分包单位配备项目专职安全生产管理人员应当满足下列要求：

1）专业承包单位应当配置至少 1 人，并根据所承担的分部分项工程的工程量和施工危险程度增加。

2）劳务分包单位施工人员在 50 人以下的，应当配备 1 名专职安全生产管理人员；50～200 人的，应当配备 2 名专职安全生产管理人员；200 人及以上的，应当配备 3 名及以上专职安全生产管理人员，并根据所承担的分部分项工程施工危险实际情况增加，不得少于工程施工人员总人数的 5‰。

采用新技术、新工艺、新材料或致害因素多、施工作业难度大的工程项目，项目专职安全生产管理人员的数量应当根据施工实际情况，在以上规定的配备标准上增加。

施工作业班组可以设置兼职安全巡查员，对本班组的作业场所进行安全监督检查。建筑施工企业应当定期对兼职安全巡查员进行安全教育培训。

三、安全生产责任制的组织落实

"安全第一、预防为主、综合治理"是开展安全生产管理工作总的指导方针。安全第一是原则，预防为主是手段，综合治理是方法。没有安全第一的思想，预防为主就失去了思想支撑，综合治理就失去了整治依据；预防为主是实现安全第一的根本途径，只有把安全生产工作的重点放在建立事故预防体系上，超前采取措施，才能有效防止和减少事故；只有采取综合治理，才能实现人、机、料、环境的统一，实现本质安全，真正把安全第一、预防为主落实到实处。

一方面，落实安全生产主体责任，是实现企业可持续发展的客观要求，在当前国家对房地产大力调控的背景下，对企业的生存发展提供了新的挑战和考验。

另一方面，落实安全生产主体责任，是构建和谐社会的现实要求，中央反复强调以人为本，构建和谐社会。人是宝贵的社会资源，以人为本就是以人的生命为本，科学发展首先强调安全发展，和谐社会首先强调关注生命，安全生产本身就是对人的生命权益的维护，如果各类事故不能有效控制，不仅给人民群众生命财产安全带来巨大损失，还给受害者家属造成无法弥补、无法挽回的影响。失去了幸福感，就谈不上和谐社会，因此，建设和谐社会，必须以安全生产为前提和保障。

（一）安全生产责任制的组织落实的关键环节

1. 建立、健全安全生产责任制

没有规矩，不成方圆。企业如果没有制度，就缺少企业文化，企业就没有品位，也没有发展后劲。《安全生产法》对企业的安全生产责任进行了明确规定，企业作为具体的落实者，必须结合本企业实际，制定和完善企业内部各级负责人、管理职能部门及其工作人员和各生产岗位员工的安全生产责任制，明确全体员工在安全生产中的责任，在企业内形成"安全生产，人人有责"的管理制度体系。

2. 推行"一岗双责"安全生产责任制

安全生产"一岗双责"，就是要建立健全各级领导班子安全生产责任制，主要负责人负总责，其他副职领导既要对分管业务工作负责，又要对分管领域内的安全生产工作负责。各级职能部门按照"谁主管、谁负责"，"谁审批、谁负责"的原则，做好主管范围内的安全生产工作，形成"横向到边、纵向到底"的安全生产责任体系，建立"关口前移，重心下移"的安全生产管理机制。

3. 确保层层签订安全生产责任书

通过签订安全生产目标责任书的形式，将安全生产责任分解落实到基层单位和部门，基层单位、部门再以责任书形式落实到岗位和职工个人。责任书应根据各级人员不同的职责进行区分，但宗旨是明确安全生产的责、权、利，形成一种有效的激励和约束机制。

4. 完善安全生产奖惩机制

安全考核与安全奖励挂钩，考核过程必须做到公平、公正、公开，确实发挥作用，突出重奖重罚的原则，奖要奖的让人眼红，罚要罚的让人心痛。严格执行"一票否决制"，并依照事故性质及应负责任的大小，与各级领导的"票子、面子、帽子"挂钩，直至追究法律责任。

第四章　建筑施工企业、工程项目的安全生产管理制度

一、安全生产保证体系

为了使企业及项目安全管理规范化、科学化、标准化，提高企业及项目的安全生产的水平，制定企业及项目的安全生产保证体系。

（一）建立企业、项目安全生产管理体系及安全保证体系

企业及项目根据实际情况建立安全管理体系及保证体系，项目建立以项目经理为组长，执行经理、安全总监、总工、生产经理等为副组长，分管各职责部门及各施工班组，形成安全体系。样表如图 4-1 所示。

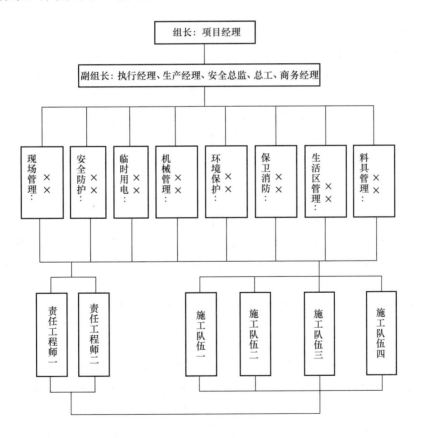

图 4-1　项目部安全管理及安全保证体系图

（二）安全生产管理制度体系

不以规矩，不能成方圆，安全管理制度就是建筑施工中的规矩，项目部必须制定切实可行的安全管理制度体系，确保项目安全工作顺利开展。项目部安全生产管理制度必须形成正式文件并附有文件发放记录。

项目安全生产管理制度体系包括：安全生产责任制、安全生产管理制度、安全交底制度、安全生产资质资格管理制度、安全生产费用及保险管理制度、安全生产教育培训及考核管理制度、施工机械设备管理制度、安全生产防护用品管理制度、安全生产评价考核管理制度、施工现场文明施工管理制度、施工现场消防保卫安全管理制度、施工现场生产生活设施管理制度、安全生产检查制度、安全事故报告处理制度、安全技术管理制度、应急救援制度、重大危险源管理制度、安全生产奖罚制度、重大危险源公示、告知制度、安全生产验收制度、安全生产隐患排查制度、分包单位管理制度、绿色施工安全管理制度、职业健康管理制度、临时用电安全管理制度、脚手架安全管理制度等。

安全生产责任制是建筑施工中最基本的安全管理制度，是所有安全规章制度的核心。企业必须明确各岗位（企业主要负责人、技术总工、安全总监、总经济师、各部门经理及部门员工等岗位）、各部门（商务部、技术部、财务部、安全部等各部门）的安全职责，明确各部门的职责分工，确定各安全责任，按照"人人管安全"原则制定所有岗位的安全生产责任制并定期进行考核。项目部根据公司的安全生产责任制结合项目实际，制定项目安全生产责任制。项目部相关安全责任人包括：项目经理、书记、执行经理、技术总工、生产经理、安全总监、机电经理、商务经理、财务经理、物资经理及各项目部门责任员工、施工单位各岗位人员及现场操作工人等项目所有人员。安全生产责任制内容必须明确各自工作范围的安全目标和安全责任，不得逾越管理权限。安全生产责任制必须由各相关责任人本人签字确认，项目部必须定期对安全生产责任制的落实执行情况进行考核。

（三）安全生产资金保证体系

企业及项目部必须制定安全生产资金保证体系，制定安全生产费用制度，编制安全生产资金投入计划，必须提前落实安全投入资金情况，专款专用，严禁私自挪用。企业及项目每月必须填写本月安全费用投入统计台账并附有各种单据。安全费用投入主要包含以下几个方面：

安全防护用品、用具：安全帽、安全带、安全网、防护面罩、工作服、反光背心等。现场安全防护设施：临边、洞口安全防护设施、临时用电安全防护、脚手架安全防护、机械设备安全防护设施、消防器材设施等。现场安全文明施工设施、措施：现场围挡、场地硬化、洗轮机、塔式起重机防攀爬设施、塔式起重机视频监控系统、现场洒水降尘措施、垃圾清运等。安全培训、宣传、应急用品：安全教育培训设备设施、各种安全活动宣传、订阅安全杂志、制作安全展板、配备急救器材及药品等。人工费：现场安全防护的搭拆维护、安全文明人工清理维护、现场安全隐患整改等有关的支出等。季节性安全生产费用：夏季防暑降温、冬季施工，雨季施工等安全费用。其他费用：危险性较大的分部分项工程专家论证费用、安全新科技应用费用及安全评优费用等其他安全费用。

（四）过程安全控制保证体系

建筑施工过程安全控制离不开人员安全教育培训以及过程的安全检查、危险源的控制措施。通过全员安全教育培训，提高全员安全意识，普及全员安全知识，同时结合安全检查验收及危险源控制，形成有效的过程安全控制保证体系。

1. 安全教育及学习培训

企业应以国家安全法律法规、公司规章制度、采用的新材料新工艺等为中心定期对企业员工进行安全教育及培训。对于政府及企业新颁发的相关条例规定，必须及时组织开展员工进行学习培训。

项目每年年初必须落实安全培训教育制度，同时制定项目本年度安全教育培训计划，项目管理人员及现场各分包人员必须全员接受安全教育。项目部必须根据制定的教育培训计划落实教育培训，安全教育签到表必须参加人员亲自签字，不得伪造代签。项目部必须建立工地农民工业余学校，组织开展岗前和班前安全生产教育。同时，项目部应根据项目现场施工的各个阶段分工种分批次对现场各分部分项工程的施工作业人员进行安全教育及现场交底，明确告知施工人员现场的安全风险以及各岗位的安全操作规程。对于各集团、各公司、各项目安全管理亮点必须组织人员进行培训学习。对于现场各阶段存在的安全隐患极其消除解决措施，必须定期进行培训学习。项目部也应对新规范、新工艺及时组织人员培训学习。

2. 安全检查验收及危险源控制措施

安全检查分为每日安全检查、定期安全检查、专项安全检查、季节性安全检查、节假日前后安全检查等。项目必须针对现场危险源进行识别、评价，编制专项安全技术措施，同时对涉及危险源施工的人员进行专项安全教育及交底。日常的安全检查必须以现场存在的危险源为检查重点，根据相关标准规范仔细排查。项目经理每月必须组织不少于一次的施工现场安全生产大检查，生产经理每周必须组织开展不少于一次的安全检查，对于现场检查发现的安全隐患，必须形成销项清单，按照"三定"原则进行整改销项，并同角度同方位拍照回复，形成整改前后闭合照片存档。对于现场的各种安全设备设施、安全防护、劳保用品、现场基坑、脚手架、模板支撑体系、中小型机械等按照检查标准检查合格后，相关验收表经验收各方签字确认存档。

（五）应急救援保证体系

公司及项目必须根据各自实际情况建立应急救援保证体系，编制应急救援预案，成立应急救援小组。应急预案必须明确应急救援小组人员职责分工、应急物资的准备及各类事故的原因和可能造成的后果、相关基本救治方法、事故的报告处理程序、事故的调查处理等。项目部根据现场实际，定期组织应急救援演练，并将演练记录存档保存。现场一旦发生事故，必须立即启动应急救援预案，组织救援、保护现场、及时报告事故和配合事故的调查处理。

二、安全生产资质资格管理

安全责任重于泰山，建筑施工安全生产资质管理是企业安全管理的基础，安全生产许可证是资质管理的核心。《建筑业企业资质管理规定》（中华人民共和国住房和城乡建设部令第 22 号）指出，建筑业企业应当按照其拥有的注册资本、净资产、专业技术人员、技术装备和已完成的建筑工程业绩等资质条件申请资质，经审查合格，取得相应等级的资质证书后，方可在其资质等级许可的范围内从事建筑活动。《安全生产许可证条例》指出，国家对矿山企业、建筑施工企业和危险化学品、烟花爆竹、民用爆破器材生产企业实行安全生产许可制度。企业未取得安全生产许可证的，不得从事生产活动。安全生产许可证是建筑业施工企业进行生产、施工等的必备证件，取得建筑施工资质证书的企业，必须申请安全生产许可证，方可进行建筑施工生产作业。

企业应根据自身分包商以及同行企业相关资源，建立企业合格分包商名录，定期对在名录内的分包商进行考核评价，对分包商进行分级评定，对一时段内处于下游的分包商进行末位淘汰，重新添加相应的分包商。对分包商的考核主要包括分包商人员配置及履职情况、分包商违约违章记录、分包商安全生产绩效等。企业定期对合格分包商名录进行审核更新，鼓励推荐项目部使用考核评价高，排名前列的分包商，规避相应的风险，同时要求项目对本项目部的分包商进行考核评价反馈。项目对分包的资质资格管理分为分包公司资格管理以及分包现场人员资格管理。分包公司管理主要是项目根据公司发布的合格分包商名录选取合格分包商，对进场的分包资质进行仔细核查，包括分包营业执照是否到期、施工资质范围是否包括该分包现场实际施工内容、安全生产许可证是否在有效期内等。人员资格管理主要是现场项目经理、安全员等管理人员是否取得相关职业证书、安全员是否按要求配备到位、提供的持有相关证件的人员是否与现场实际人员相符、相关证书是否合格有效、是否及时审核及超期等。

《建筑施工企业安全生产管理机构设置及专职安全生产管理人员配备办法》中对企业及分包单位安全管理人员配备有明确要求，具体要求如下：

（一）企业安全人员配备

建筑施工企业安全生产管理机构专职安全生产管理人员的配备应满足下列要求，并应根据企业经营规模、设备管理和生产需要予以增加：

建筑施工总承包资质序列企业：特级资质不少于 6 人；一级资质不少于 4 人；二级和二级以下资质企业不少于 3 人。

建筑施工专业承包资质序列企业：一级资质不少于 3 人；二级和二级以下资质企业不少于 2 人。

建筑施工劳务分包资质序列企业：不少于 2 人。

（二）项目总承包安全人员配备

总承包单位配备项目专职安全生产管理人员应当满足下列要求：

1. 建筑工程、装修工程按照建筑面积配备：

（1）1 万 m² 以下的工程不少于 1 人。

（2）1 万～5 万 m² 的工程不少于 2 人。

（3）5 万 m² 及以上的工程不少于 3 人，且按专业配备专职安全生产管理人员。

2. 土木工程、线路管道、设备安装工程按照工程合同价配备：

（1）5000万元以下的工程不少于1人。

（2）5000万～1亿元的工程不少于2人。

（3）1亿元及以上的工程不少于3人，且按专业配备专职安全生产管理人员。

（三）项目分包安全人员配备

分包单位配备项目专职安全生产管理人员应当满足下列要求：

专业承包单位应当配置至少1人，并根据所承担的分部分项工程的工程量和施工危险程度增加。

劳务分包单位施工人员在50人以下的，应当配备1名专职安全生产管理人员；50～200人的，应当配备2名专职安全生产管理人员；200人及以上的，应当配备3名及以上专职安全生产管理人员，并根据所承担的分部分项工程施工危险实际情况增加，不得少于工程施工人员总人数的5‰。

安全生产资质资格管理主要是人员的管理，人是管理的核心，只有配备符合相关要求的管理人员，将公司资质资格管理要求的各项指标执行落实到位，才能将安全生产资质资格管理工作做得更好。

三、安全生产费用及工伤保险管理

安全生产费用是指企业按照规定标准提取，在成本中列支，专门用于完善和改进企业安全生产条件的资金。安全费用按照"企业提取、政府监管、确保需要、规范使用"的原则进行财务管理。

（一）安全生产费用提取

《企业安全生产费用提取和使用管理办法》（财企〔2012〕16号）（以下简称《管理办法》）中第七条对建筑施工企业安全费用提取标准有明确规定：

建设工程施工企业以建筑安装工程造价为计提依据。各建设工程类别安全费用提取标准如下：

矿山工程为2.5%；房屋建筑工程、水利水电工程、电力工程、铁路工程、城市轨道交通工程为2.0%；市政公用工程、冶炼工程、机电安装工程、化工石油工程、港口与航道工程、公路工程、通信工程为1.5%。

建设工程施工企业提取的安全费用列入工程造价，在竞标时，不得删减，列入标外管理。国家对基本建设投资概算另有规定的，从其规定。

总包单位应当将安全费用按比例直接支付分包单位并监督使用，分包单位不再重复提取。

（二）安全生产费用使用范围

《管理办法》中第十九条规定的建筑施工企业安全费用使用范围

完善、改造和维护安全防护设施设备（不含"三同时"要求初期投入的安全设施）支出，包括施工现场临时用电系统、洞口、临边、机械设备、高处作业防护、交叉作业防护、防火、防爆、防尘、防毒、防雷、防台风、防地质灾害、地下工程有害气体监测、通风、临时安全防护等设施设备支出；

（1）配备、维护、保养应急救援器材、设备支出和应急演练支出。

（2）开展重大危险源和事故隐患评估、监控和整改支出。

（3）安全生产检查、咨询、评价（不包括新建、改建、扩建项目安全评价）和标准化建设支出。

（4）配备和更新现场作业人员安全防护用品支出。

（5）安全生产宣传、教育、培训支出。

（6）安全生产适用的新技术、新装备、新工艺、新标准的推广应用支出。

（7）安全设施及特种设备检测检验支出。

（8）其他与安全生产直接相关的支出。

根据建筑施工企业及项目可能存在的危险源辨识以及安全措施，根据《管理办法》中规定的使用范围，结合施工现场实际，将现场安全生产费用使用范围主要归纳为以下几方面：

1）安全防护用品、用具：安全帽、安全带、安全网、防护面罩、工作服、反光背心等。

2）现场安全防护设施：临边、洞口安全防护设施、临时用电安全防护、脚手架安全防护、机械设备安全防护设施、消防器材设施等。

3）现场安全文明施工设施、措施：现场围挡、场地硬化、洗轮机、塔式起重机防攀爬设施、塔式起重机视频监控系统、现场洒水降尘措施、垃圾清运等。

4）安全培训、宣传、应急用品：安全教育培训设备设施、各种安全活动宣传、订阅安全杂志，制作安全展板、配备急救器材及药品等。

5）人工费：现场安全防护的搭拆维护、安全文明人工清理维护、现场安全隐患整改等有关的支出等。

6）季节性安全生产费用：夏季防暑降温、冬季施工，雨季施工等安全费用。

7）其他费用：危险性较大的分部分项工程专家论证费用、安全新科技应用费用及安全评优费用等其他安全费用。

（三）安全生产费用管理要求

企业及项目必须单独设立"安全生产专项资金"科目，使专项资金做到专款专用，任何部门和个人不得擅自挪用。工程项目开工前，项目部编制安全生产费用资金计划，安全部门及分管领导审批，专项资金根据不同阶段对安全生产和文明施工的要求，实行分阶段使用，由项目部按计划进行支配使用，项目部工程部、安全部申请，项目经理批准后实施。企业及项目财务部必须对安全生产资金投入形成台账、报表等，并与企业及项目相关部门对账，发现差错，及时整改。

企业及项目必须保证安全费用的随用随取，不得以任何借口拖欠、不支付安全专项资金，影响企业及项目安全生产工作的顺利进行。安全费用必须落到实处，不得以现金形势发放给职工个人，也不得购买与安全无关的物品发放给员工。

企业及项目部安全专项资金投入与使用的情况，由企业及项目部分管领导、安全部门负责人、财务负责人每季度进行一次监督检查，检查内容如下：

（1）检查项目部安全生产资金投入使用的台账、报表等。

（2）实物与账册是否相符。

（3）报销手续是否齐全，报销凭证是否有效。

（4）财务设置科目与列入科目、记账是否符合要求。

对监督检查中发现的问题，要求相关责任人及时予以调整整改，如屡次违反，企业及项目部应对责任人按有关规定进行处罚。

（四）工伤保险管理

建筑业属于工伤风险较高行业，又是农民工集中的行业，工伤保险管理尤其重要。《关于进一步做好建筑业工伤保险工作的意见》（〔2014〕103号）（以下简称《意见》）指出"针对建筑行业的特点，建筑施工企业对相对固定的职工，应按用人单位参加工伤保险；对不能按用人单位参保、建筑项目使用的建筑业职工特别是农民工，按项目参加工伤保险。"建筑企业及项目应根据所在地区人力资源社会保障部门确定的工伤保险费率依法缴纳职工及工人的工伤保险费。

《意见》中指出，"建筑施工企业应依法与其职工签订劳动合同，加强施工现场劳务用工管理。施工总承包单位应当在工程项目施工期内督促专业承包单位、劳务分包单位建立职工花名册、考勤记录、工资发放表等台账，对项目施工期内全部施工人员实行动态实名制管理。施工人员发生工伤后，以劳动合同为基础确认劳动关系。对未签订劳动合同的，由人力资源社会保障部门参照工资支付凭证或记录、工作证、招工登记表、考勤记录及其他劳动者证言等证据，确认事实劳动关系。相关方面应积极提供有关证据；按规定应由用人单位负举证责任而用人单位不提供的，应当承担不利后果。"企业及项目必须配备劳务管理专员，落实动态实名制管理，加强工伤保险政策宣传和培训，并收集相关资料，配合政府相关部门工作。对于工伤鉴定及保险支付，企业及项目应根据政府相关要求积极配合提供相关资料，督促保险经办机构和用人单位依法按时足额支付各项工伤保险待遇。

四、安全生产教育培训及考核管理

建筑施工现场安全管理的成功有效实施依赖于现场全员的参与，要求现场人员必须具有良好的安全意识和安全知识。为了保证现场安全保证体系的有效实施运行，必须对全体人员进行安全教育和培训。安全教育必须贯穿整个施工阶段，从施工准备、现场动工、竣工的各个阶段和方面，对人员进行安全教育，通过安全教育和培训考核方可上岗作业。

（一）安全教育培训时间

《建筑业企业职工安全培训教育暂行规定》（建教〔1997〕83号）（以下简称《规定》）中指出："建筑业企业职工每年必须接受一次专门的安全培训。（1）企业法定代表人、项目经理每年接受安全培训的时间，不得少于30学时；（2）企业专职安全管理人员除按照建教（1991）522号文《建设企事业单位关键岗位持证上岗管理规定》的要求，取得岗位合格证书并持证上岗外，每年还必须接受安全专业技术业务培训，时间不得少于 40 学时；（3）企业其他管理人员和技术人员每年接受安全培训的时间，不得少于 20 学时；（4）企业特殊工种（包括电工、焊工、架子工、司炉工、爆破工、机械操作工、起重工、塔式起重机司机及指挥人员、人货两用电梯司机等）在通过专业技术培训并取得岗位操作证后，每年仍须接受有针对性的安全培训，时间不得少于 20 学时；（5）企业其他职工每年接受安全培训的时间，不得少于 15 学时；（6）企业待岗、转岗、换岗的职工，在重新上岗前，必须接受一次安全培训，时间不得少于 20 学时。"安全教育培训的对象是现场全体人员，而且各类人员的安全教育培训时间都有明确规定，企业及项目部必须根据规定要求制定安全教育培训计划并有效落实，做好人员的安全教育培训。

（二）安全教育主要培训形式

安全教育主要包括入场三级安全教育、专项安全教育培训、体验式安全教育培训、农民工夜校等。

入场三级安全教育是指公司、项目、班组三级安全教育。《规定》中明确指出："建筑业企业新进场的工人，必须接受公司、项目、班组的三级安全培训教育，经考核合格后，方能上岗。公司的培训教育的时间不得少于 15 学时，项目的培训教育的时间不得少于 15 学时，班组的培训教育的时间不得少于 20 学时。"公司安全培训教育的主要内容是：国家和地方有关安全生产的方针、政策、法规、标准、规范、规程和企业的安全规章制度等。项目安全培训教育的主要内容是：工地安全制度、施工现场环境、工程施工特点及可能存在的不安全因素等。班组安全培训教育的主要内容是：本工种的安全操作规程、事故安全案例、劳动纪律和岗位讲评等。企业、项目、班组必须严格按照安全教育内容和教育时间，对现场新入场的工人做好安全教育培训。

专项安全教育培训主要包括特种作业人员专项安全教育、季节性专项安全教育、节假日专项安全教育、安全月等专项安全活动教育培训、机械管理专项培训、临时用电专项教育培训、各类应急管理专项教育培训等。各类专项安全教育培训的内容必须根据各项目现场实际情况以及各类专项的特点、危险源及预防措施进行教育培训。

体验式安全教育培训是指组织工人进行体验式安全教育，通过安全带体验、综合用电、洞口坠落体验、防护用品穿戴、人行马道、VR 虚拟体验等体验项目，切身体验违章作业的严重后果。通过体验式安全教育让现场工人掌握安全基本知识要点更加简单易行。

农民工夜校是以安全生产、施工技能、职业健康、维权等为教育内容，在农民工下班后，对工人进行安全教育，丰富安全教育形势，规范农民工安全教育，提高现场农民工的整体素质。

安全教育培训必须有专人记录，并有参加人员签到表、教育影像资料，所有资料最后汇总留存于项目安全部门存档。

（三）安全教育考核管理

安全教育考核分为理论考试和现场实操考核，根据现场施工作业人员各类工种的安全操作规程、危险源等编制安全考试题。现场所有人员经过安全教育培训后，进行安全考试，考试合格后方可上岗作业。针对特种作业人员，除了进行安全理论考试外，必须进行现场实操考核。针对各项目实际情况，设置各特种作业人员实操点，对现场特种作业人员的实际操作水平进行实操考核，避免出现特种作业人员实际操作能力弱、对实际操作不清楚等问题，提前规避安全风险。针对项目考核不合格的特种作业人员，必须立即更换，降低项目特种作业安全风险。针对考核不合格的一般工人，必须重新进行安全培训，重新考核合格后方可进场施工。公司及项目必须重视安全教育考核管理，现场所有人员必须考核合格后方可进入施工现场进行施工作业，不合格的人员严禁进场作业。

五、机械设备管理

为了更好地贯彻、执行上级部门对现场机械设备管理方面的方针、政策和有关规定，保证工程质量，加快施工进度，提高生产效益，确保建筑施工现场机械设备的安全运行，必须制定机械设备资料台账管理制度、机械设备进场、安拆、验收制度、机械设备检查制度、机械设备维修保养制度、机械设备人员管理制度等。项目经理部必须配备专门的机械管理员，对现场的机械设备统一管理，督促各项规章制度的有效实施。

（一）机械设备资料台账管理制度

施工现场机械设备会随着建筑施工现场工序的有序开展而陆续进场或退场，项目部机械管理员负责对所在项目部的机械设备建立登记台账，并及时更新。对施工现场各机械设备资料单独建档留存，设备资料主要包括：（1）设备的名称、类别、数量、统一编号；（2）产品合格证及生产许可证（复印件及其他证明材料）；（3）使用说明书等技术资料；（4）操作人员交接班记录，维修、保养、自检记录；（5）机械设备安装、拆卸方案；（6）机械设备检测检验报告、验收备案资料；（7）各设备操作人员上岗证；（8）各类相关安全交底、安全协议；（9）机械设备产权单位、安拆单位资质，租赁合同等。以上资料涉及的复印件必须盖产权单位公章，资料未齐全的，现场严禁使用。

（二）起重机械设备进场、安拆、验收制度

对各种刚进场的起重机械设备必须实行进场验收，严把验收关，严禁不合格的设备进入现场，不合格的设备主要有以下几种：机械设备缺少生产许可证和产品质量合格证；各类安全装置和各种限位装置缺失或损坏的；机械结构出现焊缝严重开裂、主要构件出现严重变形的；传动机构各零部件严重磨损和严重变形的；电箱、线缆等不符合规定要求。

项目必须选择有相应资质的机械拆装公司进行机械安拆，机械设备安拆前，必须签订安拆安全管理协议书，必须编制专项机械安拆方案且审批手续齐全，同时必须根据项目所在地政府办理相关拆装手续，现场机械拆装人员必须持有效证件上岗作业，安拆过程必须留有相关资料记录。机械设备安装完成后，根据政府相关管理规定，由具备相应资质的检测单位进行设备检测，并经机械产权单位、安装单位、使用单位、项目部、项目监理等联合验收，检测验收合格后，方可投入使用。未经检验验收的任何机械设备，严禁私自使用。

（三）机械设备检查制度

机械设备检查主要分为中小型机械检查及起重机械专项检查。建筑现场中小型机械主要包括钢筋切断机、调直机等加工机械、混凝土泵、振捣棒、吊篮、电焊机、无齿锯、手持电动工具等。起重机械主要包括塔式起重机、施工升降机、物料提升机、龙门架、吊车等。

1. 中小型机械专项检查

机械设备检查是促进机械管理，提高机械完好率、利用率，确保安全生产，改进服务态度的有效措施。中小型机械检查的主要内容：检查机械技术状况、附件、备品工具、资料、记录、保养、操作、消耗、质量等情况，并对机械使用人员进行技术考核；检查机械使用单位对于机械管理工作的认识，是否重视机械管理工作，并纳入议事日程；检查规章制度的建立、健全和贯彻执行情况；检查管理机构和机务人员配备情况；检查机械技术状况及完好率、利用率情况；检查机械使用、维修、保养、管理情况；检查机械使用维修的运行效果。项目每月组织由各机械使用单位参加的机械大检查，对检查中发现的问题，以书面形式通报有关施工队或机械所属单位，定人定责限期整改。机械设备使用单位凡不按规定要求组织机械检查或检查不细致，存在问题未及时解决的，项目部有权立即停止机械设备的使用，责令相关人员立即整改解决，整改完成后方可继续作业。

2. 起重机械专项检查

（1）起重机械产权单位、使用单位应按制度经常检查起重机械的技术性能和安全状况，包括年度检查、季度检查、月度检查、每周检查和每日检查。

（2）每年对在用的起重机械至少进行两次全面检查，其中载荷试验可以结合吊运相当于额定起重量的重物进行，并按额定速度进行起升、回转、变幅、行走等机构安全性能检查。

（3）每季度进行的检查至少应包括下列项目：

1）安全装置、制动器、离合器等有无异常情况。

2）吊钩有无损伤；钢丝绳、滑轮组、索具等有无损伤。

3）配电线路、集电装置、配电盘、开关、控制器等有无异常情况。

4）液压保护装置、管道连接是否正常；顶升机构，主要受力部件有无异常和损伤。

5）钢结构、传动机构的检查；电缆的绝缘及损坏情况。

6）大型起重机械的防风、防倾覆措施的落实情况。

7）起重机械的安装、顶升、附着、拆除、维修资料是否齐全、规范。

（4）每月（包含停用一个月以上的起重机械在重新使用前）至少应检查下列项目：

1）安全装置、制动器、离合器等有无异常情况。

2）吊钩有无损伤。

3）钢丝绳、滑轮组、索具等有无损伤。

4）配电线路、集电装置、配电盘、开关、控制器等有无异常情况。

5）液压保护装置、管道连接是否正常。

6）顶升机构，主要受力部件有无异常和损伤。

（5）每周检查项目

1) 各类极限位置限制器、制动器、离合器、控制器以及电梯门联锁开关、紧急报警装置等。

2) 钢丝绳、滑轮组、索具等有无损伤。

3) 配电线路、集电装置、配电盘、开关、控制器等有无异常情况。

4) 液压保护装置、管道连接是否正常；顶升机构，主要受力部件有无异常和损伤。

(6) 每日作业前应检查的项目

1) 各类极限位置限制器、制动器、离合器、控制器以及电梯门联锁开关、紧急报警装置等。

2) 钢丝绳、吊索、吊具的安全状况。

3) 经检查发现起重机械有异常情况或损伤时，必须及时处理，严禁带病作业。

(四) 机械设备维修保养制度

1. 认真执行设备使用与维护相结合和设备谁使用谁维护的原则

单人使用的设备实行专责制。主要设备实行包机制（包运转、包维护、包检修）。设备使用实行定人、定机，凭证操作。主要管、线缆装置，实行区域负责制，责任到人。

2. 操作司机

各种设备司机，必须经过培训，达到本设备操作的技术等级"应知"、"应会"要求，经考试合格，领到合格证，方能上岗。设备司机都要做到"三好"，即管好、用好、修好；"四会"，即会使用、会保养、会检查、会排除故障。

3. 要严格执行日常保养（维护）和定期保养（维修）制度

日常保养：操作者每班照例进行保养，包括班前 10～15 分钟的巡回检查；班中责任制，注意设备运转、油标油位、各部温度、仪表压力、指示信号、保险装置等是否正常；班后、周末、节日前应大清扫、擦洗。发现隐患，及时排除；发现大问题，找维修人员处理。定期保养：设备运行 1～2 个月或运转 500 小时以后，以操作工人为主，维修工配合，进行部分解体清洗检查，调整配合间隙和紧固零件，处理日常保养无法处理的缺陷。定期保养完后，由车间技术人员与设备管理员进行验收评定，填写好保养记录。确保设备经常保持整齐、清洁、润滑、安全、经济运行。

4. 检查

起重设备应定期进行精度、性能测试，做好记录，发现精度、效能降低，应进行调整或检修。对设备的关键部位要进行日常点检和定期点检，并做好记录。特种设备指防爆电气设备、压力容器和起吊设备，应严格按照国家有关规定进行使用和管理，定期进行检测和预防性试验，发现隐患，必须更换或立即进行处理。加强设备润滑管理，建立并严格执行润滑"五定"即定人、定质、定点、定量、定期制度，做好换油记录。

5. 保养的原则和要求

(1) 为保证机械设备经常处于良好的技术状态，随时可以投入运行，减少故障停机日，提高机械完好率、利用率，减少机械磨损，延长机械使用寿命，降低机械运行和维修成本，确保安全生产，必须强化对机械设备的维护保养工作。

(2) 机械保养必须贯彻"养修并重，预防为主"的原则，做到定期保养、强制进行，正确处理使用、保养和修理的关系，不允许只用不养，只修不养。

（3）各班组必须按机械保养规程、保养类别做好各类机械的保养工作，不得无故拖延。

（4）机械保养坚持推广以"清洁、润滑、调整、紧固、防腐"为主要内容的"十字"作业法，实行例行保养和定期保养制，严格按使用说明书规定的周期及检查保养项目进行。

（5）例行保养是在机械运行的前后及过程中进行的清洁和检查，主要检查要害、易损零部件（如机械安全装置）的情况，冷却液、润滑剂、燃油量、仪表指示等。例行保养由操作人员自行完成，并认真填写《机械例行保养记录》。

（6）一级保养：普遍进行清洁、紧固和润滑作业，并部分地进行调整作业，维护机械完好技术状况。由操作者本人完成，操作班班长检查监督。

（7）二级保养：包括一级保养的所有内容，以检查、调整为中心，保持机械各总成、机构、零件具有良好的工作性能。由操作者本人完成，操作者本人完成有困难时，可委托修理部门进行，使用单位操作班组长检查监督。

（8）换季保养：主要内容是更换适用季节的润滑油、燃油，采取防冻措施，增加防冻设施等。由使用单位组织安排，操作班组长检查、监督。

（9）停放保养：停用及封存机械应进行保养，主要是清洁、防腐、防潮等，由机械所属单位进行保养。

（10）保养计划完成后必须经过认真检查和验收，并填写有关资料，做到记录齐全、真实。

（五）机械设备人员管理制度

1. 机械设备特种作业人员

起重机械司机、信号指挥工、起重机械安拆工、吊篮安拆工、电工、焊工等必须按国家和省、市安全生产监察局及建设主管部门的要求培训和考试，取得省、市安全生产监察局及建设主管部门颁发的"特种作业人员安全操作证"后，方可上岗操作，并按国家规定的要求和期限进行审证。机械设备作业人员必须遵守安全操作规程，做到勤检查、勤保养，禁止设备带病运转，做好机械设备运行记录。

2. 交接班

机械使用必须贯彻"管用结合"、"人机固定"的原则，实行定人、定机、定岗位的岗位责任制。机械设备作业人员在交接班时，做好机械设备交接班记录。

3. 日常保养

施工现场的机械管理员、维修员和操作人员必须严格执行机械设备的保养规程，应按机械设备的技术性能进行操作，必须严格执行定期保养制度，做好操作前、操作中和操作后的清洁、润滑、紧固、调整和防腐工作。各类机械操作人员下班后必须拉闸断电并将机械设备上锁。同时，项目部对现场机械设备加强检查，严禁现场作业人员私自操作机械设备。

六、安全生产防护用品管理

安全防护用品是保护劳动者在生产过程中的安全和健康所必不可少的一种预防性装

备，是保障从业人员人身安全与健康的重要措施，也是保障生产经营单位安全生产的基础。

（一）防护用品采购验收管理

1. 建筑施工现场的安全防护用品范围

1) 安全防护用品包括安全帽、安全带、安全网、安全绳及其他个人防护用具；2) 电气产品包括用于施工现场的漏电保护器、临时配电箱、电闸箱、五芯电缆；3) 安全防护设施包括各类机械设备的安全防护设施，施工现场安全防护设施等。

2. 物资合格资料

企业及项目必须选择具有劳动用品生产相应资质的分供方，劳动用品合格证、产品说明书、检测报告等资料必须齐全有效。所有安全防护用品必须由施工单位统一进行采购，不得由分包单位私自进行采购，严禁私自购买和使用无安全资质的分供方生产的安全防护用品。

3. 安全防护用品实行安全标志管理

企业及项目采购的安全防护用品应是取得安全防护用品安全标志（"LA"标识）的产品。安全防护用品安全标志证书由国家安全生产监督管理总局监制，加盖安全防护用品安全标志管理中心印章。

4. 抽样检测

安全防护用品使用前，必须经物资、技术、安全等部门人员一同进行检查验收，根据相关规定需要进场抽样检测的，必须经具有有效资质的检测单位取样检测。验收合格后方可使用。对施工现场验收合格的安全防护用品，形成验收记录，物资部或安全部建立台账存档。

5. 物资采购

项目安全部门根据现场施工进度实际情况编制年度防护用品采购计划，报请项目经理审批，财务部门根据计划从安全费用中落实资金，物资部门根据计划进行采购。凡采购的安全防护用品，在进场时发现产品质量缺陷、资料不齐全等问题时，严禁其进场。若多次发生此类现象，可根据实际情况更换其他分供方。

（二）防护用品使用监督管理

企业及项目应加强安全防护用品的教育培训，确保现场作业人员正确使用防护用品，严禁私自拆除施工现场各类安全设施。

作业人员进入施工现场，必须按规定穿戴劳动防护用品，并正确使用劳动防护用品。对于生产中必不可少的安全帽、安全带、绝缘护品，防毒面具，防尘口罩等职工个人特殊劳动防护用品，必须根据特定工种的要求配备齐全，并保证质量。项目部应建立防护用品的管理制度，对于不正确穿戴防护用品作业人员或随意破坏防护设施的要有相应的处罚措施，对于遵守制度，举报隐患的人员给予相应的奖励。

凡是从事多种作业或在多种劳动环境中作业的人员，应按其主要作业的工种和劳动环境配备安全防护用品。如配备的安全防护用品在从事其他工种作业时或在其他劳动环境中确实不能适用的，应另配或借用所需的其他安全防护用品。企业及项目应配备公用的安全防护用品，供外来参观、学习、检查工作人员使用。公用的劳动防护用品应保持整洁，专人保管。因现场施工需要，必须拆除部分安全防护设施时，必须办理有关审批手续。施工完毕，在批准的时间内及时将安全设施恢复，由责任工程师组织验收，安全部门参与验收。未经批准，施工人员不得擅自拆除安全防护设施。

（三）防护用品更换报废管理

根据安全防护用品国家标准和使用说明书的使用期限及实际使用情况及时进行更换、报废。对于安全性能明显下降、不满足使用需求的，又无法修复或修复后达不到安全标准的，填写报废申请表，经安全部及物资部批准后报废，并在安全防护用品台账中去除。

企业及项目物资部负责集中收集破损、过期报废的安全防护用品，严禁随意丢弃，按规定进行集中报废处理，同时建立防护用品报废台账。安全部应加强现场安全防护用品的检查和监督，对现场超期、失效等不能继续使用的防护用品应立即更换处理。

七、安全生产评价考核管理

安全是一切工作的基础，没有安全就没有发展，没有安全就没有效益。为严格执行各项安全规章制度，落实建筑施工安全管理，强化安全纪律，减少和杜绝因工伤事故的发生，保证职工在生产过程中的安全和健康，提高安全管理水平，促进公司安全生产的良性循环，保障员工生命安全与公司财产安全，必须对项目施工现场进行安全考核。

（一）项目部整体考核

施工现场的安全考核核心的是对各区域主管人员以及分包单位的考核，根据相关安全规范、《安全生产检查标准》JGJ 59—2011以及项目实际情况制定项目检查考核表，主要包括安全管理、机械管理、消防保卫、后勤卫生以及绿色施工等（各检查样表见附表）。项目经理定期组织项目相关人员根据制定的检查考核表进行检查打分，根据考核结果进行相关奖惩，处罚以教育、经济处罚以及行政处罚相结合的方式，把教育、处罚、激励贯穿于整个项目安全生产过程中，强化现场安全管理。项目可根据实际情况，制定本项目奖惩标准。

（二）项目部人员考核

项目部结合安全管理、机械管理、消防保卫、后勤卫生以及绿色施工等考核结果，以及项目所有人员的日常工作管理，对全体人员进行安全考核，各人员考核表可根据项目实际情况制定（考核样表见附图），同时根据考核结果进行相关奖惩，将项目管理人员奖惩、激励落到实处，贯穿项目始终，强化现场安全管理。

项目部人员考核表说明：

本考核表中的项目经理、生产经理及安全总监由公司安全部进行考核，其余人员由项目部考核。各项目经理部可根据项目实际情况制定本项目考核奖罚办法。本考核表为样本，各项目经理部可根据本项目岗位设置的具体情况予以调整。表中的"考核情况"一栏必须填写，填写考核具体情况，并与"评定分值"一栏的得分情况相一致。

1. 评分办法

每个子项按"好"、"较好"、"合格"、"较差"、"差"五级评定。

（1）凡达到标准，全面完好的评为好，给予该项标准分值的 100%。

（2）凡达到标准，基本完好的评为较好，给予该项标准分值的 90%。

（3）凡符合标准，达到合格要求的，评为合格，给予该项标准分值的 70%。

（4）凡基本符合标准，但有一定缺陷，需改动后才能达到合格要求的，评为较差，给予该项标准分值的 50%。

（5）不符合标准，有严重缺陷的，评为差，给予该项标准分值的 0%。

2. 表格详见附表一

八、施工现场文明施工管理

建筑施工现场安全文明施工水平体现了企业在工程项目施工现场的综合管理水平。建筑现场文明施工涉及人、财、物各个方面，贯穿于施工全过程之中。在建筑施工过程中，公司及项目必须注重安全文明施工的管理工作，实现项目施工的标准化、规范化，预防安全事故的发生，确保企业及项目安全文明施工目标的顺利实现，提升企业的知名度，营造品牌效应。

（一）建立项目安全文明施工管理小组

项目部必须建立以项目经理为组长，各部门负责人为副组长，各员工及分包单位为组员的安全文明施工管理小组，制定项目文明施工管理目标，全员参与，齐抓共管，将安全文明施工管理落实到各个人员及分包单位。安全文明施工管理小组每周组织进行一次全面的施工现场安全文明大检查，并组织文明施工专题会进行通报总结，对存在的问题定人定时间进行整改，对在期限内未整改完成的事项要进行处罚，并局部停工整改，直至整改完成。

（二）现场安全文明施工管理的要求

项目施工组织设计中必须明确安全文明施工的规划、组织体系、职责。施工总平面布置要考虑现场安全文明施工的需要，统一规划。明确划分安全文明施工责任区，现场区域划分无死角，落实到相应管理人员及分包单位。现场材料、设备等堆放合理，排放有序，并有相应材料设备标识。施工现场道路畅通，路面平整整洁，照明配置得当，保卫人员上岗执勤。

施工现场扬尘治理措施按照"六个百分百"、"七个到位"落实；"六个百分百"具体指施工区域 100% 标准围挡；裸露黄土 100% 覆盖；施工道路 100% 硬化；渣土运输车辆 100% 密闭拉土；施工现场出入车辆 100% 冲洗清洁；建筑拆除 100% 湿法作业；"七个到位"具体指出入口道路硬化到位；基坑坡道处理到位；三冲洗设备安装到位；清运车辆密闭到位；拆除湿法作业到位；裸露地面覆盖到位；拆迁垃圾覆盖到位。现场施工用电及施工用水排布系统要布置合理、安全，现场排水与消防设施符合安全要求，满足施工需要。施工用机械、设备完好、清洁，安全操作规程齐全，操作人员持证上岗，并熟悉机械性能和工作条件。施工现场的安全管理、安全防护设施、安全器具等实现标准化,符合有关规定要求。施工现场临建设施完整,布置合理得当,环境清洁,相关安全管理制度张贴在醒目位置。

(三)安全文明施工管理的措施

为保证施工现场文明施工管理,必须要采取相应的措施,其中安全教育和安全检查是现场安全文明施工管理的主要措施。同时项目现场文明施工宜单独招标,便于项目对文明施工的日常管理。

安全教育:要严格执行落实"三级教育",提高现场作业人员辨识安全危险及预防伤害的能力,并养成遵章守纪的习惯。同时,定期将现场文明施工好的照片以及不好的照片以幻灯片的形式对现场人员进行教育交底,给现场文明施工制定标准。安全文明施工的检查:安全检查是发现不安全行为和不安全状态的重要途径。项目部必须定期组织开展全面的施工现场安全文明大检查,对存在的问题定人定时间进行整改。安全文明施工检查的目的是发现、处理、消除危险因素,避免事故伤害,实现安全文明施工。消除施工现场危险因素的关键环节,在于认真的整改,真正的、确确实实的把危险因素消除。

九、施工现场消防安全管理

企业及项目必须认真贯彻消防工作"预防为主,防消结合"的指导方针,加强施工现场消防安全管理,增强群众防范意识,把消防事故消灭在萌芽状态。

(一)建立消防管理机构

施工单位应根据项目规模、现场消防安全管理的重点,建立消防安全管理组织机构及义务消防组织,并应确定消防安全负责人,同时落实相关人员的消防安全管理责任。

(二)消防安全管理制度

1. 消防安全责任制

项目部必须建立消防安全责任制,明确各级消防责任,逐级签订安全防火责任书,按照"谁主管,谁负责"的工作原则,真正把消防工作落实到实处。项目经理是项目防火安全的第一责任人,负责本工地的消防安全。项目消防负责人主要履行以下职责:(1)制定并落实消防安全责任制和防火安全管理制度,组织编制消防应急预案以及落实应急预案的演练实施。(2)组织成立项目义务消防队并负责消防队的日常管理。(3)配备灭火器材,落实定期维护、保养措施,改善防火条件,开展消防安全检查,及时消除火险隐患。(4)对职工进行消防安全教育,组织消防知识学习,增强职工消防意识和自防自救能力。(5)组织火灾自救,保护火灾现场,协助火灾原因调查。

2. 施工现场防火管理制度

(1)施工现场消防负责人应全面负责施工现场的防火安全工作,应积极督促各分包单位现场的消防管理和检查工作。

(2)施工单位与分包单位签订的"工程合同"中,必须有防火安全的内容,共同搞好防火工作。

（3）在编制施工组织设计时，施工总平面图、施工方法和施工技术均要符合消防要求。

（4）施工现场要定期进行消防专项安全检查以及日常消防检查，检查以生活区和施工现场为重点，主要包括宿舍、食堂、现场库房、加工区、材料堆放区等为重点部位，发现隐患，及时整改，并做好防范工作。一时难以消除的隐患，要定人员、定时间、定措施限期整改。

（5）施工现场应明确划分动火作业、易燃可燃材料堆场、仓库、易燃废品集中站和生活区等区域，各区域消防设施器材必须按规范要求合理配备。

（6）施工现场夜间应有照明设备，保持消防车通道畅通无阻，并安排专人进行值班巡逻。

（7）不准在高压架空线下面搭设临时焊、割作业场，不得堆放建筑物或可燃品。

（8）消防器材保管人员，应懂得消防知识，能正确使用器材，工作认真、负责。定期检查消防设施、器材，指定专人维护、管理、定期检查更新，保证完整好用。

（9）在项目施工时，消防器材和设施必须按规范配备到位。在防火重要部位设置的消防设施、器材，由该部位的消防责任人负责，发现消防设施损坏、灭火器材缺失以及失效等问题时，及时通知消防负责人维修更新。对故意损坏消防设施器材、私自挪用消防器材的违章行为，根据项目实际情况进行相应处罚。

（10）施工现场的焊割作业，氧气瓶、乙炔瓶、易燃易爆物品的距离应符合有关规定；如达不到上述要求的，应执行动火审批制度，并采取有效的安全隔离措施。

（11）施工现场用电，应严格执行有关规范要求，加强用电管理，防止发生电气火灾。

（12）冬期施工采用加热措施时，应进行安全教育；施工过程中，应安排专人巡逻检查，发现隐患及时处理。

（13）施工现场发生火警或火灾，应立即报告公安消防部门，并组织力量扑救。

（14）根据"四不放过"的原则，在火灾事故发生后，施工单位和建设单位应共同做好现场保护和会同消防部门进行现场勘察的工作。对火灾事故的处理提出建议，并积极落实防范措施。

（15）编制现场消防安全和应急预案，至少每季度进行一次演练，并结合实际，不断完善预案。预案应当包括下列内容：1）组织机构和职责分配；2）报警和接警处置程序；3）应急疏散的组织程序和措施；4）扑救初起火灾的程序和措施；5）通信联络、安全防护救护的程序和措施；6）后勤保障程序和措施；7）医疗救护保障程序和措施等。

3. 施工现场动火审批制度

施工现场需进行电气焊作业、防水作业等需要动火的施工作业前，必须开具动火证。动火证必须由总包单位消防负责人签发，严禁由分包单位或其他人员签发。

一级动火审批制度：禁火区域内；油罐、油箱、油槽车和储存过可燃气体，易燃液体的容器以及连接在一起的辅助设备；各种受压设备；危险性较大的登高焊、割作业；比较密封的室内，地下室等场进行动火作业，由动火作业施工负责人填写动火申请表，然后提交项目防火负责人审查后报公司，经公司安全部门主管防火工作负责人审核，并将动火许可证和动火安全技术措施方案，报所在地区消防部门审查，经批准后方可动火。

二级动火审批制度：在具有一定危险因素的非禁火区域内进行临时焊割等动火作业，小型油箱等容器、登高焊割、节假日期间等动火作业，由项目施工负责人填写动火许可证，并附上安全技术措施方案，并经项目防火负责人审查后报公司安全部门审批，批准后方可动火。

三级动火的审批制度：在非固定的、无明显危险因素的场所进行动火作业，由申请动火单位填写动火申请单，动火人和监护人经自查动火安全措施符合要求后签字，报项目部经三级审批后，方可动火。

所有动火作业必须经审批后方可动火作业，严禁私自动火。

动火作业前必须检查现场，在确保周围无易燃物，各种安全防护措施（灭火器、接火斗、安全带等）以及监护人到位后方可作业。动火监护人严禁中途离开，必须在动火作业过程中全程监护。

十、施工现场临建设施管理

（一）现场临建设施的分类

办公设施，包括办公室、会议室、保卫室等。

生活设施，包括宿舍、食堂、厕所、淋浴室、娱乐室、医务室等。

生产设施，包括材料库房、安全防护棚、加工棚（木材加工厂、钢筋加工厂等）。

辅助设施，包括道路、现场排水设施、围墙、大门等。

（二）现场临建设施的管理要求

项目部对施工现场临时设施管理负总责。对依法分包的，应在分包合同中载明施工现场临时设施的管理条款，明确各自责任。施工现场的临建设施必须与作业区分开设置，并保持安全距离；临建设施的材料应当符合安全、消防要求，同时，临建设施应按《建设工程施工现场环境与卫生标准》JGJ 146-2013 相关要求搭建。施工现场应建立临建设施管理制度和日常检查、考核制度，建立健全临时设施的消防安全和防范制度，并落实专（兼）职管理负责人。建立卫生值日制度、定期清扫、消毒和垃圾及时清运制度，根据工程实际设置相应的专职保洁员，负责卫生清扫和保洁。生活区应采取灭鼠、蚊、蝇、蟑螂等措施，并应定期投入和喷洒药物。

临建设施内应统一配置清扫工具、照明、消防等必要的生活设施。临建设施内用电应当设置独立的漏电保护器和足够数量的安全插座，禁止出现裸线。临建设施内电器设备安装和电源线的配置，必须由专职电工操作，不允许私搭乱接。临时设施内严禁烹饪煮饭。施工现场及生活区应设置密闭式垃圾站（或容器），不得有污水、散乱垃圾等，生活垃圾与施工垃圾应分类堆放。项目部对现场临时道路布置充分考虑施工运输的需要，特别是大型设备、大件材料的运输需要。现场主要道路应根据施工平面图和业主沟通，尽可能利用永久性道路或先建好永久性道路的路基，临时道路布置要保证车辆等行驶畅通，有回转余地，符合相关安全要求。

临建设施搭建完成后，项目部应组织技术人员、质量人员、安全人员对临建设施进行自检，报监理、建设单位验收。未经过验收的临建设施，不得使用。项目部对本项目占用的临建设施进行建档登记。安全部及临建设施管理人员应每月对项目部现场临建设施进行检查。检查内容包括：项目部临建设施台账与现场是否相符、临建设施的使用维护保养情况、安全隐患情况，发现问题，责令项目部限期整改，确保临建设施的安全使用。项目部应对现场每个临建设施、每台办公设施要设专人负责日常维护、保养，并加强对使用人员的科学使用及自觉爱护办公设施教育，保证设施安全、有效、合理的使用，延长临建设施的使用寿命。临建设施使用维护，实行谁使用、谁管理维护原则。若发现现场临建设施出现损坏故障的，应及时找专业人员进行修理，严禁私自维修，确保临建设施满足正常施工、生活、办公需要。

现场临建设施的安拆必须由相应资质的分包单位进行安拆作业，安拆前必须上报临建设施安拆方案，并经项目审批同意后方可进行安拆作业。安拆作业必须符合相关安全要求，同时项目安全部进行旁站监督。

十一、职业健康安全管理

建筑行业的职业病危害因素种类繁多且施工现场的多样化，导致建筑施工职业病危害的多变性。

（一）职业病危害种类

职业病是指企业的劳动者在职业活动中，因接触粉尘、放射性物质和其他有毒、有害物质等因素而引起的疾病。职业病危害是指对从事职业活动的劳动者可能导致职业病的各种危害，职业病危害因素包括：职业活动中存在的各种有害化学、物理、生物因素以及在过程中产生的其他职业有害因素。

根据施工现场的具体情况，项目的职业危害具体分为四大类：

1. 生产性粉尘的危害

在建筑行业施工中，材料的搬运使用、石材的加工。建筑物的拆除，均可产生大量的矿物性粉尘，长期吸入这样的粉尘可发生硅肺病。

2. 焊接作业产生的金属烟雾危害

在焊接作业时可产生多种有害烟雾物质，如电气焊时使用锰焊条，除可以产生锰尘外，还可以产生锰烟、氟化物，臭氧及一氧化碳，长期吸入可导致电气工人尘肺及慢性中毒。

3. 生产性噪声和局部震动危害

建筑行业施工中使用的机械工具如钻孔机、电锯、振捣器及一些动力机械都可以产生较强的噪声和局部的震动，长期接触噪声可损害职工的听力，严重时可造成噪声性耳聋，长期接触震动能损害手的功能，严重时可导致局部震动病。

4. 高温作业危害

长期的高温作业可引起人体水电解质紊乱，损害中枢神经系统，可造成人体虚脱，昏迷甚至休克，易造成意外事故。

（二）职业健康安全管理要求

企业及项目根据住建部职业健康安全方针，结合项目实际情况，编制《职业健康安全管理策划书》。通过对职业健康安全管理运行过程进行有效策划，对存在的重大职业健康风险因素进行防控和管理，规范项目部职业健康安全管理。

项目部在运行与活动的全过程中，要认真贯彻落实国家、地方及行业有关职业健康安全管理的法律、法规、标准、规范及有关管理要求；要严格遵照执行有关职业健康安全管理的具体要求及规章、制度和办法。

项目部建立职业健康管理小组，项目经理是职业健康管理小组组长，总工程师、书记、生产经理、安全总监为副组长，项目各部门人员为组员。全体人员分别履行管理职责，促使职业健康管理体系能够得到有效运行，并得以持续改进。

各专业责任工程师（包括分包单位的工长、技术人员）在编制职工组织设计、施工技术方案、安全技术方案或进行安全技术交底时，应参照有关法律、法规、标准、规范、操作规程、公司职业健康安全管理体系文件和本项目的职业健康安全管理的要求，对职业健康安全措施做出有针对性的规定，明确实施标准。工程部负责将公司及项目的职业健康安全管理要求以适当的形式（如交底、信函、发文等）通知到各相关分包方，使他们了解项目的职业健康安全管理要求，并落实。物资部负责将公司及项目的职业健康安全管理要求以适当的形式（如交底、信函、发文等）通知到相关供应商，使他们了解项目的职业健康安全管理要求，并落实。安全部负责项目职业健康管理的监督检查，并将职业健康管理相关资料整理存档。

（三）职业健康危险因素辨识

在项目开工前进行危险因素辨识。项目部应在施工前进行施工现场环境状况进行调查，明确施工现场是否存在排污管道、垃圾填埋和放射性物质污染等情况。项目部在施工前根据施工工艺、现场的自然条件对不同施工阶段存在的职业病危害因素进行识别，列出职业病危害因素清单。识别范围必须覆盖施工过程中所有活动，所有进入施工现场人员，以及所有物料、设备和设施可能产生的职业病危害因素。具体应从以下几个方面辨识：（1）工作环境：包括周围环境、工程地质、地形、自然灾害、气象条件、资源交通、抢险救灾等；（2）平面布局：功能分区（作业区、材料堆放区、生活区等）；高温、有害物质、噪声、辐射；建筑物布置、构筑物布置；风向、卫生防护距离等；（3）运输线路：施工便道、各施工作业区、作业面、作业点的贯通道路以及与外界联系的交通路线等；（4）土方工程、混凝土浇筑、材料加工、屋面防水、装饰装修等施工工序和建筑材料特性（毒性、腐蚀性、燃爆性）；（5）施工机具、设备、关键部位的备用设备。

在项目施工过程中进行危险因素辨识。项目部应委托有资质的职业卫生技术服务机构根据职业病危害因素的种类、浓度或强度、接触人数、接触时间和发生职业病的危险程度，对不同施工阶段、不同岗位的职业病危害因素进行识别、检测和评价，确定防控的重点。同时项目部应定期组织人员对防控重点进行职业健康大检查，对检查中发现的问题及时整改销项。

当施工设备、材料、工艺或操作规程发生改变，并可能引起职业病危害因素的种类、性质、浓度或强度发生变化时，项目部应重新组织职业病危害因素的识别、检测和评价。

（四）建筑行业职业危害防护措施

职业病的防治工作要坚持预防为主、防治结合的方针。项目部必须为施工现场作业人员创造符合国家职业健康卫生标准和要求的工作环境和条件，并采取措施保障施工现场作业人员获得职业健康。同时，项目部应制订和实施项目职业健康管理绩效考评制度，对现场的职业健康管理根据各岗位进行全员考评，根据考评结果进行奖惩。

作业场所的防护措施。在确定的职业危害作业场所的醒目位置，设置职业病危害告知警示标志；施工现场在进行石材切割加工、建筑物拆除等有大量粉尘作业时，应配备行之有效的降尘设施和设备，对施工地点和施工机械进行降尘；在封闭的作业场所进行施工作业时，要采取强制性通风措施，配备行之有效的通风设备，进行通风，并派专人进行巡视；对从事高危职业危害作业的人员，工作时间应严格加以控制，并有针对性的急救措施等。

个人的防护措施。加强对施工作业人员的职业病危害教育，提高对职业病危害的认识，了解其危害，掌握职业病防治的方法。接触粉尘作业的施工作业人员，在施工中应尽量降低粉尘的浓度，在施工中采取不断喷水的措施降低扬尘。并正确佩戴防尘口罩。封闭场所作业时，施工人员应严格按照操作规程进行施工，施工前要检查作业场所的通风是否畅通，通风设施是否运转正常，作业人员在施工作业中要正确佩戴防毒口罩。电气焊作业操作人员在施工中应注意施工作业环境的通风或设置局部排烟设备，使作业场所空气中的有害物质浓度控制在国家卫生标准之下，在难以改善通风条件的作业环境中操作时，必须佩戴有效的防毒面具和防毒口罩。进行噪声较大的施工作业时，施工人员要正确佩戴防护耳罩，并减少噪声作业的时间。长期从事高温作业的施工人员应减少工作时间，注意休息，保证充足的饮用水，并佩戴好防护用品。从事职业危害作业的职工应按照职业病防治法的规定定期进行身体健康检查。

项目部应根据施工现场的职业病危害特点，选择不产生或少产生职业病危害的建筑材料、施工设备和施工工艺；配备有效的职业病危害防护设施，并进行经常性的维护、检修，确保其处于正常工作状态。对可能产生急性职业健康损害的施工现场应设置检测报警装置、警示标志、紧急撤离通道等。同时，项目部必须建立应急救援机构和组织，并根据不同施工阶段可能发生的各种职业病危害事故制定相应的应急救援预案，定期组织演练，并及时修订。

第五章　危险性较大的分部分项工程

一、危险源辨识

建设工程施工危险源影响因素是导致建设工程施工事故的根源，建筑施工具有作业流动性大、露天作业多、产品体积大、形式多样、施工周期长、劳动强度大和作业人员更换频率等特点，易出现高处坠落、物体打击、触电、机械伤害、坍塌等安全事故，为了控制和减少建设工程现场的施工风险和施工现场环境因素影响，实现安全生产目标，并持续改进安全生产管理，预防发生建设工程施工事故，需要对建设工程施工过程中存在的危险源进行辨识，也是建立施工现场安全生产保证计划的一项重要工作内容。

（一）危险源

1. 危险度

危险是系统中存在导致发生不期望后果的可能性超过了人们的承受程度，是对事物的具体认识，必须指明具体对象，如危险环境、危险条件、危险状态、危险物质、危险场所、危险人员、危险因素等。一般用危险度来表示危险的程度。在安全生产管理中，危险度用生产系统中事故发生的可能性与严重性给出，即：

$$R = f(F,C)$$

式中　R——危险度

　　　F——发生事故的可能性

　　　C——发生事故的严重性

2. 危险源和危险因素

危险源是指建设工程施工过程中可能造成人员伤害、疾病、财产损失、作业环境破坏或其他损失的根源或状态。施工项目危险性来源于施工项目中必不可少的资源，其中包括操作工、物料、设备和环境，它们存在于项目发展的每个阶段，随着项目进行而不断演变，尤其是新材料、新技术、新工艺、新设备在建设工程上的应用，工程建设进度加快，施工难度不断加大，这就增加了危险源的辨识难度，给控制带来很大的困难。

危险因素是指能对人造成伤亡或对物造成突发性损害的因素，建设工程项目作业场所、设备及设施的不安全状态以及人的不安全行为和管理上的缺陷等因素，是引发安全事故的直接原因。

3. 重大危险源

重大危险源广义上说，是指可能导致重大事故发生的危险源就是重大危险源。《安全生产法》中将重大危险源定义为长期地或者临时地生产、搬运、使用或者储存危险物品，且危险物品的数量等于或者超过临界量的单元（包括场所和设施）。建筑业重大危险源可定义为具有潜在的重大事故隐患，可能造成人员群死群伤、火灾、爆炸、重大机械设备损坏以及造成重大不良社会影响的分部分项工程的施工活动及设备、设施、场所、危险品等。控制重大危险源是施工企业安全管理的重点，控制重大危险源的不仅仅是预防重大事故的发生，更是要做到一旦发生事故，能够将事故限制到最低程度。

4. 危险源辨识

危险源辨识是识别建筑施工过程中危险源的存在并确定其特性的过程，是从施工生产活动中识别出可能造成人员伤害、财产损失和环境破坏的因素，并判定其可能导致的事故类别和导致事故发生的直接原因的过程。

辨识与施工现场相关的所有危险源影响因素，评价出重大危险源，制定具有针对性的安全控制措施和安全生产管理方案，明确危险源影响因素的辨识、评价、和控制活动与实施安全生产其他各要素之间的联系，对危险源进行控制和消除。

(二) 危险源的特点及分类

1. 施工项目中危险性特点

施工项目操作人员混杂，有各种各样的工种，生产现场的场地有限，但是生产过程中的物资繁多，物资的危险性的级别各有差异；恶劣的生产条件和特殊的生产环境复杂，给生产带来了大量的不安全因素。施工现场危险源多种多样，有来自于操作、设备物料、还有来自环境的，这些复杂交错的危险源很难辨识，危险源随着时间的推移不断变化，现有的技术水平很难做到对它的准确控制和把握。

(1) 人员流动性

一个施工项目是一个庞大的活动体系，从物料的供给到物料的使用都是要依靠操作人员来完成，多元化的工种和人员的流动交错复杂，没有规律可循，所以很难控制。

(2) 各种资源的使用

施工项目中可能用到很多物料，如钢筋和水泥等生产原料、重型机械和运输设备等生产工具、消防设备等，这些设备和物料的储放、搬运、加工都存在危险因素，这些资源错误支配就是引起事故的根本原因。

(3) 时间约束

时间对于工程的进度很重要。影响工程进度的因素很多，如人的因素、材料因素、技术因素、资金因素、工程水文地质因素、气象因素、环境因素、社会环境因素以及其他难以预料的因素，这些因素都会影响工程完成时间，时间不足，就会出现赶工、少工这种情况的出现，这对于施工项目也是危险源之一。

2. 建设工程施工项目的特点

(1) 产品固定，人员流动

建筑施工的特点就是生产地点一旦确定，工程项目所需要的所有物资的贮存、搬运和使用都在这个局限的地点进行，所有跟这些物资有关的人员都会在这个地点流动，所有人都会围绕建设主体长时间的活动，这就是不同工种的操作人员会在同一个具有大量机械设备的场所进行作业。

(2) 露天高处作业多，手工操作，繁重体力劳动

建筑施工工程上的工作，大多都是需要技术和体力共同完成的。一栋建筑物拔地而

起，在它被建成的整个工作环节中，有许多露天作业活动，从基础土方开挖，到主体外围脚手架的搭建，到混凝土浇筑封顶，大多都是在高空作业，而且任务量繁重，大部分为体力活动，并且施工环境条件差。

（3）建筑工艺和结构的变化

随着材料科学和建筑技术的发展，现如今各式各样的建筑物如春后竹笋一样峰林而立，涌现出许多新式的建筑工艺和建筑结构，新事物的产生必然带来一定的负面产品，这就带来了一些新的危险因素。

施工项目中存在许多不固定危险因素，它们都是随着工程进度不断发生变化，这就要求我们要对这些危险因素进行动态跟踪并作记录，让提出的防治措施和危险因素形成一个动态平衡。

3. 危险源的分类

从本质上讲，施工项目中的大多事故都是能量和危险物的不规则流动和转移造成的，从危险源在事故发生发展过程中的作用可将其划分为第一类危险源和第二类危险源，即危险物质和能量的意外转移造成的事故伤害；当限制和控制危险物质和能量的措施失效或被破坏时，能量意外转移或危险物质释放造成的伤害。

（1）第一类危险源

根据能量意外释放理论，能量或危险物质的意外释放是伤亡事故发生的物理本质。因此把系统中存在的、可能发生意外释放的能量或危险物质称作第一类危险源（包括各种能量源和能量载体）。为了防止第一类危险源导致事故，必须采取措施约束、限制能量或危险物质，控制危险源。例如：储存危险介质气体的管道、氧气瓶、乙炔瓶等，则是第一类危险源。

对施工项目中的第一类危险源进行控制，其控制措施有以下几个方面：

1）消除：消除危险和有害因素，实现本质安全化；

2）减弱：当危险、有害因素无法根除时，采取措施使其降到人们可以接受的水平；如戴防毒面具降低吸入尘毒的数量，以低毒物质代替高毒物质。

（2）第二类危险源

正常情况下，系统中能量或危险物质受到约束或限制，不会发生意外释放，即不会发生事故。但是，一旦这些约束或限制能量或危险物质的措施受到破坏或失效，则容易发生安全事故。因此把导致约束、限制能量措施失效或破坏的各种不安全因素称作第二类危险源。第二类危险源主要包括物的故障、人的失误、环境因素三个方面。对第一类危险源，生产经营单位通过制定的相关管理办法或其他管理制度，规范人的行为、物的状态和环境因素，控制事故的发生，这些办法或制度则是限制措施。但如果设备存在不安全状态、作业人员在作业过程中违规作业、作业场所环境中有不安全因素，这些不安全因素就是第二类危险源。

对施工项目中的第二类危险源进行控制，其控制措施有以下几个方面：

1）提高机械化程度：对于存在严重危险物质和危害的施工作业环境，建议用机械设备或自动控制技术取代人员操作；

2）危险最小化设计：运用安全技术对设备本身进行安全性能提升；如消除粗糙的棱角、锐角、尖角，用气压或液压代替电气系统，可以减少电气事故。

一起伤亡事故的发生往往是两类危险源共同作用的结果。第一类危险源是伤亡事故发生的能量主体，决定事故后果的严重程度。第二类危险源是第一类危险源造成事故的必要条件，决定事故发生的可能性。两类危险源相互关联、相互依存。第一类危险源的存在是第二类危险出现的前提，第二类危险源的出现是第一类危险源导致事故的必要条件。因此，危险源辨识的首要任务是辨识第一类危险源，在此基础上再辨识第二类危险源。

（三）危险和有害因素的分类

危险、有害因素分类的方法多种多样，安全管理中常用按"导致事故的直接原因"、"参照事故类别"和"职业健康"的方法进行。

1. 按导致事故的直接原因进行分类

根据《生产过程危险和有害因素分类与代码》GB/T 13681—2009 的规定，将生产过程中的危险和有害因素分为 4 大类：

（1）人的因素

1）心理、生理性危险和有害因素；

2）行为性危险和有害因素。

（2）物的因素

1）物理性危险和有害因素；

2）化学性危险和有害因素；

3）生物性危险和有害因素。

（3）环境因素

1）室内作业场所环境不良；

2）室外作业场地环境不良；

3）地下（含水下）作业环境不良；

4）其他作业环境不良。

（4）管理因素

1）职业安全卫生组织机构不健全；

2）职业安全卫生责任制未落实；

3）职业安全卫生管理规章制度不完善；

4）职业安全卫生投入不足；

5）职业健康管理不完善；

6）其他管理因素缺陷。

2. 参照事故类别分类

按《企业职工伤亡事故分类》GB 6441—1986，根据导致事故的原因、致伤物和伤害方式等，将危险因素分为 20 类：

（1）物体打击

指物体在重力或其他外力的作用下产生运动，打击人体，造成人员伤亡事故，不包括因设备、机械、起重机械、坍塌等引发的物体打击。

（2）车辆伤害

指企业机动车辆在行驶中引起的人体坠落和物体倒塌、下落、挤压伤亡事故，不包括起重设备提升、牵引车辆和车辆停驶时发生的事故。

（3）机械伤害

指机械设备运动（静止）部件、工具、加工件直接与人体接触引起的夹击、碰撞、剪切、卷入、刺绞、碾、挂、割、挤等伤害。

（4）起重伤害

指各种起重设备（包括起重机安装、检修、实验）中发生的挤压、坠落、物体打击。

（5）触电

（6）淹溺

（7）灼伤

指火焰烧伤、高温物体烫伤、化学灼伤、物理灼伤等。

（8）火灾

（9）高处坠落

指在高处作业中发生坠落造成的伤亡事故，不包括触电坠落事故。

（10）坍塌

指物体在外力或重力作用下，超过自身的强度极限或因结构稳定性破坏而造成的事故，如挖沟时的土方坍塌、脚手架坍塌、堆置物倒塌等。

（11）冒顶片帮

（12）透水

（13）放炮

（14）火药爆炸

（15）瓦斯爆炸

（16）锅炉爆炸

（17）容器爆炸

（18）其他爆炸

（19）中毒和窒息

（20）其他伤害

3. 按职业健康分类

依照《中华人民共和国职业病防治法》（国卫疾控发〔2015〕92号），将危害因素分为6类。

（1）粉尘

（2）放射性因素

（3）化学物质

（4）物理物质

（5）生物物质

（6）其他因素类

（四）危险源辨识方法

危险源辨识是确认危害存在并确定其特性的过程，即找出可能引发事故导致不良后果的材料、系统、生产过程的特征。危险源存在于确定的系统中，不同的系统范围，危险源的区域也不同。在危险源辨识中，首先应了解危险源所在的系统。对单位工程施工过程，分部分项工程就是危险源分析区域。因此，危险源辨识有两个关键工作，识别可能存在的危险因素和辨识可能发生的事故后果。

常用的危险源辨识方法有：

1. 直观经验分析法

适用于有可供参考先例、有以往经验可以借鉴的系统。

（1）对照、经验法。对照分析法是对照有关施工安全标准、法规、检查表或依靠分析人员的观察能力，借助于经验和判断能力直观地对建设工程的危险因素进行分析的方法。缺点是容易受到分析人员的经验和知识等方面的限制，对此，可采用检查表的方法加以弥补。

（2）类比方法

利用相同或类似分部分项工程或作业条件的经验和劳动安全卫生的统计资料来类推、分析评价对象的危险因素。总结生产经验有助于辨识危险，对以往发生过的事故或未遂事故的原因进行分析。

2. 系统安全分析法

系统安全分析法是应用系统安全工程评价方法中的某些方法对建设工程项目进行危险有害因素的辨识。系统安全分析法经常被用来辨识可能带来严重事故后果的危险源，也可用于辨识没有前人经验活动系统的危险源。系统越复杂，越需要利用系统安全分析方法来辨识危险源。

常用的系统安全分析法有：安全检查表法、危险与可操作性研究、作业危害分析、事件树分析和故障树分析等。此方法应用定难度，不易掌握，要求辨识人员素质较高。对于建筑施工项目，当从事工艺复杂、风险性大的作业活动，或采用新技术、新工艺、新材料施工，又无相关施工经验时，可采用此方法。

（五）作业条件危险性评价法（LEC）

对危险源进行风险评价和风险控制是职业健康安全管理体系的一项重要工作。作业条件危险性评价法（LEC）法是一种常用的风险评价方法，采用计算每一项已辨识出的危险源所带来的风险评价作业条件的危险性，是对具有潜在危险的环境中作业的危险性进行定性评价的一种方法。它是由美国的格雷厄姆（K. J. Graham）和金尼（G. F. Kinnly）提出的。

对于一个具有潜在危险性的作业条件，影响危险性的主要因素有 3 个：

发生事故或危险事件的可能性 L　　　暴露于这种危险环境的情况 E

事故一旦发生可能产生的后果 C

用公式表示：$D = L E C$

式中：D——作业条件的危险性；

　　　　L——事故或危险事件发生的可能性；

　　　　E——暴露于危险环境的频率；

　　　　C——发生事故或危险事件的可能结果。

用L、E、C三种因素的乘积D＝LEC来评价作业条件的危险性。D值越大，作业条件的危险性越大。

根据实际经验，给出三个因素在不同情况下的分数值，采取对所评价对象进行"打分"的办法，计算出危险性分数值，对照危险程度等级表将其危险性进行分级，各因素的值分别见表5-1。

L——发生事故的可能性　　　　　　　　　　　　　　　表 5-1

分数值	事故发生的可能性	分数值	事故发生的可能性
10	完全可能预料	0.5	很不可能，可以设想
6	相当可能	0.2	极不可能
3	可能，但不经常	0.1	实际不可能
1	可能性小，完全意外		

人体暴露在危险环境中的频繁程度，用 E 表示，取值在 0.5～10 范围内，共分 6 个等级，作业人员暴露在危险环境中的时间越长、次数越多取值越大，具体取值标准见表5-2。

E——暴露于危险环境的频繁程度　　　　　　　　　　　表 5-2

分数值	暴露于危险环境的频繁程度	分数值	暴露于危险环境的频繁程度
10	连续暴露	2	每月一次暴露
6	每天工作时间暴露	1	每年几次暴露
3	每周一次暴露	0.5	非常罕见地暴露

发生事故可能造成的后果，用 C 表示，取值在 1～100 范围内，共分 6 个等级，一旦发生事故造成人员伤亡越多、经济损失越重取值越大，具体取值标准见表5-3。

C——发生事故的后果　　　　　　　　　　　　　　　表 5-3

分数值	发生事故产生的后果	分数值	发生事故产生的后果
100	大灾难，许多人死亡	7	严重，重伤
40	灾难，数人死亡	3	重大，致残
15	非常严重，一人死亡	1	引人注目，需要救护

在对作业场所进行实际分析的基础上，分别对 L、E、C 予以评分，其乘积结果就是作业条件危险程度，用 D 表示，共分 5 个等级，乘积越大危险程度越大，具体分级见表5-4。

D——危险等级划分（＝L×E×C）　　　　　　　　　表 5-4

危险性分值（D）	危险程度	危险性分值（D）	危险程度
＞320	极其危险，不能继续作业	20～70	一般危险，需要注意
160～320	高度危险，要立即整改	＜20	稍有危险，可以接受
70～160	显著危险，需要整改		

（六）危险源控制的原则和方法

施工项目中有不同类型的危险源，这些危险源包括人的不安全行为、物的不安全状态和不安全的环境因素。危险源控制就是对施工项目中存在于这三方面的危险因素进行分析，对施工系统进行全面评价和事故预测，根据评价和预测的结果对事故因素采取全面的防范措施和控制事故的策略。应用常用的危险控制技术，可以预防事故的发生，确保安全生产。从人机环境角度可分为以下三类：

1. 人的不安全行为

不安全行为一般指明显违反安全操作规程的行为，或行为结果偏离了预定的标准，这种行为往往直接导致事故发生。不安全行为可能直接破坏对第一类危险源的控制，造成能量或有害物质的意外释放，也可能造成物的因素问题，进而导致事故发生。

2. 物的不安全状态

主要指物的不安全状态和物的故障（或失效）。物的不安全状态，是指设施、设备等明显不符合安全要求的状态。物的故障（或失效）是指机械设备、零部件等不能实现预定功能的现象。

3. 环境因素

主要指系统运行的环境，包括施工生产作业的温度、湿度、噪声、振动、照明和通风换气等物理环境，以及企业和社会的软环境。不良的物理环境会引起物的因素或人的因素问题。

4. 危险源控制的一般原则

（1）立足消除和降低危险，落实个人防护。对项目存在的危险源，要将其最小化，避免事故发生，从根本上实现消除危险源就是实现本质安全化。

（2）预防为主，防控结合。采用隔离技术，如物理隔离、护板和栅栏等将以识别的危险同人员和设备隔开，预防危险或将危险性降低到最小值，同时采取危险源控制技术，形成一种预防为主，防治结合的方针。

（3）动态跟踪，应变策略。对于施工项目中常变的危险源，要采取多次记录危险状态的措施，对其变化作高频率辨识控制，以防突变因素，猝不及防。灵活采用应对策略，争取危险源的全面控制。

5. 危险源控制的方法

利用工程技术和管理方法来减少失误，从而起到消除或控制危险源，防止危险源导致安全事故造成人员伤害和财产损失的过程。

（1）对人的不安全行为及管理缺陷的控制

人的不安全行为和物的不安全状态是建筑施工过程中安全事故发生的根本原因，但物的不安全状态很多时候都因为人的不正确操作引起的。在人、机、环境系统三个元素中，人是占主导因素的。所以想要降低安全事故发生概率，控制人的不安全行为才是重中之重。应从以下方面控制人的不安全行为：

1）对人进行充分的安全知识、安全技能、安全态度方面的教育和培训。

2）以人为本，改善工作环境，为员工提供良好的工作环境。施工现场往往多工种同时作业，流水作业，人员间的工作交叉频繁，如果施工现场管理不规范，极易造成安全事故。

3）提高施工项目中的机械化程度，尽可能地用机械代替人工操作。

4）注意应用人机学原理来协调人与人之间的配合。

5）注意工作性质与从事这项工作的人员的性格特点相协调。

6）岗位操作标准化。对于特种作业的人员，必须经过岗位培训才能上岗。

（2）对物的不安全状态的控制

对物的不安全状态进行控制时，应把落脚点放在应把重点放在提高技术设备（机械设备、仪器仪表、建筑设施等）的安全水平上。设备安全性能的提高有助于减少人员的不规范操作的。常用的技术控制措施有：

1）空间防护。避免人的不安全行为和物的不安全状态的接触，正确判断物的具体不安全状态，控制其发展，对预防、消除事故有直接的现实意义。

2）隔离危险源。严格控制危险源，使危险源的量低于临界单元量。

3）防止能量蓄积。控制每个工艺环节的能量储存，不能让某个环节的能量积聚，而造成对设备的损害，增强危险能量的可控性。

4）阻断能量释放渠道。能量在流动时会开辟新渠道，它的新渠道很难被控制，从而对人体给以伤害。这类事故有突然性，人往往来不及采取措施即已受到伤害。预防的方法比较复杂，除加大原有流动渠道的安全性，从根本上防止能量外逸。同时在能量正常流动与转换时，采取物理屏蔽、信息屏蔽、时空屏蔽等综合措施，能够减轻伤害的机会和严重程度。

5）设置安全警示标志，提高施工人员安全防范意识。

6）安全物料替代非安全物料。

7）个体防护。

施工现场通过危险源辨识、风险评估和风险控制措施的确定和实施，实现安全管理工作的预防性、系统性和针对性，将安全风险控制在组织可接受的程度。建筑施工现场危险源辨识是事故预防，重大风险监督管理，建立应急救援体系和职业健康安全管理体系的基础。

二、安全专项施工方案和技术措施

危险性较大的分部分项工程是指建筑工程在施工过程中存在的、可能导致作业人员群死群伤或造成重大不良社会影响的分部分项工程。建设单位在申请领取施工许可证或办理安全监督手续时，应当提供危险性较大的分部分项工程清单和安全管理措施。施工单位、监理单位应当建立危险性较大的分部分项工程安全管理制度。

（一）危险性较大的分部分项工程范围

1. 基坑支护、降水工程

开挖深度超过3m（含3m）或虽未超过3m，但地质条件和周边环境复杂的基坑（槽）支护、降水工程。

2. 土方开挖工程

开挖深度超过3m（含3m）的基坑（槽）的土方开挖工程。

3. 模板工程及支撑体系

（1）各类工具式模板工程：包括大模板、滑模、爬模、飞模等工程。

（2）混凝土模板支撑工程：搭设高度 5m 及以上；搭设跨度 10m 及以上；施工总荷载 10kN/m² 及以上；集中线荷载 15kN/m² 及以上；高度大于支撑水平投影宽度且相对独立无连系构件的混凝土模板支撑工程。

（3）承重支撑体系：用于钢结构安装等满堂支撑体系。

4. 起重吊装及安装拆卸工程

（1）采用非常规起重设备、方法，且单件起吊重量在 10kN 及以上的起重吊装工程。

（2）采用起重机械进行安装的工程。

（3）起重机械设备自身的安装、拆卸。

5. 脚手架工程

（1）搭设高度 24m 及以上的落地式钢管脚手架工程。

（2）附着式整体和分片提升脚手架工程。

（3）悬挑式脚手架工程。

（4）吊篮脚手架工程。

（5）自制卸料平台、移动操作平台工程。

（6）新型及异型脚手架工程。

6. 拆除、爆破工程

（1）建筑物、构筑物拆除工程。

（2）采用爆破拆除的工程。

7. 其他

（1）建筑幕墙安装工程。

（2）钢结构、网架和索膜结构安装工程。

（3）人工挖扩孔桩工程。

（4）地下暗挖、顶管及水下作业工程。

（5）预应力工程。

（6）采用新技术、新工艺、新材料、新设备及尚无相关技术标准的危险性较大的分部分项工程。

（二）超过一定规模的危险性较大的分部分项工程范围

1. 深基坑工程

（1）开挖深度超过 5m（含 5m）的基坑（槽）的土方开挖、支护、降水工程。

（2）开挖深度虽未超过 5m，但地质条件、周围环境和地下管线复杂，或影响毗邻建筑（构筑）物安全的基坑（槽）的土方开挖、支护、降水工程。

2. 模板工程及支撑体系

（1）工具式模板工程：包括滑模、爬模、飞模工程。

（2）混凝土模板支撑工程：搭设高度 8m 及以上；搭设跨度 18m 及以上，施工总荷载 15kN/m² 及以上；集中线荷载 20kN/m² 及以上。

（3）承重支撑体系：用于钢结构安装等满堂支撑体系，承受单点集中荷载 700kg 以上。

3. 起重吊装及安装拆卸工程

（1）采用非常规起重设备、方法，且单件起吊重量在 100kN 及以上的起重吊装工程。

（2）起重量 300kN 及以上的起重设备安装工程；高度 200m 及以上内爬起重设备的拆除工程。

4. 脚手架工程

（1）搭设高度 50m 及以上落地式钢管脚手架工程。

（2）提升高度 150m 及以上附着式整体和分片提升脚手架工程。

（3）架体高度 20m 及以上悬挑式脚手架工程。

5. 拆除、爆破工程

（1）采用爆破拆除的工程。

（2）码头、桥梁、高架、烟囱、水塔或拆除中容易引起有毒有害气（液）体或粉尘扩散、易燃易爆事故发生的特殊建、构筑物的拆除工程。

（3）可能影响行人、交通、电力设施、通信设施或其他建、构筑物安全的拆除工程。

（4）文物保护建筑、优秀历史建筑或历史文化风貌区控制范围的拆除工程。

6. 其他

（1）施工高度 50m 及以上的建筑幕墙安装工程。

（2）跨度大于 36m 及以上的钢结构安装工程；跨度大于 60m 及以上的网架和索膜结构安装工程。

（3）开挖深度超过 16m 的人工挖孔桩工程。

（4）地下暗挖工程、顶管工程、水下作业工程。

（5）采用新技术、新工艺、新材料、新设备及尚无相关技术标准的危险性较大的分部分项工程。

（三）安全专项方案编制

根据《建筑施工组织设计规范》GB/T 50502—2009、《危险性较大的分部分项工程安全管理办法》（建质［2009］87 号文）和有关法律、法规、标准、规范的要求，工程中的危险性较大的分部分项工程应编制专项施工方案。

1. 编制单位

施工单位应当在危险性较大的分部分项工程施工前编制专项方案；对于超过一定规模的危险性较大的分部分项工程，施工单位应当组织专家对专项方案进行论证。建筑工程实行施工总承包的，专项方案应当由施工总承包单位组织编制。其中，起重机械安装拆卸工程、深基坑工程、附着式升降脚手架等专业工程实行分包的，其专项方案可由专业承包单位组织编制。

2. 专项方案编制内容

（1）工程概况：危险性较大的分部分项工程概况、施工平面布置、施工要求和技术保证条件。

（2）编制依据：相关法律、法规、规范性文件、标准、规范及图纸（国标图集）、施工组织设计等。

（3）施工计划：包括施工进度计划、材料与设备计划。

（4）施工工艺技术：技术参数、工艺流程、施工方法、检查验收等。

（5）施工安全保证措施：组织保障、技术措施、应急预案、监测监控等。

（6）劳动力计划：专职安全生产管理人员、特种作业人员等。

（7）计算书及相关图纸。

3. 方案编制和审核

专项方案应当由施工单位技术部门组织本单位施工技术、安全、质量等部门的专业技术人员进行审核。经审核合格的，由施工单位技术负责人签字。实行施工总承包的，专项方案应当由总承包单位技术负责人及相关专业承包单位技术负责人签字。

不需专家论证的专项方案，经施工单位审核合格后报监理单位，由项目总监理工程师审核签字。

4. 方案论证

超过一定规模的危险性较大的分部分项工程专项方案应当由施工单位组织召开专家论证会。实行施工总承包的，由施工总承包单位组织召开专家论证会。

（1）下列人员应当参加专家论证会：

1）专家组成员。

2）建设单位项目负责人或技术负责人。

3）监理单位项目总监理工程师及相关人员。

4）施工单位分管安全的负责人、技术负责人、项目负责人、项目技术负责人、专项方案编制人员、项目专职安全生产管理人员。

5）勘察、设计单位项目技术负责人及相关人员。

专家组成员应当由 5 名及以上符合相关专业要求的专家组成。本项目参建各方的人员不得以专家身份参加专家论证会。

（2）专家论证的主要内容：

1）专项方案内容是否完整、可行。

2）专项方案计算书和验算依据是否符合有关标准规范。

3）安全施工的基本条件是否满足现场实际情况。

专项方案经论证后，专家组应当提交论证报告，对论证的内容提出明确的意见，并在论证报告上签字。该报告作为专项方案修改完善的指导意见。

5. 方案的实施

施工单位应当根据论证报告修改完善专项方案，并经施工单位技术负责人、项目总监理工程师、建设单位项目负责人签字后，方可组织实施。

实行施工总承包的，应当由施工总承包单位、相关专业承包单位技术负责人签字。

专项方案经论证后需做重大修改的，施工单位应当按照论证报告修改，并重新组织专家进行论证。施工单位应当严格按照专项方案组织施工，不得擅自修改、调整专项方案。

如因设计、结构、外部环境等因素发生变化确需修改的，修改后的专项方案应当重新审核。对于超过一定规模的危险性较大工程的专项方案，施工单位应当重新组织专家进行论证。

项目方案实施前，编制人员或项目技术负责人应当向现场管理人员和作业人员进行安全技术交底。施工单位应当指定专人对专项方案实施情况进行现场监督和按规定进行监测。发现不按照专项方案施工的，应当要求其立即整改；发现有危及人身安全紧急情况的，应当立即组织作业人员撤离危险区域。施工单位技术负责人应当定期巡查专项方案实施情况。

对于按规定需要验收的危险性较大的分部分项工程，施工单位、监理单位应当组织有关人员进行验收。验收合格的，经施工单位项目技术负责人及项目总监理工程师签字后，方可进入下一道工序。

（四）建设工程施工安全技术措施

安全控制是生产过程中涉及的计划、组织、监控、调节和改进等一系列致力于满足生产安全所进行的管理活动。安全技术措施的目的是减少和消除生产过程中的事故，保证人员健康安全和财产免受损失。

1. 安全控制的目标

安全控制的目标是减少和消除生产过程中的事故，保证人员健康安全和财产免受损失。具体应包括：

（1）减少或消除人的不安全行为的目标。

（2）减少或消除设备、材料的不安全状态的目标。

（3）改善生产环节和保护自然环境的目标。

2. 安全技术措施的控制程序

（1）确定项目工程的安全目标

以项目经理为首的项目管理系统内进行分解，从而确定每个岗位的安全目标，实现全员安全控制。

（2）编制建设工程项目安全技术措施计划

工程施工安全技术措施计划是对生产过程中的不安全因素，用技术手段加以消除和控制的文件，是落实"预防为主"方针的具体体现，是进行工程项目安全控制的指导性文件。

（3）安全技术措施计划的落实和实施

安全技术措施计划的落实和实施包括建立健全安全生产责任制，设置安全生产设施，采用安全技术和应急措施，进行安全教育和培训，安全检查，事故处理，沟通和交流信息，通过一系列安全措施的贯彻，使生产作业的安全状况处于受控状态。

（4）安全技术措施计划的验证

安全技术措施计划的验证是通过施工过程中对安全技术措施计划实施情况的安全检查，纠正不符合安全技术措施计划的情况，保证安全技术措施的贯彻和实施。

（5）持续改进根据安全技术措施计划的验证结果，对不适宜的安全技术措施计划进行修改、补充和完善。

3. 施工安全技术措施的一般要求

（1）施工安全技术措施必须在工程开工前制定

施工安全技术措施是施工组织设计的重要组成部分，应在工程开工前与施工组织设计一同编制。为保证各项安全设施的落实，在工程图纸会审时，就应特别注意考虑安全施工的问题，并在开工前制定好安全技术措施，使得用于该工程的各种安全设施有较充分的时间进行采购、制作和维护等准备工作。

（2）施工安全技术措施要有全面性

按照有关法律法规的要求，在编制工程施工组织设计时，应当根据工程特点制定相应的施工安全技术措施。对于大中型工程项目、结构复杂的重点工程，除必须在施工组织设计中编制施工安全技术措施外，还应编制专项工程施工安全技术措施，详细说明有关安全方面的防护要求和措施，确保单位工程或分部分项工程的施工安全。对爆破、拆除、起重吊装、水下、基坑支护和降水、土方开挖、脚手架、模板等危险性较大的作业，必须编制专项安全施工技术方案。

（3）施工安全技术措施要有针对性

施工安全技术措施是针对每项工程的特点制定的，编制安全技术措施的技术人员必须掌握工程概况、施工方法、施工环境、条件等一手资料，并熟悉安全法规、标准等，才能制定有针对性的安全技术措施。

（4）施工安全技术措施应力求全面、具体、可靠

施工安全技术措施应把可能出现的各种不安全因素考虑周全，制定的对策措施方案应力求全面、具体、可靠，这样才能真正做到预防事故的发生。但是，全面具体不等于罗列一般通常的操作工艺、施工方法以及日常安全工作制度、安全纪律等。这些制度性规定，安全技术措施中不需要再作抄录，但必须严格执行。

对大型群体工程或一些面积大、结构复杂的重点工程，除必须在施工组织总设计中编制施工安全技术总体措施外，还应编制单位工程或分部分项工程安全技术措施，详细地制定出有关安全方面的防护要求和措施，确保该单位工程或分部分项工程的安全施工。

（5）施工安全技术措施必须包括应急预案

由于施工安全技术措施是在相应的工程施工实施之前制定的，所涉及的施工条件和危险情况大都是建立在可预测的基础上，而建设工程施工过程是开放的过程，在施工期间的变化是经常发生的，还可能出现预测不到的突发事件或灾害（如地震、火灾、台风、洪水等）。所以，施工技术措施计划必须包括面对突发事件或紧急状态的各种应急设施、人员逃生和救援预案，以便在紧急情况下，能及时启动应急预案，减少损失，保护人员安全。

（6）施工安全技术措施要有可行性和可操作性

施工安全技术措施应能够在每个施工工序之中得到贯彻实施，既要考虑保证安全要求，又要考虑现场环境条件和施工技术条件。

4. 施工安全技术措施的主要内容

（1）进入施工现场的安全规定。

（2）地面及深槽作业的防护。

（3）高处及立体交叉作业的防护。

（4）施工用电安全。

（5）施工机械设备的安全使用。

（6）在采取"四新"技术时，有针对性的专门安全技术措施。

（7）有针对自然灾害预防的安全措施。

（8）预防有毒、有害、易燃、易爆等作业造成危害的安全技术措施。

（9）现场消防措施。

安全技术措施中必须包含施工总平面图，在图中必须对危险的油库、易燃材料库、变电设备、材料和构配件的堆放位置、塔式起重机、物料提升机（井架、龙门架）、施工用电梯、垂直运输设备位置、搅拌台的位置等按照施工需求和安全规程的要求明确定位，并提出具体要求。

结构复杂，危险性大、特性较多的分部分项工程，应编制专项施工方案和安全措施。如基坑支护与降水工程、土方开挖工程、模板工程、起重吊装工程、脚手架工程、拆除工程、爆破工程等，必须编制单项的安全技术措施，并要有设计依据、有计算、有详图、有文字要求。

季节性施工安全技术措施，就是考虑夏季、雨季、冬季等不同季节的气候对施工生产带来的不安全因素可能造成的各种突发性事故，而从防护上、技术上、管理上采取的防护措施。一般工程可在施工组织设计或施工方案的安全技术措施中编制季节性施工安全措施；危险性大、高温期长的工程，应单独编制季节性的施工安全措施。

三、安全技术交底

（一）安全技术交底的形式

安全技术交底是一项技术性很强的工作，对于贯彻设计意图、严格实施技术方案、按图施工、循规操作、保证施工质量和施工安全至关重要。

《建设工程安全生产管理条例》（中华人民共和国国务院令第393号）第二十七条规定：建设工程施工前，施工单位负责项目管理的技术人员应当对有关安全施工的技术要求向施工作业班组、作业人员作出详细说明，并由双方签字确认。在工程项目开工前，项目总工技术负责人应对全体管理人员进行一次施工组织设计安全技术交底。

危险性较大的分部分项工程施工，实行三级安全技术交底制度。即项目技术负责人向项目全体管理人员交底；施工员向分包管理人员、班组长及操作工人交底；施工班组长向操作人员交底。其中前二级技术交底必须形成书面的技术交底记录。技术交底必须在分部分项施工开始前进行，办理好签字手续后方可开始施工操作。对于时间较长的分部分项工程，每月要组织至少一次安全技术交底。

对施工作业相对固定，与工程施工部位没有直接关系的工种，如起重机械等，应单独进行交底。对工程某些特殊部位、新结构、新工艺、施工难度大的分项工程等以及推广应用的新技术、新工艺、新材料，在交底时更应全面、明确、具体详细，必要时外送培训，确保工程质量、安全、效益目标的实现。

各级参加安全技术交底的交底人和接受交底人员均应本人在安全技术交底记录上签名，确保安全技术交底覆盖所有应接受交底的人员。

（二）安全技术交底的内容

专项方案实施前，编制人员或项目技术负责人应当向现场管理人员和作业人员进行安全技术交底。交底依据为施工图纸、施工技术方案、相关施工技术安全操作规程、安全法规及相关标准等，需要绘制示意图时，须由编制人依据规范和现场实际情况绘制。

安全技术交底的内容根据不同层次有所不同，各项安全技术交底分一般性内容和施工现场针对性内容。主要包括项目的作业特点及危险点，针对危险点的具体预防措施，应注意的安全事项，相应的安全操作规程和标准，安全操作要求及要领，应急预案和各自的职责，发生事故后应采取的避难、上报、急救措施等内容。对现场的重大危险源应详细交底，对重点工程、特殊工程、采用新结构、新工艺、新材料、新技术的特殊要求，更需详细地交代清楚。

1. 项目技术负责人对施工管理人员安全技术交底

项目技术负责人必须在工程开工前按施工顺序、分部分项工程要求、不同工种特点分别作出书面交底，主要内容为：

现场的重大危险源。

项目安全生产管理制度规定。

主要分部分项工程安全技术措施。

重要部位安全施工要点及注意事项。

紧急情况应对措施和方法等。

2. 危险性较大分部分项工程施工前对施工管理人员安全技术交底

在危险性较大分部分项工程施工前，对项目的各级管理人员，应进行安全施工方案为主要内容的交底，一般由技术负责人交底，主要内容为：

（1）工程概况、设计图纸具体要求。

（2）分部分项工程危险源辨识。

（3）施工方案具体技术措施、施工方法。

（4）施工安全保证措施。

（5）关键部位安全施工要点及注意事项。

（6）隐蔽工程记录、验收时间与标准。

（7）应急预案。

3. 施工员对施工班组安全技术交底

这是各级安全技术交底的关键，必须向施工班组及有关人员反复细致地进行，交代清楚危险源、安全要求、关键部位、操作要点、安全预防措施等事项。交底内容主要有：

（1）本工程的施工作业特点及危险源、危险点。

（2）针对危险源、危险点的具体预防措施。

（3）相应的安全操作规程和标准。

（4）应注意的安全事项。

（5）应急预案相关要求和各自的职责。

（6）发生事故后应采取的避难和急救措施。

4. 施工班组长对操作人员安全技术交底

施工班组长应向班组的操作人员进行必要的安全交底，交底的内容主要是具体的操作要求和要领，施工班组长应结合承担的具体任务，组织全体班组人员讨论研究，同时向全班组交代清楚安全操作要点，明确相互配合应注意的事项，以及制订保证安全完成任务的计划。

（三）安全技术交底的要求

每一项危险性较大分部分项工程施工前的安全技术交底必须细致、全面，要突出其针对性、可行性和可操作性，交底中应尽量不写原则话或规范中的用语，应提具体的操作及控制要求。

项目经理部必须实行逐级安全技术交底制度，纵向延伸到班组全体作业人员；技术交底必须具体、明确，针对性强；技术交底的内容应针对分部分项工程施工中给作业人员带来的潜在危险因素和存在问题；应优先采用新的安全技术措施；对于涉及"四新"项目或技术含量高、技术难度大的单项技术设计，必须经过两阶段技术交底，即初步设计技术交底和实施性施工图技术设计交底；应将工程概况、施工方法、施工程序、安全技术措施等向工长、班组长进行详细交底；定期向由两个以上作业队和多工种进行交叉施工的作业队伍进行书面交底；保存书面安全技术交底签字记录。

（四）安全技术交底的作用

让一线作业人员了解和掌握该作业项目的安全技术操作规程和注意事项，减少因违章操作而导致事故的可能；是安全管理人员在项目安全管理工作中的重要环节；安全管理工作的内容要求，同时做好安全技术交底也是安全管理人员自我保护的手段。

四、安全技术资料管理

施工现场安全技术资料的管理是工程项目施工管理的重要组成部分，是预防安全生产事故和提高施工管理的有效措施。建筑施工现场安全技术资料是指建筑施工企业按规定要求，在工程项目施工管理过程中所建立与形成有关施工安全的各种形式的信息记录，为施工过程中发生的伤亡事故处理，提供应有可靠的证据，为事故预测、预防提供可依据的资料。

安全技术资料有序的管理，是建筑施工实行安全报监制度，贯彻安全监督、分段验收、综合评价全过程管理的重要内容之一。

建设、施工、监理等单位应将施工现场安全资料的形成和积累纳入工程建设管理的各个环节，逐级建立健全工程施工现场安全技术资料，对施工现场安全技术资料的真实性、完整性和有效性负责。

施工现场安全资料应随工程进度同步收集、整理，并保存到工程竣工。建设、施工、监理等单位主管施工现场安全工作的负责人应负责本单位施工现场安全技术资料的全过程管理工作。施工过程中施工现场安全技术资料的收集、整理工作应有专人负责。

（一）建设单位的管理职责

建设单位应负责本单位施工现场安全技术管理资料的编制、整理、归档工作，并监督施工、监理单位施工现场安全技术管理资料的整理。建设单位在申请领取施工许可证时，应当提供建设工程有关安全施工措施的资料。建设单位在编制工程概算时，应将建设工程安全防护、文明施工措施等所需费用专项列出，按时支付并监督其使用情况。建设单位应向施工单位提供施工现场供电、供水、排水、供气、供热、通信、广播电视等地上、地下管线资料，气象水文地质资料，毗邻建筑物、构筑物和相关的地下工程等资料，并保证资料的真实、准确、完整。

建设单位安全技术资料管理的内容：

（1）建设工程施工许可证。

（2）施工现场安全监督备案登记表。

（3）地上、地下管线及建（构）筑物资料移交单。

在槽、坑、沟土方开挖前，建设单位应根据相关要求向施工单位提供施工现场及毗邻区域内地上、地下管线资料，毗邻建筑物和构筑物的有关资料。移交资料内容应经建设单位、施工单位、监理单位三方共同签字、盖章认可。

（4）安全防护、文明施工措施费用支付统计。建设单位应支付给施工单位工程款中安全防护、文明施工措施费用进行统计。

（5）夜间施工审批手续。

（二）监理单位的管理职责

监理单位应负责施工现场监理安全技术管理资料的编制、整理、归档工作，在工程项目监理规划、监理安全规划细则中，明确安全监理资料的项目及责任人。监理安全管理资料应随监理工作同步形成，并及时进行整理组卷。监理单位应对施工单位安全资料的形成、组卷、归档进行监督和检查。监理单位应按规定对施工单位报送的施工组织设计中的安全技术措施、危险性较大分部分项工程专项施工方案、施工现场的相关安全管理资料进行审核、签署意见。按规定参与危险性较大的分部分项工程等验收，留存验收资料。

监理单位安全技术资料管理的内容：

（1）监理合同（含安全监理工作内容）。

（2）监理规划（含安全监理方案）、安全监理实施细则。

（3）施工单位安全管理体系，安全生产人员的岗位证书、安全生产考核合格证书、特种作业人员岗位证书及审核资料。

（4）施工单位的安全生产责任制、安全管理规章制度及审核资料。

（5）施工单位的专项安全施工方案及工程项目应急救援预案的审核资料。

（6）安全监理专题会议纪要。

（7）关于安全事故隐患、安全生产问题的报告、处理意见等有关文件。

（8）其他安全技术资料。

（三）安全监理工作记录

1. 工程技术文件报审

施工单位应在施工前向项目监理部报送施工组织设计；施工单位在危险性较大的分部分项工程施工前向项目监理部报送专项施工方案。

2. 施工现场起重机械拆装、使用

起重机械（主要指塔式起重机、施工升降机、电动吊篮、物料提升机、整体提升脚手架等）拆装前，总承包单位应对起重机械的拆装方案、检测报告、操作人员和拆装人员上岗证书、拆装资质及其他有关资料进行审查，报项目监理部核验，合格后方可进行安装或拆卸。起重机械使用前，总承包单位应报项目监理部对验收程序进行核验，核验合格后方可使用。

3. 安全防护、文明施工措施费用支付申请

施工单位向监理单位提出安全防护、文明施工措施费用支付申请，监理单位审核后向建设单位提出安全防护、文明施工措施费用支付申请。

4. 安全隐患报告书

监理单位在实施监理过程中，发现存在重大安全隐患的，应当要求施工单位停工整改，并及时报告建设单位。施工单位拒不整改或者不停止施工的，项目监理部应向工程所在地区（县）建委安全监督机构报告。

5. 工作联系单

如口头指令发出后施工单位未能及时消除安全隐患，或者监理人员认为有必要时，应发出《工作联系单》，要求施工单位限期整改，监理人员按时复查整改结果，并在项目监理日志中记录。

6. 监理通知

当发现安全隐患，安全监理人员认为有必要时，应及时签发《监理通知》，要求施工单位限期整改并书面回复，安全监理人员应按时复查整改结果。《监理通知》应抄报建设单位。施工单位整改合格后填写《监理通知回复单》报项目监理部，安全监理人员应及时复查整改结果。

7. 工程暂停令

当发现施工现场存在重大安全隐患时，总监理工程师应及时签发《工程暂停令》，暂停部分或全部在施工程的施工，并责令其限期整改；经安全监理人员复查合格后，总监理工程师批准方可复工。《工程暂停令》应抄报建设单位。

8. 工程复工报审表

项目监理部签发《工程暂停令》后，施工单位应停工进行整改，自检合格后填写《工程复工报审表》，经安全监理人员复查合格后，总监理工程师批准方可复工，并将《工程复工报审表》报建设单位。

（四）施工单位的管理职责

建立健全安全技术安全管理资料责任制度，实行项目经理负责制。施工现场应设置专职安全员负责施工现场安全技术资料管理工作，建筑施工技术资料管理应由专职安全员及相应的责任工长随施工进度及时整理，按规定列出各阶段安全管理资料的项目。

施工单位应负责施工现场施工安全管理资料的编制、整理、归档工作，在施工组织设计中列出安全管理资料的管理方案，按规定列出各阶段安全管理资料的项目。

施工现场安全管理资料应随工程建设进度形成，保证资料的真实性、有效性和完整性。实行总承包施工的工程项目，总包单位应督促检查分包单位施工现场安全资料。分包单位应负责其分包范围内施工现场安全技术管理资料的编制、收集和整理，向总承包单位提供存档。

施工单位的安全生产专项措施资料应遵循"先报审、后实施"的原则，实施前向建设

单位和监理单位报送有关安全生产的计划、方案、措施等资料，得到审查认可后方可实施。

（五）施工单位安全技术资料管理的内容

1. 工程概况表

《工程概况表》是对工程基本情况的简要描述，应包括工程的基本信息、相关单位情况和主要安全管理人员情况。

2. 项目重大危险源控制措施

项目经理部应根据项目施工特点，对作业过程中可能出现的重大危险源进行识别和评价，确定重大危险源控制措施，并按照要求进行记录。

3. 项目重大危险源识别汇总

项目经理部应依据项目重大危险源控制措施的内容，对施工现场存在的重大危险源进行汇总，并由项目技术负责人批准发布。

4. 危险性较大的分部分项工程专家论证和危险性较大的分部分项工程汇总

按照国务院建设行政主管部门或其他部门规定，必须编制专项施工方案的危险性较大的分部分项工程和其他必须经过专家论证的危险性较大的分部分项工程，项目经理部应进行记录。对应当组织专家组进行论证审查的工程，项目经理部必须组织不少于 5 人的专家组，对安全专项施工方案进行论证审查，专家组提出书面论证审查报告作为安全专项施工方案的附件。

5. 施工现场检查

项目经理部和项目监理部每月对施工现场安全生产状况进行联合检查，对安全管理、生活区管理、现场料具管理、环境保护、脚手架、安全防护、施工用电、塔式起重机和起重吊装、机械安全、消防保卫等内容进行评价。对所发现的问题在表中应有记录，并履行整改复查手续。

6. 施工组织设计、各类专项安全技术方案和冬雨季施工方案

施工组织设计应在正式施工前编制完成，对危险性较大的分部分项工程应制定专项安全技术方案，对冬季、雨季的特殊施工季节，应编制具有针对性的施工方案，并须履行相应的审核、审批手续。

7. 地上、地下管线保护措施验收记录

地上、地下管线保护措施方案印在槽、坑、沟土方开挖前编制，地上、地下管线保护措施完成后，由工程项目技术负责人组织相关人员进行验收，并报项目监理部核查，项目监理部应签署书面意见。

8. 安全防护用品合格证及检测资料

项目经理部对采购和租赁的安全防护用品及涉及施工现场安全的重要物资（包括：脚手架钢管、扣件、安全网、安全带、安全帽、灭火器、消火栓、消防水龙带、漏电保护器、空气开关、施工用电电缆、配电箱等）应认真审核生产许可证、产品合格证、检测报告等相关文件，并予以存档。

9. 作业人员安全教育记录

项目经理部对新入场、转场及变换工种的施工人员必须进行安全教育，经考试合格后

方准上岗作业；同时应对施工人员每年至少进行两次安全生产教育培训，并对被教育人员、教育内容、教育时间等基本情况进行记录。

10. 特种作业人员登记

电工、焊（割）工、架子工、起重机械作业（包括司机、信号指挥等）、场内机动车驾驶等特种作业人员，应按照规定经过专门的安全教育培训，并取得特种作业操作证后，方可上岗作业。特种作业人员上岗前，项目经理部应审查特种作业人员的上岗证，核对资格证原件后在复印件上盖章并由项目部存档，报项目监理部复核批准。

11. 安全技术交底汇总

工程项目应将各项安全技术交底按照作业内容汇总。

12. 生产安全事故应急预案和安全事故登记

项目经理部应当编制生产安全事故应急预案，成立应急救援组织，配备必要的应急救援器材和物资，定期组织演练，并对全体施工人员进行培训。发生安全生产事故，必须进行记载，事故原因及责任分析应从技术和管理两方面加以分析，明确事故责任。

（六）安全技术资料的编制和组卷要求

建设单位、监理单位和施工单位应负责各自的安全技术资料的管理工作，规范安全技术资料的形成、收集、整理、组卷等工作，安全技术管理资料应跟随施工生产进度形成和积累。施工现场安全技术资料应真实反映工程的实际状况。

施工现场安全资料应使用原件，因各种原因不能使用原件的，应在复印件上加盖原件存放单位公章、注明原件存放处，并有经办人签字及时间。施工现场安全技术资料应保证字迹清晰，签字、盖章手续齐全。计算机形成的工程资料应采用内容打印或手工签名的方式。资料至少保存至工程竣工，生产安全事故相关资料根据实际情况保存。

五、其他安全技术管理

起重机械安装拆卸作业、起重机械使用、基坑工程、脚手架、模板支架等五项危险性较大的分部分项工程施工安全技术管理。

（一）起重机械安装拆卸作业安全技术管理

起重机械安装拆卸作业必须按照规定编制、审核专项施工方案，超过一定规模的要组织专家论证。起重机械安装拆卸单位必须具有相应的资质和安全生产许可证，严禁无资质、超范围从事起重机械安装拆卸作业。起重机械安装拆卸人员、起重机械司机、信号司索工必须取得建筑施工特种作业人员操作资格证书。

起重机械安装拆卸作业前，安装拆卸单位应当按照要求办理安装拆卸告知手续。起重机械安装拆卸作业前，应当向现场管理人员和作业人员进行安全技术交底。起重机械安装拆卸作业要严格按照专项施工方案组织实施，相关管理人员必须在现场监督，发现不按照专项施工方案施工的，应当要求立即整改。

起重机械的顶升、附着作业必须由具有相应资质的安装单位严格按照专项施工方案实施。遇大风、大雾、大雨、大雪等恶劣天气，严禁起重机械安装、拆卸和顶升作业。塔式起重机顶升前，应将回转下支座与顶升套架可靠连接，并应进行配平。顶升过程中，应确保平衡，不得进行起升、回转、变幅等操作。顶升结束后，应将标准节与回转下支座可靠连接。起重机械加节后需进行附着的，应按照先装附着装置、后顶升加节的顺序进行。附着装置必须符合标准规范要求。拆卸作业时应先降节，后拆除附着装置。辅助起重机械的起重性能必须满足吊装要求，安全装置必须齐全有效，吊索具必须安全可靠，场地必须符合作业要求。起重机械安装完毕及附着作业后，应当按规定进行自检、检验和验收，验收合格后方可投入使用。

（二）起重机械使用安全技术管理

起重机械使用单位必须建立机械设备管理制度，并配备专职设备管理人员。起重机械安装验收合格后应当办理使用登记，在机械设备活动范围内设置明显的安全警示标志。起重机械司机、信号司索工必须取得建筑施工特种作业人员操作资格证书。起重机械使用前，应当向作业人员进行安全技术交底。起重机械操作人员必须严格遵守起重机械安全操作规程和标准规范要求，严禁违章指挥、违规作业。遇大风、大雾、大雨、大雪等恶劣天气，不得使用起重机械。起重机械应当按规定进行维修、维护和保养，设备管理人员应当按规定对机械设备进行检查，发现隐患及时整改。

起重机械的安全装置、连接螺栓必须齐全有效，结构件不得开焊和开裂，连接件不得严重磨损和塑性变形，零部件不得达到报废标准。两台以上塔式起重机在同一现场交叉作业时，应当制定塔式起重机防碰撞措施。任意两台塔式起重机之间的最小架设距离应符合规范要求。塔式起重机使用时，起重臂和吊物下方严禁有人员停留。物件吊运时，严禁从人员上方通过。

（三）基坑工程施工安全技术管理

基坑工程必须按照规定编制、审核专项施工方案，超过一定规模的深基坑工程要组织专家论证。基坑支护必须进行专项设计。基坑工程施工企业必须具有相应的资质和安全生产许可证，严禁无资质、超范围从事基坑工程施工。基坑施工前，应当向现场管理人员和作业人员进行安全技术交底。基坑施工要严格按照专项施工方案组织实施，相关管理人员必须在现场进行监督，发现不按照专项施工方案施工的，应当要求立即整改。

基坑施工必须采取有效措施，保护基坑主要影响区范围内的建（构）筑物和地下管线安全。基坑周边施工材料、设施或车辆荷载严禁超过设计要求的地面荷载限值。基坑周边应按要求采取临边防护措施，设置作业人员上下专用通道。基坑施工必须采取基坑内外地表水和地下水控制措施，防止出现积水和漏水漏砂。汛期施工，应当对施工现场排水系统进行检查和维护，保证排水畅通。基坑施工必须做到先支护后开挖，严禁超挖，及时回填。采取支撑的支护结构未达到拆除条件时严禁拆除支撑。基坑工程必须按照规定实施施工监测和第三方监测，指定专人对基坑周边进行巡视，出现危险征兆时应当立即报警。

（四）脚手架施工安全技术管理

脚手架工程必须按照规定编制、审核专项施工方案，超过一定规模的要组织专家论证。脚手架搭设、拆除单位必须具有相应的资质和安全生产许可证，严禁无资质从事脚手架搭设、拆除作业。脚手架搭设、拆除人员必须取得建筑施工特种作业人员操作资格证书。脚手架搭设、拆除前，应当向现场管理人员和作业人员进行安全技术交底。脚手架材料进场使用前，必须按规定进行验收，未经验收或验收不合格的严禁使用。脚手架搭设、拆除要严格按照专项施工方案组织实施，相关管理人员必须在现场进行监督，发现不按照专项施工方案施工的，应当要求立即整改。脚手架外侧以及悬挑式脚手架、附着升降脚手架底层应当封闭严密。

脚手架必须按专项施工方案设置剪刀撑和连墙件。落地式脚手架搭设场地必须平整坚实。严禁在脚手架上超载堆放材料，严禁将模板支架、缆风绳、泵送混凝土和水泥砂浆的输送管等固定在架体上。脚手架搭设必须分阶段组织验收，验收合格的，方可投入使用。脚手架拆除必须由上而下逐层进行，严禁上下同时作业。连墙件应当随脚手架逐层拆除，严禁先将连墙件整层或数层拆除后再拆脚手架。

（五）模板支架施工安全技术管理

模板支架工程必须按照规定编制、审核专项施工方案，超过一定规模的要组织专家论证。模板支架搭设、拆除单位必须具有相应的资质和安全生产许可证，严禁无资质从事模板支架搭设、拆除作业。模板支架搭设、拆除人员必须取得建筑施工特种作业人员操作资格证书。

模板支架搭设、拆除前，应当向现场管理人员和作业人员进行安全技术交底。模板支架材料进场验收前，必须按规定进行验收，未经验收或验收不合格的严禁使用。模板支架搭设、拆除要严格按照专项施工方案组织实施，相关管理人员必须在现场进行监督，发现不按照专项施工方案施工的，应当要求立即整改。模板支架搭设场地必须平整坚实。必须按专项施工方案设置纵横向水平杆、扫地杆和剪刀撑；立杆顶部自由端高度、顶托螺杆伸出长度严禁超出专项施工方案要求。模板支架搭设完毕应当组织验收，验收合格的，方可铺设模板。混凝土浇筑时，必须按照专项施工方案规定的顺序进行，应当指定专人对模板支架进行监测，发现架体存在坍塌风险时应当立即组织作业人员撤离现场。混凝土强度必须达到规范要求，并经监理单位确认后，方可拆除模板支架。模板支架拆除应从上而下逐层进行。

第六章　施工现场安全检查及隐患排查

一、施工现场安全生产标准化及考评

(一) 总则

为科学评价建筑施工现场安全生产，预防生产安全事故的发生，保障施工人员的安全和健康，提高施工管理水平，实现安全检查工作的标准化。

(二) 名词解释

1. 保证项目

检查评定项目中，对施工人员生命、设备设施及环境安全起关键性作用的项目。

2. 一般项目

检查评定项目中，除保证项目以外的其他项目。

3. 公示标牌

在施工现场的进出口处设置的工程概况牌、管理人员名单及监督电话牌、消防保卫牌、安全生产牌、文明施工牌及施工现场总平面图等。

4. 临边

施工现场内无围护设施或围护设施高度低于0.8m的楼层周边、楼梯侧边、平台或阳台边、屋面周边和沟、坑、槽、深基础周边等危及人身安全的边沿的简称。

(三) 检查评定项目

1. 安全管理

(1) 安全管理检查评定应符合国家现行有关安全生产的法律、法规、标准的规定。

(2) 安全管理检查评定保证项目应包括：安全生产责任制、施工组织设计及专项施工方案、安全技术交底、安全检查、安全教育、应急救援。一般项目应包括：分包单位安全管理、持证上岗、生产安全事故处理、安全标志。

(3) 安全管理保证项目的检查评定应符合下列规定：

1) 安全生产责任制

① 工程项目部应建立以项目经理为第一责任人的各级管理人员安全生产责任制。

② 安全生产责任制应经责任人签字确认。

③ 工程项目部应有各工种安全技术操作规程。

④ 工程项目部应按规定配备专职安全员。

⑤ 对实行经济承包的工程项目，承包合同中应有安全生产考核指标。

⑥ 工程项目部应制定安全生产资金保障制度。

⑦ 按安全生产资金保障制度，应编制安全资金使用计划，并应按计划实施。

⑧ 工程项目部应制定以伤亡事故控制、现场安全达标、文明施工为主要内容的安全生产管理目标。

⑨ 按安全生产管理目标和项目管理人员的安全生产责任制，应进行安全生产责任目标分解。

⑩ 应建立对安全生产责任制和责任目标的考核制度。

⑪按考核制度，应对项目管理人员定期进行考核。

2）施工组织设计及专项施工方案

① 工程项目部在施工前应编制施工组织设计，施工组织设计应针对工程特点、施工工艺制定安全技术措施。

② 危险性较大的分部分项工程应按规定编制安全专项施工方案，专项施工方案应有针对性，并按有关规定进行设计计算。

③ 超过一定规模危险性较大的分部分项工程，施工单位应组织专家对专项施工方案进行论证。

④ 施工组织设计、安全专项施工方案，应由有关部门审核，施工单位技术负责人、监理单位项目总监批准。

⑤ 工程项目部应按施工组织设计、专项施工方案组织实施。

3）安全技术交底

① 施工负责人在分派生产任务时，应对相关管理人员、施工作业人员进行书面安全技术交底。

② 安全技术交底应按施工工序、施工部位、施工栋号分部分项进行。

③ 安全技术交底应结合施工作业场所状况、特点、工序，对危险因素、施工方案、规范标准、操作规程和应急措施进行交底。

④ 安全技术交底应由交底人、被交底人、专职安全员进行签字确认。

4）安全检查

① 工程项目部应建立安全检查制度。

② 安全检查应由项目负责人组织，专职安全员及相关专业人员参加，定期进行并填写检查记录。

③ 对检查中发现的事故隐患应下达隐患整改通知单，定人、定时间、定措施进行整改。重大事故隐患整改后，应由相关部门组织复查。

5）安全教育

① 工程项目部应建立安全教育培训制度。

② 当施工人员入场时，工程项目部应组织进行以国家安全法律法规、企业安全制度、施工现场安全管理规定及各工种安全技术操作规程为主要内容的三级安全教育培训和考核。

③ 当施工人员变换工种或采用新技术、新工艺、新设备、新材料施工时，应进行安全教育培训。

④ 施工管理人员、专职安全员每年度应进行安全教育培训和考核。

　　6) 应急救援

　　① 工程项目部应针对工程特点，进行重大危险源的辨识。应制定防触电、防坍塌、防高处坠落、防起重及机械伤害、防火灾、防物体打击等主要内容的专项应急救援预案，并对施工现场易发生重大安全事故的部位、环节进行监控。

　　② 施工现场应建立应急救援组织，培训、配备应急救援人员，定期组织员工进行应急救援演练。

　　③ 按应急救援预案要求，应配备应急救援器材和设备。

　　(4) 安全管理一般项目的检查评定应符合下列规定：

　　1) 分包单位安全管理

　　① 总包单位应对承揽分包工程的分包单位进行资质、安全生产许可证和相关人员安全生产资格的审查。

　　② 当总包单位与分包单位签订分包合同时，应签订安全生产协议书，明确双方的安全责任。

　　③ 分包单位应按规定建立安全机构，配备专职安全员。

　　2) 持证上岗

　　① 从事建筑施工的项目经理、专职安全员和特种作业人员，必须经行业主管部门培训考核合格，取得相应资格证书，方可上岗作业。

　　② 项目经理、专职安全员和特种作业人员应持证上岗。

　　3) 生产安全事故处理

　　① 当施工现场发生生产安全事故时，施工单位应按规定及时报告。

　　② 施工单位应按规定对生产安全事故进行调查分析，制定防范措施。

　　③ 应依法为施工作业人员办理保险。

　　4) 安全标志

　　① 施工现场入口处及主要施工区域、危险部位应设置相应的安全警示标志牌。

　　② 施工现场应绘制安全标志布置图。

　　③ 应根据工程部位和现场设施的变化，调整安全标志牌设置。

　　④ 施工现场应设置重大危险源公示牌。

　　2. 文明施工

　　(1) 文明施工检查评定应符合国家现行标准《建设工程施工现场消防安全技术规范》GB 50720、《建筑施工现场环境与卫生标准》JGJ 146 和《施工现场临时建筑物技术规范》JGJ/T 188 的规定。

　　(2) 文明施工检查评定保证项目应包括：现场围挡、封闭管理、施工场地、材料管理、现场办公与住宿、现场防火。一般项目应包括：综合治理、公示标牌、生活设施、社区服务。

　　(3) 文明施工保证项目的检查评定应符合下列规定：

　　1) 现场围挡

　　① 市区主要路段的工地应设置高度不小于 2.5m 的封闭围挡。

　　② 一般路段的工地应设置高度不小于 1.8m 的封闭围挡。

　　③ 围挡应坚固、稳定、整洁、美观。

2）封闭管理

① 施工现场进出口应设置大门，并应设置门卫值班室。

② 应建立门卫职守管理制度，并应配备门卫职守人员。

③ 施工人员进入施工现场应佩戴工作卡。

④ 施工现场出入口应标有企业名称或标识，并应设置车辆冲洗设施。

3）施工场地

① 施工现场的主要道路及材料加工区地面应进行硬化处理。

② 施工现场道路应畅通，路面应平整坚实。

③ 施工现场应有防止扬尘措施。

④ 施工现场应设置排水设施，且排水通畅无积水。

⑤ 施工现场应有防止泥浆、污水、废水污染环境的措施。

⑥ 施工现场应设置专门的吸烟处，严禁随意吸烟。

⑦ 温暖季节应有绿化布置。

4）材料管理

① 建筑材料、构件、料具应按总平面布局进行码放。

② 材料应码放整齐，并应标明名称、规格等。

③ 施工现场材料码放应采取防火、防锈蚀、防雨等措施。

④ 建筑物内施工垃圾的清运，应采用器具或管道运输，严禁随意抛掷。

⑤ 易燃易爆物品应分类储藏在专用库房内，并应制定防火措施。

5）现场办公与住宿

① 施工作业、材料存放区与办公、生活区应划分清晰，并应采取相应的隔离措施。

② 在施工程、伙房、库房不得兼做宿舍。

③ 宿舍、办公用房的防火等级应符合规范要求。

④ 宿舍应设置可开启式窗户，床铺不得超过 2 层，通道宽度不应小于 0.9m。

⑤ 宿舍内住宿人员人均面积不应小于 2.5㎡，且不得超过 16 人。

⑥ 冬季宿舍内应有采暖和防一氧化碳中毒措施。

⑦ 夏季宿舍内应有防暑降温和防蚊蝇措施。

⑧ 生活用品应摆放整齐，环境卫生应良好。

6）现场防火

① 施工现场应建立消防安全管理制度、制定消防措施。

② 施工现场临时用房和作业场所的防火设计应符合规范要求。

③ 施工现场应设置消防通道、消防水源，并应符合规范要求。

④ 施工现场灭火器材应保证可靠有效，布局配置应符合规范要求。

⑤ 明火作业应履行动火审批手续，配备动火监护人员。

（4）文明施工一般项目的检查评定应符合下列规定：

1）综合治理

① 生活区内应设置供作业人员学习和娱乐的场所。

② 施工现场应建立治安保卫制度、责任分解落实到人。

③ 施工现场应制定治安防范措施。

2）公示标牌

① 大门口处应设置公示标牌，主要内容应包括：工程概况牌、消防保卫牌、安全生产牌、文明施工牌、管理人员名单及监督电话牌、施工现场总平面图。

② 标牌应规范、整齐、统一。

③ 施工现场应有安全标语。

④ 应有宣传栏、读报栏、黑板报。

3）生活设施

① 应建立卫生责任制度并落实到人。

② 食堂与厕所、垃圾站、有毒有害场所等污染源的距离应符合规范要求。

③ 食堂必须有卫生许可证，炊事人员必须持身体健康证上岗。

④ 食堂使用的燃气罐应单独设置存放间，存放间应通风良好，并严禁存放其他物品。

⑤ 食堂的卫生环境应良好，且应配备必要的排风、冷藏、消毒、防鼠、防蚊蝇等设施。

⑥ 厕所内的设施数量和布局应符合规范要求。

⑦ 厕所必须符合卫生要求。

⑧ 必须保证现场人员卫生饮水。

⑨ 应设置淋浴室，且能满足现场人员需求。

⑩ 生活垃圾应装入密闭式容器内，并应及时清理。

4）社区服务

① 夜间施工前，必须经批准后方可进行施工。

② 施工现场严禁焚烧各类废弃物。

③ 施工现场应制定防粉尘、防噪声、防光污染等措施。

④ 应制定施工不扰民措施。

3. 扣件式钢管脚手架

（1）扣件式钢管脚手架检查评定应符合现行行业标准《建筑施工扣件式钢管脚手架安全技术规范》JGJ 130 的规定。

（2）检查评定保证项目包括：施工方案、立杆基础、架体与建筑物结构拉结、杆件间距与剪刀撑、脚手板与防护栏杆、交底与验收。一般项目包括：横向水平杆设置、杆件搭接、架体防护、脚手架材质、通道。

（3）保证项目的检查评定应符合下列规定：

1）施工方案

① 架体搭设应有施工方案，搭设高度超过 24m 的架体应单独编制安全专项方案，结构设计应进行设计计算，并按规定进行审核、审批。

② 搭设高度超过 50m 的架体，应组织专家对专项方案进行论证，并按专家论证意见组织实施。

③ 施工方案应完整，能正确指导施工作业。

2）立杆基础

① 立杆基础应按方案要求平整、夯实，并设排水设施，基础垫板及立杆底座应符合规范要求。

② 架体应设置距地高度不大于 200mm 的纵、横向扫地杆，并用直角扣件固定在立杆上。

3）架体与建筑结构拉结

① 架体与建筑物拉结应符合规范要求。

② 连墙件应靠近主节点设置，偏离主节点的距离不应大于 300mm。

③ 连墙件应从架体底层第一步纵向水平杆开始设置，并应牢固可靠。

④ 搭设高度超过 24m 的双排脚手架应采用刚性连墙件与建筑物可靠连接。

4）杆件间距与剪刀撑

① 架体立杆、纵向水平杆、横向水平杆间距应符合规范要求。

② 纵向剪刀撑及横向斜撑的设置应符合规范要求。

③ 剪刀撑杆件接长、剪刀撑斜杆与架体杆件连接应符合规范要求。

5）脚手板与防护栏杆

① 脚手板材质、规格应符合规范要求，铺板应严密、牢靠。

② 架体外侧应封闭密目式安全网，网间应严密。

③ 作业层应在 1.2m 和 0.6m 处设置上、中两道防护栏杆。

④ 作业层外侧应设置高度不小于 180mm 的挡脚板。

6）交底与验收

① 架体搭设前应进行安全技术交底。

② 搭设完毕应办理验收手续，验收内容应量化。

（4）一般项目的检查评定应符合下列规定：

1）横向水平杆设置

① 横向水平杆应设置在纵向水平杆与立杆相交的主节点上，两端与大横杆固定。

② 作业层铺设脚手板的部位应增加设置小横杆。

③ 单排脚手架横向水平杆插入墙内应大于 180mm。

2）杆件搭接

① 纵向水平杆杆件搭接长度不应小于 1m，且固定应符合规范要求。

② 立杆除顶层顶步外，不得使用搭接。

3）架体防护

① 架体作业层脚手板下应用安全平网双层兜底，以下每隔 10m 应用安全平网封闭。

② 作业层与建筑物之间应进行封闭。

4）脚手架材质

① 钢管直径、壁厚、材质应符合规范要求。

② 钢管弯曲、变形、锈蚀应在规范允许范围内。

③ 扣件应进行复试且技术性能符合规范要求。

5）架体必须设置符合规范要求的上下通道。

4. 悬挑式脚手架

（1）悬挑式脚手架检查评定应符合现行行业标准《建筑施工扣件式钢管脚手架安全技术规范》JGJ 130 和《建筑施工门式钢管脚手架安全技术规范》JGJ 128 的规定。

（2）检查评定保证项目包括：施工方案、悬挑钢梁、架体稳定、脚手板、荷载、交底与验收。一般项目包括：杆件间距、架体防护、层间防护、脚手架材质。

（3）保证项目的检查评定应符合下列规定：

1）施工方案

① 架体搭设、拆除作业应编制专项施工方案，结构设计应进行设计计算。

② 专项施工方案应按规定进行审批，架体搭设高度超过 20m 的专项施工方案应经专家论证。

2）悬挑钢梁

① 钢梁截面尺寸应经设计计算确定，且截面高度不应小于 160mm。

② 钢梁锚固端长度不应小于悬挑长度的 1.25 倍。

③ 钢梁锚固处结构强度、锚固措施应符合规范要求。

④ 钢梁外端应设置钢丝绳或钢拉杆并与上层建筑结构拉结。

⑤ 钢梁间距应按悬挑架体立杆纵距相设置。

3）架体稳定

① 立杆底部应与钢梁连接柱固定。

② 承插式立杆接长应采用螺栓或销钉固定。

③ 剪刀撑应沿悬挑架体高度连续设置，角度应符合 45°～60°的要求。

④ 架体应按规定在内侧设置横向斜撑。

⑤ 架体应采用刚性连墙件与建筑结构拉结，设置应符合规范要求。

4）脚手板

① 脚手板材质、规格应符合规范要求。

② 脚手板铺设应严密、牢固，探出横向水平杆长度不应大于 150mm。

5）荷载

架体荷载应均匀，并不应超过设计值。

6）交底与验收

① 架体搭设前应进行安全技术交底。

② 分段搭设的架体应进行分段验收。

③ 架体搭设完毕应按规定进行验收，验收内容应量化。

（4）一般项目的检查评定应符合下列规定：

1）杆件间距

① 立杆底部应固定在钢梁处。

② 立杆纵、横向间距、纵向水平杆步距应符合方案设计和规范要求。

2）架体防护

① 作业层外侧应在高度 1.2m 和 0.6m 处设置上、中两道防护栏杆。

② 作业层外侧应设置高度不小于 180mm 的挡脚板。

③ 架体外侧应封挂密目式安全网。

3）层间防护

① 架体作业层脚手板下应用安全平网双层兜底，以下每隔 10m 应用安全平网封闭。

② 架体底层应进行封闭。

4）脚手架材质

① 型钢、钢管、构配件规格材质应符合规范要求。

② 型钢、钢管弯曲、变形、锈蚀应在规范允许范围内。

5. 门式钢管脚手架

（1）门式钢管脚手架检查评定应符合现行行业标准《建筑施工门式钢管脚手架安全技术规范》JGJ 128 的规定。

（2）检查评定保证项目包括：施工方案、架体基础、架体稳定、杆件锁件、脚手板、交底与验收。一般项目包括：架体防护、材质、荷载、通道。

（3）保证项目的检查评定应符合下列规定：

1）施工方案

① 架体搭设应编制专项施工方案，结构设计应进行设计计算，并按规定进行审批。

② 搭设高度超过 50m 的脚手架，应组织专家对方案进行论证，并按专家论证意见组织实施。

③ 专项施工方案应完整，能正确指导施工作业。

2）架体基础

① 立杆基础应按方案要求平整、夯实。

② 架体底部设排水设施，基础垫板、立杆底座符合规范要求。

③ 架体扫地杆设置应符合规范要求。

3）架体稳定

① 架体与建筑物拉结应符合规范要求，并应从脚手架底层第一步纵向水平杆开始设置连墙件。

② 架体剪刀撑斜杆与地面夹角应在 45°～60°之间，采用旋转扣件与立杆相连，设置应符合规范要求。

③ 应按规范要求高度对架体进行整体加固。

④ 架体立杆的垂直偏差应符合规范要求。

4）杆件锁件

① 架体杆件、锁件应按说明书要求进行组装。

② 纵向加固杆件的设置应符合规范要求。

③ 架体使用的扣件与连接杆件参数应匹配。

5）脚手板

① 脚手板材质、规格应符合规范要求。

② 脚手板应铺设严密、平整、牢固。

③ 钢脚手板的挂钩必须完全扣在水平杆上，并处于锁住状态。

6）交底与验收

① 架体搭设前应进行安全技术交底。

② 架体分段搭设分段使用时应进行分段验收。

③ 搭设完毕应办理验收手续，验收内容应量化。

（4）一般项目的检查评定应符合下列规定：

1）架体防护

① 作业层应在外侧立杆 1.2m 和 0.6m 处设置上、中两道防护栏杆。

② 作业层外侧应设置高度不小于 180mm 的挡脚板。

③ 架体外侧应使用密目式安全网进行封闭。

④ 架体作业层脚手板下应用安全网双层兜底，以下每隔 10m 应用安全平网封闭。

2）材质

① 钢管不应有弯曲、锈蚀严重、开焊的现象，材质符合规范要求。

② 架体构配件的规格、型号、材质应符合规范要求。

3）荷载

① 架体承受的施工荷载应符合规范要求。

② 不得在脚手架上集中堆放模板、钢筋等物料。

4）架体必须设置符合规范要求的上下通道。

6. 碗扣式钢管脚手架

（1）碗扣式钢管脚手架检查评定应符合现行行业标准《建筑施工碗扣式钢管脚手架安全技术规范》JGJ 166 的规定。

（2）检查评定保证项目包括：施工方案、架体基础、架体稳定、杆件锁件、脚手板、交底与防护验收。一般项目包括：架体防护、材质、荷载、通道。

（3）保证项目的检查评定应符合下列规定：

1）施工方案

① 架体搭设应有施工方案，结构设计应进行设计计算，并按规定进行审批。

② 搭设高度超过 50m 的脚手架，应组织专家对安全专项方案进行论证，并按专家论证意见组织实施。

2）架体基础

① 立杆基础应按方案要求平整、夯实，并设排水设施，基础垫板、立杆底座应符合规范要求。

② 架体纵横向扫地杆距地高度应小于 350mm。

3）架体稳定

① 架体与建筑物拉结应符合规范要求，并应从架体底层第一步纵向水平杆开始设置连墙件。

② 架体拉结点应牢固可靠。

③ 连墙件应采用刚性杆件。

④ 架体竖向应沿高度方向连续设置专用斜杆或八字形斜撑。

⑤ 专用斜杆两端应固定在纵横向横杆的碗扣节点上。

⑥ 专用斜杆或八字形斜撑的设置角度应符合规范要求。

4）杆件锁件

① 架体立杆间距、水平杆步距应符合规范要求。

② 应按专项施工方案设计的步距在立杆连接碗扣节点处设置纵、横向水平杆。

③ 架体搭设高度超过 24 m 时，顶部 24m 以下的连墙件必须设置水平斜杆并应符合规范要求。

④ 架体组装及碗扣紧固应符合规范要求。

5）脚手板

① 脚手板材质、规格应符合规范要求。

② 脚手板应铺设严密、平整、牢固。

③ 钢脚手板的挂钩必须完全扣在水平杆上，并处于锁住状态。

6）交底与验收

① 架体搭设前应进行安全技术交底。

② 架体分段搭设分段使用时应进行分段验收。

③ 搭设完毕应办理验收手续，验收内容应量化并经责任人签字确认。

（4）一般项目的检查评定应符合下列规定：

1）架体防护

① 架体外侧应使用密目式安全网进行封闭。

② 作业层应在外侧立杆 1.2m 和 0.6m 的碗扣节点处设置上、中两道防护栏杆。

③ 作业层外侧应设置高度不小于 180mm 的挡脚板。

④ 架体作业层脚手板下应用安全网双层兜底，以下每隔 10m 应用安全平网封闭。

2）材质

① 架体构配件的规格、型号、材质应符合规范要求。

② 钢管不应有弯曲、变形、锈蚀严重的现象，材质符合规范要求。

3）荷载

① 架体承受的施工荷载应符合规范要求。

② 不得在架体上集中堆放模板、钢筋等物料。

4）通道

架体必须设置符合规范要求的上下通道。

7. 附着式升降脚手架

（1）附着式升降脚手架检查评定应符合现行行业标准《建筑施工工具式脚手架安全技术规范》JGJ 202 的规定。

（2）检查评定保证项目包括：施工方案、安全装置、架体构造、附着支座、架体安装、架体升降。一般项目包括：检查验收、脚手板、防护、操作。

（3）保证项目的检查评定应符合下列规定：

1）施工方案

① 附着式升降脚手架搭设、拆除作业应编制专项施工方案、结构设计应进行设计计算。

② 专项施工方案应按规定进行审批，架体提升高度超过 150m 的专项施工方案应经专家论证。

2）安全装置

① 附着式升降脚手架应安装机械式全自动防坠落装置，技术性能应符合规范要求。

② 防坠落装置与升降设备应分别独立固定在建筑结构处。

③ 防坠落装置应设置在竖向主框架处与建筑结构附着。

④ 附着式升降脚手架应安装防倾覆装置，技术性能应符合规范要求。

⑤ 在升降或使用工况下，最上和最下两个防倾装置之间最小间距不应小于 2.8m 或架体高度的 1/4。

⑥ 附着式升降脚手架应安装同步控制或荷载控制装置，同步控制或荷载控制误差应符合规范要求。

3）架体构造

① 架体高度不应大于 5 倍楼层高度、宽度不应小于 1.2m。

② 直线布置架体支承跨度不应大于 7m，折线、曲线布置架体支承跨度不应大于 5.4m。

③ 架体水平悬挑长度不应大于 2m 且不应大于跨度的 1/2。

④ 架体悬臂高度应不大于 2/5 架体高度且不大于 6m。

⑤ 架体高度与支承跨度的乘积不应大于 110m²。

4）附着支座

① 附着支座数量、间距应符合规范要求。

② 使用工况应将主框架与附着支座固定。

③ 升降工况时，应将防倾、导向装置设置在附着支座处。

④ 附着支座与建筑结构连接固定方式应符合规范要求。

5）架体安装

① 主框架和水平支承桁架的节点应采用焊接或螺栓连接，各杆件的轴线应汇交于节点。

② 内外两片水平支承桁架上弦、下弦间应设置水平支撑杆件，各节点应采用焊接式螺栓连接。

③ 架体立杆底端应设在水平桁架上弦杆的节点处。

④ 与墙面垂直的定型竖向主框架组装高度应与架体高度相等。

⑤ 剪刀撑应沿架体高度连续设置，角度应符合 45°～60°的要求，剪刀撑应与主框架、水平桁架和架体有效连接。

6）架体升降

① 两跨以上架体同时升降应采用电动或液压动力装置，不得采用手动装置。

② 升降作业时附着支座处建筑结构混凝土强度应符合规范要求。

③ 升降作业时架体上不得有施工荷载，禁止操作人员停留在架体上。

（4）一般项目的检查评定应符合下列规定：

1）检查验收

① 动力装置、主要结构配件进场应按规定进行验收。

② 架体分段安装、分段使用应办理分段验收。

③ 架体安装完毕，应按规范要求进行验收，验收表应有责任人签字确认。

④ 架体每次提升前应按规定进行检查，并应填写检查记录。

2）脚手板

① 脚手板应铺设严密、平整、牢固。

② 作业层与建筑结构间距离应不大于规范要求。

③ 脚手板材质、规格应符合规范要求。

3）防护

① 架体外侧应封挂密目式安全网。

② 作业层外侧应在高度 1.2m 和 0.6m 处设置上、中两道防护栏杆。

③ 作业层外侧应设置高度不小于 180mm 的挡脚板。

4）操作

① 操作前应按规定对有关技术人员和作业人员进行安全技术交底。

② 作业人员应经培训并定岗作业。

③ 安装拆除单位资质应符合要求，特种作业人员应持证上岗。

④ 架体安装、升降、拆除时应按规定设置安全警戒区，并应设置专人监护。

⑤ 荷载分布应均匀，荷载最大值应在规范允许范围内。

8. 承插型盘扣式钢管支架

（1）承插型盘扣式钢管支架检查评定应符合现行行业标准《建筑施工承插型盘扣式钢管支架安全技术规范》JGJ 231 的规定。

（2）检查评定保证项目包括：施工方案、架体基础、架体稳定、杆件、脚手板、交底与防护验收。一般项目包括：架体防护、杆件接长、架体内封闭、材质、通道。

（3）保证项目的检查评定应符合下列规定：

1）施工方案

① 架体搭设应有施工方案，搭设高度超过 24m 的架体应单独编制安全专项方案，结构设计应进行设计计算，并按规定进行审核、审批。

② 施工方案应完整，能正确指导施工作业。

2）架体基础

① 立杆基础应按方案要求平整、夯实，并设排水设施，基础垫木应符合规范要求。

② 土层地基上立杆应采用基础垫板及立杆可调底座，设置应符合规范要求。

③ 架体纵、横扫地杆设置应符合规范要求。

3）架体稳定

① 架体与建筑物拉结应符合规范要求，并应从架体底层第一步水平杆开始设置连墙件。

② 架体拉结点应牢固可靠。

③ 连墙件应采用刚性杆件。

④ 架体竖向斜杆、剪刀撑的设置应符合规范要求。

⑤ 竖向斜杆的两端应固定在纵、横向水平杆与立杆汇交的盘扣节点处。

⑥ 斜杆及剪刀撑应沿脚手架高度连续设置，角度应符合规范要求。

4）杆件

① 架体立杆间距、水平杆步距应符合规范要求。

② 应按专项施工方案设计的步距在立杆连接插盘处设置纵、横向水平杆。

③ 当双排脚手架的水平杆没有挂扣钢脚手板时，应按规范要求设置水平斜杆。

5）脚手板

① 脚手板材质、规格应符合规范要求。

② 脚手板应铺设严密、平整、牢固。

③ 钢脚手板的挂钩必须完全扣在水平杆上，并处于锁住状态。

6）交底与验收

① 架体搭设前应进行安全技术交底。

② 架体分段搭设分段使用时应进行分段验收。

③ 搭设完毕应办理验收手续，验收内容应量化。

（4）一般项目的检查评定应符合下列规定：

1）架体防护

① 架体外侧应使用密目式安全网进行封闭。

② 作业层应在外侧立杆 1.0m 和 0.5m 的盘扣节点处设置上、中两道防护栏杆。

③ 作业层外侧应设置高度不小于 180mm 的挡脚板。

2）杆件接长

① 立杆的接长位置应符合规范要求。

② 搭设悬挑脚手架时，立杆的接长部位必须采用螺栓固定立杆连接件。

③ 剪刀撑的接长应符合规范要求。

3）架体封闭

① 架体作业层脚手板下应用安全平网双层兜底，以下每隔 10m 应用安全平网封闭。

② 作业层与建筑物之间应进行封闭。

4）材质

① 架体构配件的规格、型号、材质应符合规范要求。

② 钢管不应有弯曲、变形、锈蚀严重的现象，材质符合规范要求。

5）架体必须设置符合规范要求上下通道。

9. 高处作业吊篮

（1）高处作业吊篮检查评定应符合现行行业标准《建筑施工工具式脚手架安全技术规范》JGJ 202 的规定。

（2）检查评定保证项目包括：施工方案、安全装置、悬挂机构、钢丝绳、安装、升降操作。一般项目包括：交底与验收、防护、吊篮稳定、荷载。

（3）保证项目的检查评定应符合下列规定：

1）施工方案

① 吊篮安装、拆除作业应编制专项施工方案，悬挂吊篮的支撑结构承载力应经过验算。

② 专项施工方案应按规定进行审批。

2）安全装置

① 吊篮应安装防坠安全锁，并应灵敏有效。

② 防坠安全锁不应超过标定期限。

③ 吊篮应设置作业人员专用的挂设安全带的安全绳或安全锁扣，安全绳应固定在建筑物可靠位置上不得与吊篮上的任何部位有连接。

④ 吊篮应安装上限位装置，并应保证上限位装置灵敏可靠。

3）悬挂机构

① 悬挂机构前支架严禁支撑在女儿墙上、女儿墙外或建筑物外挑檐边缘。

② 悬挂机构前梁外伸长度应符合产品说明书规定。

③ 前支架应与支撑面垂直且脚轮不应受力。

④ 前支架调节杆应固定在上支架与悬挑梁连接的节点处。

⑤ 严禁使用破损的配重件或其他替代物。

⑥ 配重件的重量应符合设计规定。

4）钢丝绳

① 钢丝绳磨损、断丝、变形、锈蚀应在允许范围内。

② 安全绳应单独设置，型号规格应与工作钢丝绳一致。

③ 吊篮运行时安全绳应张紧悬垂。

④ 利用吊篮进行电焊作业应对钢丝绳采取保护措施。

5）安装

① 吊篮应使用经检测合格的提升机。

② 吊篮平台的组装长度应符合规范要求。

③ 吊篮所用的构配件应是同一厂家的产品。

6）升降操作

① 必须由经过培训合格的持证人员操作吊篮升降。

② 吊篮内的作业人员不应超过 2 人。

③ 吊篮内作业人员应将安全带使用安全锁扣正确挂置在独立设置的专用安全绳上。

④ 吊篮正常工作时，人员应从地面进入吊篮内。

（4）一般项目的检查评定应符合下列规定：

1）交底与验收

① 吊篮安装完毕，应按规范要求进行验收，验收表应由责任人签字确认。

② 每天班前、班后应对吊篮进行检查。

③ 吊篮安装、使用前对作业人员进行安全技术交底。

2）防护

① 吊篮平台周边的防护栏杆、挡脚板的设置应符合规范要求。

② 多层吊篮作业时应设置顶部防护板。

3）吊篮稳定

① 吊篮作业时应采取防止摆动的措施。

② 吊篮与作业面距离应在规定要求范围内。

4）荷载

① 吊篮施工荷载应满足设计要求。

② 吊篮施工荷载应均匀分布。

③ 严禁利用吊篮作为垂直运输设备。

10. 满堂式脚手架

（1）满堂式脚手架检查评定除符合现行行业标准《建筑施工扣件式钢管脚手架安全技术规范》JGJ 130 的规定外，尚应符合其他现行脚手架安全技术规范。

（2）检查评定保证项目包括：施工方案、架体基础、架体稳定、杆件锁件、脚手板、交底与验收。一般项目包括：架体防护、材质、荷载、通道。

（3）保证项目的检查评定应符合下列规定：

1) 施工方案

① 架体搭设应编制安全专项方案，结构设计应进行设计计算。

② 专项施工方案应按规定进行审批。

2) 架体基础

① 立杆基础应按方案要求平整、夯实，并设排水设施，基础垫板符合规范要求。

② 架体底部应按规范要求设置底座。

③ 架体扫地杆设置应符合规范要求。

3) 架体稳定

① 架体周围与中部应按规范要求设置竖向剪刀撑及专用斜杆。

② 架体应按规范要求设置水平剪刀撑或水平斜杆。

③ 架体高宽比大于 2 时，应按规范要求与建筑结构刚性联结或扩大架体底脚。

4) 杆件锁件

① 满堂式脚手架的搭设高度应符合规范及设计计算要求。

② 架体立杆件跨距，水平杆步距应符合规范要求。

③ 杆件的接长应符合规范要求。

④ 架体搭设应牢固，杆件节点应按规范要求进行紧固。

5) 脚手板

① 架体脚手板应满铺，确保牢固稳定。

② 脚手板的材质、规格应符合规范要求。

③ 钢脚手板的挂钩必须完全扣在水平杆上，并处于锁住状态。

6) 交底与验收

① 架体搭设完毕应按规定进行验收，验收内容应量化并经责任人签字确认。

② 分段搭设的架体应进行分段验收。

③ 架体搭设前应进行安全技术交底。

(4) 一般项目的检查评定应符合下列规定：

1) 架体防护

① 作业层应在外侧立杆 1.2m 和 0.6m 高度设置上、中两道防护栏杆。

② 作业层外侧应设置高度不小于 180mm 的挡脚板。

③ 架体作业层脚手板下应用安全平网双层兜底，以下每隔 10m 应用安全平网封闭。

2) 材质

① 架体构配件的规格、型号、材质应符合规范要求。

② 钢管不应有弯曲、变形、锈蚀严重的现象，材质符合规范要求。

3) 荷载

① 架体承受的施工荷载应符合规范要求。

② 不得在架体上集中堆放模板、钢筋等物料。

4) 架体必须设置符合规范要求上下通道。

11. 基坑支护、土方作业

(1) 基坑支护、土方作业安全检查评定除符合国家现行标准《建筑基坑工程监测技术规范》GB 50497、《建筑基坑支护技术规程》JGJ 120 和《建筑施工土石方工程安全技术规范》JGJ 180 的规定。

（2）检查评定保证项目包括：施工方案、临边防护、基坑支护及支撑拆除、基坑降排水、坑边荷载。一般项目包括：上下通道、土方开挖、基坑工程监测、作业环境。

（3）保证项目的检查评定应符合下列规定：

1）施工方案

① 深基坑施工必须有针对性、能指导施工的施工方案，并按有关程序进行审批。

② 危险性较大的基坑工程应编制安全专项施工方案，应由施工单位技术、安全、质量等专业部门进行审核，施工单位技术负责人签字，超过一定规模的危险性较大的基坑工程由施工单位组织进行专家论证。

2）临边防护

基坑施工深度超过 2m 的必须有符合防护要求的临边防护措施。

3）基坑支护及支撑拆除

① 坑槽开挖应设置符合安全要求的安全边坡。

② 基坑支护的施工应符合支护设计方案的要求。

③ 应有针对性支护设施产生变形的防治预案，并及时采取措施。

④ 应严格按支护设计及方案要求进行土方开挖及支撑的拆除。

⑤ 采用专业方法拆除支撑的施工队伍必须具备专业施工资质。

4）基坑降排水

① 高水位地区深基坑内必须设置有效的降水措施。

② 深基坑边界周围地面必须设置排水沟。

③ 基坑施工必须设置有效的排水措施。

④ 深基坑降水施工必须有防止临近建筑及管线沉降的措施。

5）坑边荷载

基坑边缘堆置建筑材料等，距槽边最小距离必须满足设计规定，禁止基坑边堆置弃土，施工机械施工行走路线必须按方案执行。

（4）一般项目的检查评定应符合下列规定：

1）上下通道

基坑施工必须设置符合要求的人员上下专用通道。

2）土方开挖

① 施工机械必须进行进场验收制度，操作人员持证上岗。

② 严禁施工人员进入施工机械作业半径内。

③ 基坑开挖应严格按方案执行，宜采用分层开挖的方法，严格控制开挖面坡度和分层厚度，防止边坡和挖土机下的土体滑动，严禁超挖。

④ 基坑支护结构必须在达到设计要求的强度后，方可开挖下层土方。

3）基坑工程监测

① 基坑工程均应进行基坑工程监测，开挖深度大于 5m 应由建设单位委托具备相应资质的第三方实施监测。

② 总包单位应自行安排基坑监测工作，并与第三方监测资料定期对比分析，指导施工作业。

③ 基坑工程监测必须有基坑设计方确定监测报警值，施工单位应及时通报变形情况。

4）作业环境

① 基坑内作业人员必须有足够的安全作业面。

② 垂直作业必须有隔离防护措施。

③ 夜间施工必须有足够的照明设施。

12. 模板支架

（1）模板支架安全检查评定应符合现行行业标准《建筑施工模板安全技术规程》JGJ 162 和《建筑施工扣件式钢管脚手架安全技术规程》JGJ 130 的规定。

（2）检查评定保证项目包括：施工方案、立杆基础、支架稳定、施工荷载、交底与验收。一般项目包括：立杆设置、水平杆设置、支架拆除、支架材质。

（3）保证项目的检查评定应符合下列规定：

1）施工方案

① 模板支架搭设应编制专项施工方案，结构设计应进行设计计算，并应按规定进行审核、审批。

② 超过一定规模的模板支架，专项施工方案应按规定组织专家论证。

③ 专项施工方案应明确混凝土浇筑方式。

2）立杆基础

① 立杆基础承载力应符合设计要求，并能承受支架上部全部荷载。

② 基础应设排水设施。

③ 立杆底部应按规范要求设置底座、垫板。

3）支架稳定

① 支架高宽比大于规定值时，应按规定设置连墙杆。

② 连墙杆的设置应符合规范要求。

③ 应按规定设置纵、横向及水平剪刀撑，并符合规范要求。

4）施工荷载

施工均布荷载、集中荷载应在设计允许范围内。

5）交底与验收

① 支架搭设（拆除）前应进行交底，并应有交底记录。

② 支架搭设完毕，应按规定组织验收，验收应有量化内容。

（4）一般项目的检查评定应复合下列规定：

1）立杆设置

① 立杆间距应符合设计要求。

② 立杆应采用对接连接。

③ 立杆伸出顶层水平杆中心线至支撑点的长度应符合规范要求。

2）水平杆设置

① 应按规定设置纵、横向水平杆。

② 纵、横向水平杆间距应符合规范要求。

③ 纵、横向水平杆连接应符合规范要求。

3) 支架拆除

① 支架拆除前应确认混凝土强度符合规定值。

② 模板支架拆除前应设置警戒区，并设专人监护。

4) 支架材质

① 杆件弯曲、变形、锈蚀量应在规范允许范围内。

② 构配件材质应符合规范要求。

③ 钢管壁厚应符合规范要求。

13. "三宝、四口"及临边防护

（1）"三宝、四口"及临边防护检查评定应符合现行行业标准《建筑施工高处作业安全技术规范》JGJ 80 的规定。

（2）检查评定项目包括：安全帽、安全网、安全带、临边防护、洞口防护、通道口防护、攀登作业、悬空作业、移动式操作平台、物料平台、悬挑式钢平台。

（3）检查评定应符合下列规定：

1) 安全帽

① 进入施工现场的人员必须正确佩戴安全帽。

② 现场使用的安全帽必须是符合国家相应标准的合格产品。

2) 安全网

① 在建工程外侧应使用密目式安全网进行封闭。

② 安全网的材质应符合规范要求。

③ 现场使用的安全网必须是符合国家标准的合格产品。

3) 安全带

① 现场高处作业人员必须系挂安全带。

② 安全带的系挂使用应符合规范要求。

③ 现场作业人员使用的安全带应符合国家标准。

4) 临边防护

① 作业面边沿应设置连续的临边防护栏杆。

② 临边防护栏杆应严密、连续。

③ 防护设施应达到定型化、工具化。

5) 洞口防护

① 在建工程的预留洞口、楼梯口、电梯井口应有防护措施。

② 防护措施、设施应铺设严密，符合规范要求。

③ 防护设施应达到定型化、工具化。

④ 电梯井内应每隔二层（不大于 10m）设置一道安全平网。

6) 通道口防护

① 通道口防护应严密、牢固。

② 防护棚两侧应设置防护措施。

③ 防护棚宽度应大于通道口宽度，长度应符合规范要求。

④ 建筑物高度超过 30m 时，通道口防护顶棚应采用双层防护。

⑤ 防护棚的材质应符合规范要求。

7）攀登作业

① 梯脚底部应坚实，不得垫高使用。

② 折梯使用时上部夹角以 35°～45°为宜，设有可靠的拉撑装置。

③ 梯子的制作质量和材质应符合规范要求。

8）悬空作业

① 悬空作业处应设置防护栏杆或其他可靠的安全措施。

② 悬空作业所使用的索具、吊具、料具等设备应为经过技术鉴定或验证、验收的合格产品。

9）移动式操作平台

① 操作平台的面积不应超过 10m²，高度不应超过 5m。

② 移动式操作平台轮子与平台连接应牢固、可靠，立柱底端距地面高度不得大于 80mm。

③ 操作平台应按规范要求进行组装，铺板应严密。

④ 操作平台四周应按规范要求设置防护栏杆，并设置登高扶梯。

⑤ 操作平台的材质应符合规范要求。

10）物料平台

① 物料平台应有相应的设计计算，并按设计要求进行搭设。

② 物料平台支撑系统必须与建筑结构进行可靠连接。

③ 物料平台的材质应符合规范及设计要求，并应在平台上设置荷载限定标牌。

11）悬挑式钢平台

① 悬挑式钢平台应有相应的设计计算，并按设计要求进行搭设。

② 悬挑式钢平台的搁支点与上部拉结点，必须位于建筑结构上。

③ 斜拉杆或钢丝绳应按要求两边各设置前后两道。

④ 钢平台两侧必须安装固定的防护栏杆，并应在平台上设置荷载限定标牌。

⑤ 钢平台台面、钢平台与建筑结构间铺板应严密、牢固。

14. 施工用电

（1）施工用电检查评定应符合国家现行标准《建设工程施工现场供用电安全规范》GB 50194 和《施工现场临时用电安全技术规范》JGJ 46 的规定。

（2）施工用电检查评定的保证项目应包括：外电防护、接地与接零保护系统、配电线路、配电箱与开关箱。一般项目应包括：配电室与配电装置、现场照明、用电档案。

（3）施工用电保证项目的检查评定应符合下列规定：

1）外电防护

① 外电线路与在建工程及脚手架、起重机械、场内机动车道的安全距离应符合规范要求。

② 当安全距离不符合规范要求时，必须采取绝缘隔离防护措施，并应悬挂明显的警示标志。

③ 防护设施与外电线路的安全距离应符合规范要求，并应坚固、稳定。

④ 外电架空线路正下方不得进行施工、建造临时设施或堆放材料物品。

2）接地与接零保护系统

① 施工现场专用的电源中性点直接接地的低压配电系统应采用 TN-S 接零保护系统。

② 施工现场配电系统不得同时采用两种保护系统。

③ 保护零线应由工作接地线、总配电箱电源侧零线或总漏电保护器电源零线处引出，电气设备的金属外壳必须与保护零线连接。

④ 保护零线应单独敷设，线路上严禁装设开关或熔断器，严禁通过工作电流；保护零线应采用绝缘导线，规格和颜色标记应符合规范要求。

⑤ TN 系统的保护零线应在总配电箱处、配电系统的中间处和末端处做重复接地。

⑥ 接地装置的接地线应采用 2 根及以上导体，在不同点与接地体做电气连接。

⑦ 接地体应采用角钢、钢管或光面圆钢。

⑧ 工作接地电阻不得大于 4Ω，重复接地电阻不得大于 10Ω。

⑨ 施工现场起重机、物料提升机、施工升降机、脚手架应按规范要求采取防雷措施，防雷装置的冲击接地电阻值不得大于 30Ω。

⑩ 做防雷接地机械上的电气设备，保护零线必须同时做重复接地。

3）配电线路

① 线路及接头应保证机械强度和绝缘强度。

② 线路应设短路、过载保护，导线截面应满足线路负荷电流。

③ 线路的设施、材料及相序排列、挡距、与邻近线路或固定物的距离应符合规范要求。

④ 电缆应采用架空或埋地敷设并应符合规范要求，严禁沿地面明设或沿脚手架、树木等敷设。

⑤ 电缆中必须包含全部工作芯线和用作保护零线的芯线，并应按规定接用。

⑥ 室内非埋地明敷主干线距地面高度不得小于 2.5m。

4）配电箱与开关箱

① 施工现场配电系统应采用三级配电、二级漏电保护系统，用电设备必须有各自专用的开关箱。

② 箱体结构、箱内电器设置及使用应符合规范要求。

③ 配电箱必须分设工作零线端子板和保护零线端子板，保护零线、工作零线必须通过各自的端子板连接。

④ 总配电箱与开关箱应安装漏电保护器，漏电保护器参数应匹配并灵敏可靠。

⑤ 箱体应设置系统接线图和分路标记，并应有门、锁及防雨措施。

⑥ 箱体安装位置、高度及周边通道应符合规范要求。

⑦ 分配箱与开关箱间的距离不应超过 30m，开关箱与用电设备间的距离不应超过 3m。

（4）施工用电一般项目的检查评定应符合下列规定：

1）配电室与配电装置

① 配电室的建筑耐火等级不应低于三级，配电室应配置适用于电气火灾的灭火器材。

② 配电室、配电装置的布设应符合规范要求。

③ 配电装置中的仪表、电器元件设置应符合规范要求。

④ 备用发电机组应与外电线路进行连锁。

⑤ 配电室应采取防止风雨和小动物侵入的措施。

⑥ 配电室应设置警示标志、工地供电平面图和系统图。

2）现场照明

① 照明用电应与动力用电分设。

② 特殊场所和手持照明灯应采用安全电压供电。

③ 照明变压器应采用双绕组安全隔离变压器。

④ 灯具金属外壳应接保护零线。

⑤ 灯具与地面、易燃物间的距离应符合规范要求。

⑥ 照明线路和安全电压线路的架设应符合规范要求。

⑦ 施工现场应按规范要求配备应急照明。

3）用电档案

① 总包单位与分包单位应签订临时用电管理协议，明确各方相关责任。

② 施工现场应制定专项用电施工组织设计、外电防护专项方案。

③ 专项用电施工组织设计、外电防护专项方案应履行审批程序，实施后应由相关部门组织验收。

④ 用电各项记录应按规定填写，记录应真实有效。

⑤ 用电档案资料应齐全，并应设专人管理。

15. 物料提升机

（1）物料提升机检查评定应符合现行行业标准《龙门架及井架物料提升机安全技术规范》JGJ 88 的规定。

（2）物料提升机检查评定保证项目应包括：安全装置、防护设施、附墙架与缆风绳、钢丝绳、安拆、验收与使用。一般项目应包括：基础与导轨架、动力与传动、通信装置、卷扬机操作棚、避雷装置。

（3）物料提升机保证项目的检查评定应符合下列规定：

1）安全装置

① 应安装起重量限制器、防坠安全器，并应灵敏可靠。

② 安全停层装置应符合规范要求，并应定型化。

③ 应安装上行程限位并灵敏可靠，安全越程不应小于 3m。

④ 安装高度超过 30m 的物料提升机应安装渐进式防坠安全器及自动停层、语音影像信号监控装置。

2）防护设施

① 应在地面进料口安装防护围栏和防护棚，防护围栏、防护棚的安装高度和强度应符合规范要求。

② 停层平台两侧应设置防护栏杆、挡脚板，平台脚手板应铺满、铺平。

③ 平台门、吊笼门安装高度、强度应符合规范要求，并应定型化。

3）附墙架与缆风绳

① 附墙架结构、材质、间距应符合产品说明书要求。

② 附墙架应与建筑结构可靠连接。

③ 缆风绳设置的数量、位置、角度应符合规范要求，并应与地锚可靠连接。

④ 安装高度超过 30m 的物料提升机必须使用附墙架。

⑤ 地锚设置应符合规范要求。

4）钢丝绳

① 钢丝绳磨损、断丝、变形、锈蚀量应在规范允许范围内。

② 钢丝绳夹设置应符合规范要求。

③ 当吊笼处于最低位置时，卷筒上钢丝绳严禁少于 3 圈。

④ 钢丝绳应设置过路保护措施。

5）安拆、验收与使用

① 安装、拆卸单位应具有起重设备安装工程专业承包资质和安全生产许可证。

② 安装、拆卸作业应制定专项施工方案，并应按规定进行审核、审批。

③ 安装完毕应履行验收程序，验收表格应由责任人签字确认。

④ 安装、拆卸作业人员及司机应持证上岗。

⑤ 物料提升机作业前应按规定进行例行检查，并应填写检查记录。

⑥ 实行多班作业、应按规定填写交接班记录。

（4）物料提升机一般项目的检查评定应符合下列规定：

1）基础与导轨架

① 基础的承载力和平整度应符合规范要求。

② 基础周边应设置排水设施。

③ 导轨架垂直度偏差不应大于导轨架高度 0.15%。

④ 井架停靠层平台通道处的结构应采取加强措施。

2）动力与传动

① 卷扬机曳引机应安装牢固，当卷扬机卷筒与导轨底部导向轮的距离小于 20 倍卷筒宽度时，应设置排绳器。

② 钢丝绳应在卷筒上排列整齐。

③ 滑轮与导轨架、吊笼应采用刚性连接，并应与钢丝绳相匹配。

④ 卷筒、滑轮应设置防止钢丝绳脱出装置。

⑤ 当曳引钢丝绳为 2 根及以上时，应设置曳引力平衡装置。

3）通信装置

① 应按规范要求设置通信装置。

② 通信装置应具有语音和影像显示功能。

4）卷扬机操作棚

① 应按规范要求设置卷扬机操作棚。

② 卷扬机操作棚强度、操作空间应符合规范要求。

5）避雷装置

① 当物料提升机未在其他防雷保护范围内时，应设置避雷装置。

② 避雷装置设置应符合现行行业标准《施工现场临时用电安全技术规范》JGJ 46 的规定。

16. 施工升降机

（1）施工升降机检查评定应符合国家现行标准《施工升降机安全规程》GB 10055 和

《建筑施工升降机安装、使用、拆卸安全技术规程》JGJ 215 的规定。

（2）施工升降机检查评定保证项目应包括：安全装置、限位装置、防护设施、附墙架、钢丝绳、滑轮与对重、安拆、验收与使用。一般项目应包括：导轨架、基础、电气安全、通信装置。

（3）施工升降机保证项目的检查评定应符合下列规定：

1）安全装置

① 应安装起重量限制器，并应灵敏可靠。

② 应安装渐进式防坠安全器并应灵敏可靠，应在有效的标定期内使用。

③ 对重钢丝绳应安装防松绳装置，并应灵敏可靠。

④ 吊笼的控制装置应安装非自动复位型的急停开关，任何时候均可切断控制电路停止吊笼运行。

⑤ 底架应安装吊笼和对重缓冲器，缓冲器应符合规范要求。

⑥ SC 型施工升降机应安装一对以上安全钩。

2）限位装置

① 应安装非自动复位型极限开关并应灵敏可靠。

② 应安装自动复位型上、下限位开关并应灵敏可靠，上、下限位开关安装位置应符合规范要求。

③ 上极限开关与上限位开关之间的安全越程不应小于 0.15m。

④ 极限开关、限位开关应设置独立的触发元件。

⑤ 吊笼门应安装机电连锁装置并应灵敏可靠。

⑥ 吊笼顶窗应安装电气安全开关并应灵敏可靠。

3）防护设施

① 吊笼和对重升降通道周围应安装地面防护围栏，防护围栏的安装高度、强度应符合规范要求，围栏门应安装机电连锁装置并应灵敏可靠。

② 地面出入通道防护棚的搭设应符合规范要求。

③ 停靠层平台两侧应设置防护栏杆、挡脚板，平台脚手板应铺满、铺平。

④ 层门安装高度、强度应符合规范要求，并应定型化。

4）附墙架

① 附墙架应采用配套标准产品，当附墙架不能满足施工现场要求时，应对附墙架另行设计，附墙架的设计应满足构件刚度、强度、稳定性等要求，制作应满足设计要求。

② 附墙架与建筑结构连接方式、角度应符合产品说明书要求。

③ 附墙架间距、最高附着点以上导轨架的自由高度应符合产品说明书要求。

5）钢丝绳、滑轮与对重

① 对重钢丝绳绳数不得少于 2 根且应相互独立。

② 钢丝绳磨损、变形、锈蚀应在规范允许范围内。

③ 钢丝绳的规格、固定应符合产品说明书及规范要求。

④ 滑轮应安装钢丝绳防脱装置并应符合规范要求。

⑤ 对重重量、固定应符合产品说明书要求。

⑥ 对重除导向轮、滑靴外应设有防脱轨保护装置。

6）安拆、验收与使用

① 安装、拆卸单位应具有起重设备安装工程专业承包资质和安全生产许可证。

② 安装、拆卸应制定专项施工方案，并经过审核、审批。

③ 安装完毕应履行验收程序，验收表格应由责任人签字确认。

④ 安装、拆卸作业人员及司机应持证上岗。

⑤ 施工升降机作业前应按规定进行例行检查，并应填写检查记录。

⑥ 实行多班作业，应按规定填写交接班记录。

（4）施工升降机一般项目的检查评定应符合下列规定：

1）导轨架

① 导轨架垂直度应符合规范要求。

② 标准节的质量应符合产品说明书及规范要求。

③ 对重导轨应符合规范要求。

④ 标准节连接螺栓使用应符合产品说明书及规范要求。

2）基础

① 基础制作、验收应符合说明书及规范要求。

② 基础设置在地下室顶板或楼面结构上，应对其支承结构进行承载力验算。

③ 基础应设有排水设施。

3）电气安全

① 施工升降机与架空线路的安全距离和防护措施应符合规范要求。

② 电缆导向架设置应符合说明书及规范要求。

③ 施工升降机在其他避雷装置保护范围外应设置避雷装置，并应符合规范要求。

4）通信装置

通信装置应安装楼层信号联络装置，并应清晰有效。

17. 塔式起重机

（1）塔式起重机检查评定应符合国家现行标准《塔式起重机安全规程》GB 5144 和《建筑施工塔式起重机安装、使用、拆卸安全技术规程》JGJ 196 的规定。

（2）塔式起重机检查评定保证项目应包括：载荷限制装置、行程限位装置、保护装置、吊钩、滑轮、卷筒与钢丝绳、多塔作业、安拆、验收与使用。一般项目应包括：附着、基础与轨道、结构设施、电气安全。

（3）塔式起重机保证项目的检查评定应符合下列规定：

1）载荷限制装置

① 应安装起重量限制器并应灵敏可靠。当起重量大于相应挡位的额定值并小于该额定值的110%时，应切断上升方向上的电源，但机构可作下降方向的运动。

② 应安装起重力矩限制器并应灵敏可靠。当起重力矩大于相应工况下的额定值并小于该额定值的110%应切断上升和幅度增大方向的电源，但机构可作下降和减小幅度方向的运动。

2）行程限位装置

① 应安装起升高度限位器，起升高度限位器的安全越程应符合规范要求，并应灵敏可靠。

② 小车变幅的塔式起重机应安装小车行程开关，动臂变幅的塔式起重机应安装臂架幅度限制开关，并应灵敏可靠。

③ 回转部分不设集电器的塔式起重机应安装回转限位器，并应灵敏可靠。

④ 行走式塔式起重机应安装行走限位器，并应灵敏可靠。

3）保护装置

① 小车变幅的塔式起重机应安装断绳保护及断轴保护装置，并应符合规范要求。

② 行走及小车变幅的轨道行程末端应安装缓冲器及止挡装置，并应符合规范要求。

③ 起重臂根部绞点高度大于 50m 的塔式起重机应安装风速仪，并应灵敏可靠。

④ 当塔式起重机顶部高度大于 30m 且高于周围建筑物时，应安装障碍指示灯。

4）吊钩、滑轮、卷筒与钢丝绳

① 吊钩应安装钢丝绳防脱钩装置并应完整可靠，吊钩的磨损、变形应在规定允许范围内。

② 滑轮、卷筒应安装钢丝绳防脱装置并应完整可靠，滑轮、卷筒的磨损应在规定允许范围内。

③ 钢丝绳的磨损、变形、锈蚀应在规定允许范围内，钢丝绳的规格、固定、缠绕应符合说明书及规范要求。

5）多塔作业

① 多塔作业应制定专项施工方案并经过审批。

② 任意两台塔式起重机之间的最小架设距离应符合规范要求。

6）安拆、验收与使用

① 安装、拆卸单位应具有起重设备安装工程专业承包资质和安全生产许可证。

② 安装、拆卸应制定专项施工方案，并经过审核、审批。

③ 安装完毕应履行验收程序，验收表格应由责任人签字确认。

④ 安装、拆卸作业人员及司机、指挥应持证上岗。

⑤ 塔式起重机作业前应按规定进行例行检查，并应填写检查记录。

⑥ 实行多班作业、应按规定填写交接班记录。

（4）塔式起重机一般项目的检查评定应符合下列规定：

1）附着

① 当塔式起重机高度超过产品说明书规定时，应安装附着装置，附着装置安装应符合产品说明书及规范要求。

② 当附着装置的水平距离不能满足产品说明书要求时，应进行设计计算和审批。

③ 安装内爬式塔式起重机的建筑承载结构应进行受力计算。

④ 附着前和附着后塔身垂直度应符合规范要求。

2）基础与轨道

① 塔式起重机基础应按产品说明书及有关规定进行设计、检测和验收。

② 基础应设置排水措施。

③ 路基箱或枕木铺设应符合产品说明书及规范要求。

④ 轨道铺设应符合产品说明书及规范要求。

3）结构设施

① 主要结构件的变形、锈蚀应在规范允许范围内。

② 平台、走道、梯子、护栏的设置应符合规范要求。

③ 高强螺栓、销轴、紧固件的紧固、连接应符合规范要求，高强螺栓应使用力矩扳手或专用工具紧固。

4）电气安全

① 塔式起重机应采用 TN-S 接零保护系统供电。

② 塔式起重机与架空线路的安全距离和防护措施应符合规范要求。

③ 塔式起重机应安装避雷接地装置，并应符合规范要求。

④ 电缆的使用及固定应符合规范要求。

18. 起重吊装

（1）起重吊装检查评定应符合现行国家标准《起重机械安全规程》GB 6067 的规定。

（2）起重吊装检查评定保证项目应包括：施工方案、起重机械、钢丝绳与地锚、索具、作业环境、作业人员。一般项目应包括：起重吊装、高处作业、构件码放、警戒监护。

（3）起重吊装保证项目的检查评定应符合下列规定：

1）施工方案

① 起重吊装作业应编制专项施工方案，并按规定进行审核、审批。

② 超规模的起重吊装作业，应组织专家对专项施工方案进行论证。

2）起重机械

① 起重机械应按规定安装荷载限制器及行程限位装置。

② 荷载限制器、行程限位装置应灵敏可靠。

③ 起重拔杆组装应符合设计要求。

④ 起重拔杆组装后应进行验收，并应由责任人签字确认。

3）钢丝绳与地锚

① 钢丝绳磨损、断丝、变形、锈蚀应在规范允许范围内。

② 钢丝绳规格应符合起重机产品说明书要求。

③ 吊钩、卷筒、滑轮磨损应在规范允许范围内。

④ 吊钩、卷筒、滑轮应安装钢丝绳防脱装置。

⑤ 起重拔杆的缆风绳、地锚设置应符合设计要求。

4）索具

① 当采用编结连接时，编结长度不应小于 15 倍的绳径，且不应小于 300mm。

② 当采用绳夹连接时，绳夹规格应与钢丝绳相匹配，绳夹数量、间距应符合规范要求。

③ 索具安全系数应符合规范要求。

④ 吊索规格应互相匹配，机械性能应符合设计要求。

5）作业环境

① 起重机行走、作业处地面承载能力应符合产品说明书要求。

② 起重机与架空线路安全距离应符合规范要求。

6）作业人员

① 起重机司机应持证上岗，操作证应与操作机型相符。

② 起重机作业应设专职信号指挥和司索人员，一人不得同时兼顾信号指挥和司索作业。

③ 作业前应按规定进行技术交底，并应有交底记录。

（4）起重吊装一般项目的检查评定应符合下列规定：

1）起重吊装

① 当多台起重机同时起吊一个构件时，单台起重机所承受的荷载应符合专项施工方案要求。

② 吊索系挂点应符合专项施工方案要求。

③ 起重机作业时，任何人不应停留在起重臂下方，被吊物不应从人的正上方通过。

④ 起重机不应采用吊具载运人员。

⑤ 当吊运易散落物件时，应使用专用吊笼。

2）高处作业

① 应按规定设置高处作业平台。

② 平台强度、护栏高度应符合规范要求。

③ 爬梯的强度、构造应符合规范要求。

④ 应设置可靠的安全带悬挂点，并应高挂低用。

3）构件码放

① 构件码放荷载应在作业面承载能力允许范围内。

② 构件码放高度应在规定允许范围内。

③ 大型构件码放应有保证稳定的措施。

4）警戒监护

① 应按规定设置作业警戒区。

② 警戒区应设专人监护。

19. 施工机具

（1）施工机具检查评定应符合现行行业标准《建筑机械使用安全技术规程》JGJ 33 和《施工现场机械设备检查技术规程》JGJ 160 的规定。

（2）施工机具检查评定项目应包括：平刨、圆盘锯、手持电动工具、钢筋机械、电焊机、搅拌机、气瓶、翻斗车、潜水泵、振捣器、桩工机械。

（3）施工机具的检查评定应符合下列规定：

1）平刨

① 平刨安装完毕应按规定履行验收程序，并应经责任人签字确认。

② 平刨应设置护手及防护罩等安全装置。

③ 保护零线应单独设置，并应安装漏电保护装置。

④ 平刨应按规定设置作业棚，并应具有防雨、防晒等功能。

⑤ 不得使用同台电机驱动多种刀具、钻具的多功能木工机具。

2）圆盘锯

① 圆盘锯安装完毕应按规定履行验收程序，并应经责任人签字确认。

② 圆盘锯应设置防护罩、分料器、防护挡板等安全装置。

③ 保护零线应单独设置，并应安装漏电保护装置。

④ 圆盘锯应按规定设置作业棚，并应具有防雨、防晒等功能。

⑤ 不得使用同台电机驱动多种刃具、钻具的多功能木工机具。

3）手持电动工具

① Ⅰ类手持电动工具应单独设置保护零线，并应安装漏电保护装置。

② 使用Ⅰ类手持电动工具应按规定穿戴绝缘手套、绝缘鞋。

③ 手持电动工具的电源线应保持出厂状态，不得接长使用。

4）钢筋机械

① 钢筋机械安装完毕应按规定履行验收程序，并应经责任人签字确认。

② 保护零线应单独设置，并应安装漏电保护装置。

③ 钢筋加工区应搭设作业棚，并应具有防雨、防晒等功能。

④ 对焊机作业应设置防火花飞溅的隔热设施。

⑤ 钢筋冷拉作业应按规定设置防护栏。

⑥ 机械传动部位应设置防护罩。

5）电焊机

① 电焊机安装完毕应按规定履行验收程序，并应经责任人签字确认。

② 保护零线应单独设置，并应安装漏电保护装置。

③ 电焊机应设置二次空载降压保护装置。

④ 电焊机一次线长度不得超过 5m，并应穿管保护。

⑤ 二次线应采用防水橡皮护套铜芯软电缆。

⑥ 电焊机应设置防雨罩，接线柱应设置防护罩。

6）搅拌机

① 搅拌机安装完毕应按规定履行验收程序，并应经责任人签字确认。

② 保护零线应单独设置，并应安装漏电保护装置。

③ 离合器、制动器应灵敏有效，料斗钢丝绳的磨损、锈蚀、变形量应在规定允许范围内。

④ 料斗应设置安全挂钩或止挡装置，传动部位应设置防护罩。

⑤ 搅拌机应按规定设置作业棚，并应具有防雨、防晒等功能。

7）气瓶

① 气瓶使用时必须安装减压器，乙炔瓶应安装回火防止器，并应灵敏可靠。

② 气瓶间安全距离不应小于 5m，与明火安全距离不应小于 10m。

③ 气瓶应设置防震圈、防护帽，并应按规定存放。

8）翻斗车

① 翻斗车制动、转向装置应灵敏可靠。

② 司机应经专门培训，持证上岗，行车时车斗内不得载人。

9）潜水泵

① 保护零线应单独设置，并应安装漏电保护装置。

② 负荷线应采用专用防水橡皮电缆，不得有接头。

10）振捣器

① 振捣器作业时应使用移动配电箱、电缆线长度不应超过 30m。

② 保护零线应单独设置，并应安装漏电保护装置。

③ 操作人员应按规定穿戴绝缘手套、绝缘鞋。

11）桩工机械

① 桩工机械安装完毕应按规定履行验收程序，并应经责任人签字确认。

② 作业前应编制专项方案，并应对作业人员进行安全技术交底。

③ 桩工机械应按规定安装安全装置，并应灵敏可靠。

④ 机械作业区域地面承载力应符合机械说明书要求。

⑤ 机械与输电线路安全距离应符合现行行业标准《施工现场临时用电安全术规范》JGJ 46 的规定。

（四）检查评分方法

建筑施工安全检查评定中，保证项目应全数检查。各评分表的评分应符合下列规定：

（1）分项检查评分表和检查评分汇总表的满分分值均应为 100 分，评分表的实得分值应为各检查项目所得分值之和。

（2）评分应采用扣减分值的方法，扣减分值总和不得超过该检查项目的应得分值。

（3）当按分项检查评分表评分时，保证项目中有一项未得分或保证项目小计得分不足 40 分，此分项检查评分表不应得分。

（4）检查评分汇总表中各分项项目实得分值应按下式计算：

$$A_1 = \frac{B \times C}{100}$$

式中　A_1——汇总表各分项项目实得分值；

　　　B——汇总表中该项应得满分值；

　　　C——该项检查评分表实得分值。

（5）当评分遇有缺项时，分项检查评分表或检查评分汇总表的总得分值应按下式计算：

$$A_2 = \frac{D}{E} \times 100$$

式中　A_2——遇有缺项时总得分值；

　　　D——实查项目在该表的实得分值之和；

　　　E——实查项目在该表的应得满分值之和。

（6）脚手架、物料提升机与施工升降机、塔式起重机与起重吊装项目的实得分值，应为所对应专业的分项检查评分表实得分值的算术平均值。

（五）检查评定等级

应按汇总表的总得分和分项检查评分表的得分，对建筑施工安全检查评定划分为优良、合格、不合格三个等级。

建筑施工安全检查评定的等级划分应符合下列规定：

（1）优良：分项检查评分表无零分，汇总表得分值应在 80 分及以上。

（2）合格：分项检查评分表无零分，汇总表得分值应在80分以下，70分及以上。

（3）不合格：

1）当汇总表得分值不足70分时。

2）当有一分项检查评分表得零分时。

当建筑施工安全检查评定的等级为不合格时，必须限期整改达到合格。

（六）建筑施工安全检查表格（详见附录三）

二、场地管理与文明施工

（一）施工现场的平面布置与划分

施工现场的平面布置图是施工组织设计的重要组成部分，必须科学合理地规划，绘制出施工现场平面布置图，在施工实施阶段按照施工总平面图要求，设置道路、组织排水、搭建临时设施、堆放物料和设置机械设备等。

1. 施工总平面图编制的依据

（1）工程所在地区的原始资料，包括建设、勘察、设计单位提供的资料。

（2）原有和拟建建筑工程的位置和尺寸。

（3）施工方案、施工进度和资源需要计划。

（4）全部施工设施建造方案。

（5）建设单位可提供房屋和其他设施。

2. 施工平面布置原则

（1）满足施工要求，场内道路畅通，运输方便，各种材料能按计划分期分批进场，充分利用场地。

（2）材料尽量靠近使用地点，减少二次搬运。

（3）现场布置紧凑，减少施工用地。

（4）在保证施工顺利进行的条件下，尽可能减少临时设施搭设，尽可能利用施工现场附近的原有建筑物作为施工临时设施。

（5）临时设施的布置，应便于工人生产和生活，办公用房靠近施工现场，福利设施应在生活区范围之内。

（6）平面图布置应符合安全、消防、环境保护的要求。

3. 施工总平面图表示的内容

（1）拟建建筑的位置，平面轮廓。

（2）施工用机械设备的位置。

（3）塔式起重机轨道、运输路线及回转半径。

（4）施工运输道路、临时供水、排水管线、消防设施。

（5）临时供电线路及变配电设施位置。

（6）施工临时设施位置。

（7）物料堆放位置与绿化区域位置。

（8）围墙与入口位置。

4. 施工现场功能区域划分要求

施工现场按照功能可划分为施工作业区、辅助作业区、材料堆放区和办公生活区。施工现场的办公生活区应当与作业区分开设置，并保持安全距离。办公生活区应当设置于在建建筑物坠落半径之外，与作业区之间设置防护措施，进行明显的划分隔离，以免人员误入危险区域；办公生活区如果设置在在建建筑物坠落半径之内时，必须采取可靠的防砸措施。功能区的规划设置时还应考虑交通、水电、消防和卫生、环保等因素。如图 6-1 所示。

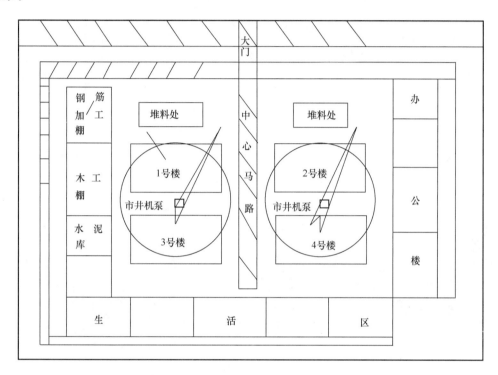

图 6-1　施工现场的平面布置图

（二）场地

施工现场的场地应当整平，清除障碍物，无坑洼和凹凸不平，雨期不积水，暖季应适当绿化。施工现场应具有良好的排水系统，设置排水沟及沉淀池，现场废水不得直接排入市政污水管网和河流；现场存放的油料、化学溶剂等应设有专门的库房，地面应进行防渗漏处理。地面应当经常洒水，对粉尘源进行覆盖遮挡。

（三）道路

施工现场的道路应畅通，应当有循环干道，满足运输、消防要求；主干道应当平整坚实，且有排水措施，硬化材料可以采用混凝土、预制块或用石屑、焦渣、砂头等压实整平，保证不沉陷，不扬尘，防止泥土带入市政道路；道路应当中间起拱，两侧设排水设施，主干道宽度不宜小于 3.5m，载重汽车转弯半径不宜小于 15m，如因条件限制，应当采取措施；道路的布置要与现场的材料、构件、仓库等堆场、吊车位置相协调、配合；施工现场主要道路应尽可能利用永久性道路，或先建好永久性道路的路基，在土建工程结束之前再铺路面。

（四）封闭管理

施工现场的作业条件差，不安全因素多，在作业过程中既容易伤害作业人员，也容易伤害现场以外的人员。因此，施工现场必须实施封闭式管理，将施工现场与外界隔离，防止"扰民"和"民扰"问题，同时保护环境、美化市容。

1. 围挡（图 6-2）

（1）施工现场围挡应沿工地四周连续设置，不得留有缺口，并根据地质、气候、围挡材料进行设计与计算，确保围挡的稳定性、安全性。

（2）围挡的用材应坚固、稳定、整洁、美观，宜选用砌体、金属材板等硬质材料，不宜使用彩布条、竹笆或安全网等。

（3）施工现场的围挡一般应高于 1.8m。

（4）禁止在围挡内侧堆放泥土、砂石等散状材料以及架管、模板等，严禁将围挡做挡土墙使用。

（5）雨后、大风后以及春融季节应当检查围挡的稳定性，发现问题及时处理。

图 6-2　围挡样式

2. 大门

（1）施工现场应当有固定的出入口，出入口处应设置大门。

（2）施工现场的大门应牢固美观，大门上应标有企业名称或企业标识。

（3）出入口处应当设置专职门卫保卫人员，制定门卫管理制度及交接班记录制度。

（4）施工现场的施工人员应当佩戴工作卡。

（五）临时设施

施工现场的临时设施较多，这里主要指施工期间临时搭建、租赁的各种房屋临时设施。临时设施必须合理选址、正确用材，确保使用功能和安全、卫生、环保、消防要求。

1. 临时设施的种类

（1）办公设施，包括办公室、会议室、保卫传达室。

（2）生活设施，包括宿舍、食堂、厕所、淋浴室、阅览娱乐室、卫生保健室。

（3）生产设施，包括材料仓库、防护棚、加工棚（站、厂，如混凝土搅拌站、砂浆搅拌站、木材加工厂、钢筋加工厂、金屑加工厂和机械维修厂）、操作棚。

（4）辅助设施，包括道路、现场排水设施、围墙、大门、供水处、吸烟处。

2. 临时设施的设计

施工现场搭建的生活设施、办公设施、两层以上、大跨度及其他临时房屋建筑物应当进行结构计算，绘制简单施工图纸，并经企业技术负责人审批方可搭建。临时建筑物设计应符合《建筑结构可靠度设计统一标准》GB 50068、《建筑结构荷载规范》GB 50009 的规定。临时建筑物使用年限定为 5 年。临时办公用房、宿舍、食堂、厕所等建筑物结构重要性系数 $\gamma_0 = 1.0$。工地非危险品仓库等建筑物结构重要性系数 $\gamma_0 = 0.9$，工地危险品仓库按相关规定设计。临时建筑及设施设计可不考虑地震作用。

3. 临时设施的选址

办公生活临时设施的选址首先应考虑与作业区相隔离，保持安全距离，其次位置的周边环境必须具有安全性，例如不得设置在高压线下，也不得设置在沟边、崖边、河流边、强风口处、高墙下以及滑坡、泥石流等灾害地质带上和山洪可能冲击到的区域。

安全距离是指，在施工坠落半径和高压线防电距离之外。建筑物高度 2～5m，坠落半径为 2m；高为 30m，坠落半径为 5m（如因条件限制，办公和生活区设置在坠落半径区域内，必须有防护措施）。1kV 以下裸露输电线，安全距离为 4m；330～550kV，安全距离为 15m（最外线的投影距离）。

4. 临时设施的布置原则

（1）合理布局，协调紧凑，充分利用地形，节约用地。

（2）尽量利用建设单位在施工现场或附近能提供的现有房屋和设施。

（3）临时房屋应本着厉行节约，减少浪费的精神，充分利用当地材料，尽量采用活动式或容易拆装的房屋。

（4）临时房屋布置应方便生产和生活。

（5）临时房屋的布置应符合安全、消防和环境卫生的要求。

5. 临时设施的布置方式

（1）生活性临时房屋布置在工地现场以外，生产性临时设施按照生产的需要在工地选择适当的位置，行政管理的办公室等应靠近工地或是工地现场出入口。

（2）生活性临时房屋设在工地现场以内时，一般布置在现场的四周或集中于一侧。

（3）生产性临时房屋，如混凝土搅拌站、钢筋加工厂、木材加工厂等，应全面分析比较确定位置。

6. 临时房屋的结构类型

（1）活动式临时房屋，如钢骨架活动房屋、彩钢板房。

（2）固定式临时房屋，主要为砖木结构、砖石结构和砖混结构。

（3）临时房屋应优先选用钢骨架彩板房，生活办公设施不宜选用菱苦土板房。

（六）临时设施的搭设与使用管理

1. 办公室

施工现场应设置办公室，办公室内布局应合理，文件资料宜归类存放，并应保持室内清洁卫生。

2. 职工宿舍

（1）宿舍应当选择在通风、干燥的位置，防止雨水、污水流入。

（2）不得在尚未竣工建筑物内设置员工集体宿舍。

（3）宿舍必须设置可开启式窗户，设置外开门。

（4）宿舍内应保证有必要的生活空间，室内净高不得小于 2.4m，通道宽度不得小于 0.9m，每间宿舍居住人员不应超过 16 人。

（5）宿舍内的单人铺不得超过 2 层，严禁使用通铺，床铺应高于地面 0.3m，人均床铺面积不得小于 1.9m×0.9m，床铺间距不得小于 0.3m。

（6）宿舍内应设置生活用品专柜，有条件的宿舍宜设置生活用品储藏室；宿舍内严禁存放施工材料、施工机具和其他杂物。

（7）宿舍周围应当搞好环境卫生，应设置垃圾桶、鞋柜或鞋架，生活区内应为作业人员提供晾晒衣物的场地，房屋外应道路平整，晚间有充足的照明。

（8）寒冷地区冬季宿舍应有保暖措施、防煤气中毒措施，火炉应当统一设置、管理，炎热季节应有消暑和防蚊虫叮咬措施。

（9）应当制定宿舍管理使用责任制，轮流负责卫生和使用管理或安排专人管理。

3. 食堂

（1）食堂应当选择在通风、干燥的位置，防止雨水、污水流入，应当保持环境卫生，远离厕所、垃圾站、有毒有害场所等污染源的地方，装修材料必须符合环保、消防要求。

（2）食堂应设置独立的制作间、储藏间。

（3）食堂应配备必要的排风设施和冷藏设施，安装纱门纱窗，室内不得有蚊蝇，门下方应设不低于 0.2m 的防鼠挡板。

（4）食堂的燃气罐应单独设置存放间，存放间应通风良好并严禁存放其他物品。

（5）食堂制作间灶台及其周边应贴瓷砖，瓷砖的高度不宜小于 1.5m；地面应作硬化和防滑处理，按规定设置污水排放设施。

（6）食堂制作间的刀、盆、案板等炊具必须生熟分开，食品必须有遮盖，遮盖物品应有正反面标识，炊具宜存放在封闭的橱柜内。

（7）食堂内应有存放各种佐料和副食的密闭器皿，并应有标识，粮食存放台距墙和地面应大于 0.2m。

（8）食堂外应设置密闭式泔水桶，并应及时清运，保持清洁。

（9）应当制定并在食堂张挂食堂卫生责任制，责任落实到人，加强管理。

4. 厕所

（1）厕所大小应根据施工现场作业人员的数量设置。

（2）高层建筑施工超过 8 层以后，每隔四层宜设置临时厕所。

（3）施工现场应设置水冲式或移动式厕所，厕所地面应硬化，门窗齐全。蹲坑间宜设置隔板，隔板高度不宜低于 0.9m。

（4）厕所应设专人负责，定时进行清扫、冲刷、消毒，防止蚊蝇滋生，化粪池应及时清掏。

5. 防护棚（图 6-3）

（1）施工现场的防护棚较多，如加工站厂棚、机械操作棚、通道防护棚等。

（2）大型站厂棚可用砖混、砖木结构，应当进行结构计算，保证结构安全。小型防护棚一般钢管扣件脚手架搭设，应当严格按照（建筑施工扣件式钢管脚手架安全技术规范）要求搭设。

（3）防护棚顶应当满足承重、防雨要求，在施工坠落半径之内的，棚顶应当具有抗砸能力。可采用多层结构。最上材料强度应能承受10kPa的均布静荷载，也可采用50mm厚木板架设或采用两层竹笆，上下竹笆层间距应不小于600mm。

图6-3 工具式防护棚

6. 搅拌站

（1）搅拌站应有后上料场地，应当综合考虑砂石堆场、水泥库的设置位置，既要相互靠近，又要便于材料的运输和装卸。

（2）搅拌站应当尽可能设置在垂直运输机械附近，在塔式起重机吊运半径内，尽可能减少混凝土、砂浆水平运输距离。采用塔式起重机吊运时，应当留有起吊空间，使吊斗能方便地从出料口直接挂钩起吊和放下；采用小车、翻斗车运输时，应当设置在大路旁，以方便运输。

（3）搅拌站场地四周应当设置沉淀池、排水沟：

1）避免清洗机械时，造成场地积水。

2）沉淀后循环使用，节约用水。

3）避免将未沉淀的污水直接排入城市排水设施和河流。

（4）搅拌站应当搭设搅拌棚，挂设搅拌安全操作规程和相应的警示标志、混凝土配合比牌，采取防止扬尘措施，冬期施工还应考虑保温、供热等。

7. 仓库

（1）仓库的面积应通过计算确定，根据各个施工阶段的需要的先后进行布置。

（2）水泥仓库应当选择地势较高、排水方便、靠近搅拌机的地方。

（3）易燃易爆品仓库的布置应当符合防火、防爆安全距离要求。

（4）仓库内各种工具器件物品应分类集中放置，设置标牌，标明规格型号。

（5）易燃、易爆和剧毒物品不得与其他物品混放，并建立严格的进出库制度，由专人管理。

（七）施工现场的卫生与防疫

1. 卫生保健

（1）施工现场应设置保健卫生室，配备保健药箱、常用药及绷带、止血带、颈托、担架等急救器材，小型工程可以用办公用房兼做保健卫生室。

（2）施工现场应当配备兼职或专职急救人员，处理伤员和职工保健，对生活卫生进行监督和定期检查食堂、饮食等卫生情况。

（3）要利用黑板报等形式向职工介绍防病的知识和方法，做好对职工卫生防病的宣传教育工作，针对季节性流行病、传染病等。

（4）当施工现场作业人员发生法定传染病、食物中毒、急性职业中毒时，必须在2小时内向事故发生所在地建设行政主管部门和卫生防疫部门报告，并应积极配合调查处理。

（5）现场施工人员患有法定的传染病或病源携带者时，应及时进行隔离，并由卫生防疫部门进行处置。

2. 保洁

办公区和生活区应设专职或兼职保洁员，负责卫生清扫和保洁，应有灭鼠、蚊、蝇、蟑螂等措施，并应定期投放和喷洒药物。

3. 食堂卫生

（1）食堂必须有卫生许可证。

（2）炊事人员必须持有身体健康证，上岗应穿戴洁净的工作服、工作帽和口罩，并应保持个人卫生。

（3）炊具、餐具和饮水器具必须及时清洗消毒。

（4）必须加强食品、原料的进货管理，做好进货登记，严禁购买无照、无证商贩经营的食品和原料，施工现场的食堂严禁出售变质食品。

（八）"五牌一图"与"两栏一报"

施工现场的进口处应有整齐明显的"五牌一图"，在办公区、生活区设置"两栏一报"。

（1）五牌指：工程概况牌、管理人员名单及监督电话牌、消防保卫牌、安全生产牌、文明施工牌；一图指：施工现场总平面图。

（2）各地区也可根据情况再增加其他牌图，如工程效果图。五牌具体内容没有作具体规定，可结合本地区、本企业及本工程特点设置。工程概况牌内容一般应写明工程名称、面积、层数、建设单位、设计单位、施工单位、监理单位、开竣工日期、项目经理以及联系电话。

（3）标牌是施工现场重要标志的一项内容，所以不但内容应有针对性，同时标牌制作、挂设也应规范整齐、美观，字体工整。

（4）为进一步对职工做好安全宣传工作，所以要求施工现场在明显处，应有必要的安全内容的标语。

（5）施工现场应该设置"两栏一报"，即读报栏、宣传栏和黑板报，丰富学习内容，表扬好人好事。

（九）警示标牌布置与悬挂

施工现场应当根据工程特点及施工的不同阶段，有针对性地设置、悬挂安全标志。

1. 安全标志的定义

安全警示标志是指提醒人们注意的各种标牌、文字、符号以及灯光等。一般来说，安全警示标志包括安全色和安全标志。安全警示标志应当明显，便于作业人员识别。如果是灯光标志，要求明亮显眼；如果是文字图形标志，则要求明确易懂。

根据《安全色》GB 2893—2008规定，安全色是表达安全信息含义的颜色，安全色分为红、黄、蓝、绿四种颜色，分别表示禁止、警告、指令和提示。

根据《安全标志》GB 2894—2008规定，安全标志是用于表达特定信息的标志，由图形符号、安全色、几何图形（边框）或文字组成。安全标志分禁止标志、警告标志、指令标志和提示标志。安全警示标志的图形、尺寸、颜色、文字说明和制作材料等，均应符合国家标准规定。如图6-4所示。

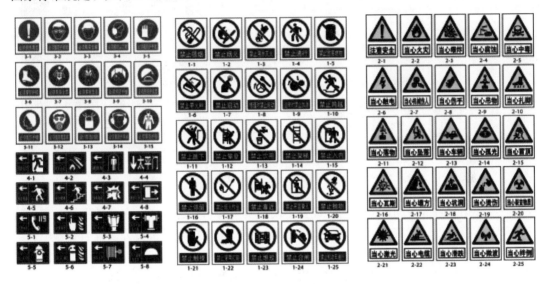

图 6-4　安全标志

2. 设置悬挂安全标志的意义

施工现场施工机械、机具种类多、高空与交叉作业多、临时设施多、不安全因素多、作业环境复杂，属于危险因素较大的作业场所，容易造成人身伤亡事故。在施工现场的危险部位和有关设备、设施上设置安全警示标志，这是为了提醒、警示进入施工现场的管理人员、作业人员和有关人员，要时刻认识到所处环境的危险性，随时保持清醒和警惕，避免事故发生。

3. 安全标志平面布置图（图6-5）

施工单位应当根据工程项目的规模、施工现场的环境、工程结构形式以及设备、机具的位置等情况，确定危险部位，有针对性地设置安全标志。施工现场应绘制安全标志布置总平面图，根据施工不同阶段的施工特点，组织人员有针对性地进行设置、悬挂或增减。

安全标志设置位置的平面图，是重要的安全工作内业资料之一，当一张图不能表明时可以分层表明或分层绘制。安全标志设置位置的平面图应由绘制人员签名，项目负责人审批。

4. 安全标志的设置与悬挂

根据国家有关规定，施工现场入口处、施工起重机械、临时用电设施、脚手架、出入通道口、楼梯口、电梯井口、孔洞口、桥梁口、隧道口、基坑边沿、爆破物及有害危险气体和液体存放处等属于危险部位，应当设置明显的安全警示标志。安全警示标志的类型、

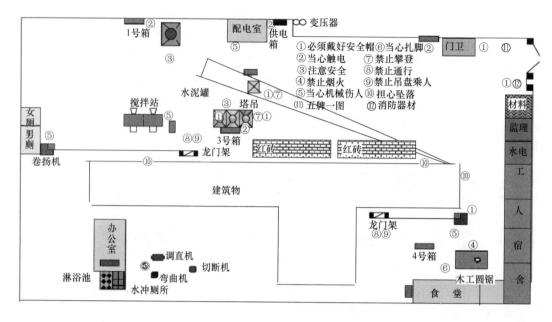

图 6-5　安全标志平面布置图

数量应当根据危险部位的性质不同，设置不同的安全警示标志。如：在爆破物及有害危险气体和液体存放处设置禁止烟火、禁止吸烟等禁止标志；在施工机具旁设置当心触电、当心伤手等警告标志；在施工现场入口处设置必须戴安全帽等指令标志；在通道口处设置安全通道等指示标志；在施工现场的沟、坎、深基坑等处，夜间要设红灯示警。

（十）塔式起重机的设置

1. 位置的确定原则

塔式起重机的位置首先应满足安装的需要，同时，又要充分考虑混凝土搅拌站、料场位置，以及水、电管线的布置等。固定式塔式起重机设置的位置应根据机械性能、建筑物的平面形状、大小、施工段划分、建筑物四周的施工现场条件和吊装工艺等因素决定，一般宜靠近路边，减少水平运输量。有轨式塔式起重机的轨道布置方式，主要取决于建筑物的平面形状、尺寸和四周施工场地条件。轨道布置方式通常是沿建筑物一侧或内外两侧布置。

2. 应注意的安全事项

（1）轨道塔式起重机的塔轨中心距建筑外墙的距离应考虑到建筑物突出部分、脚手架、安全网、安全空间等因素，一般应不少于 3.5m。

（2）拟建的建筑物临近街道，塔臂可能覆盖人行道，如果现场条件允许，塔轨应尽量布置在建筑物的内侧。

（3）塔式起重机临近的高压线，应搭设防护架，并且应限制旋转的角度，以防止塔式起重机作业时造成事故。

（4）在一个现场内布置多台起重设备时，应能保证交叉作业的安全，上下左右旋转，应留有一定的空间以确保安全。

（5）轨道式塔式起重机轨道基础与固定式塔式起重机机座基础必须坚实可靠，周围设置排水措施，防止积水。

（6）塔式起重机布置时应考虑安装与拆除所需要的场地。

（7）施工现场应留出起重机进出场道路。

（十一）材料的堆放

1. 一般要求

（1）建筑材料的堆放应当根据用量大小、使用时间长短、供应与运输情况确定，用量大、使用时间长、供应运输方便的，应当分期分批进场，以减少堆场和仓库面积。

（2）施工现场各种工具、构件、材料的堆放必须按照总平面图规定的位置放置。

（3）位置应选择适当，便于运输和装卸，应减少二次搬运。

（4）地势较高、坚实、平坦、回填土应分层夯实，要有排水措施，符合安全、防火的要求。

（5）应当按照品种、规格堆放，并设明显标牌，标明名称、规格和产地等。

（6）各种材料物品必须堆放整齐。

2. 主要材料半成品的堆放

（1）大型工具，应当一头见齐。

（2）钢筋应当堆放整齐，用方木垫起，不宜放在潮湿和暴露在外受雨水冲淋。

（3）砖应丁码成方垛，不准超高并距沟槽坑边不小于 0.5m，防止坍塌。

（4）砂应堆成方，石子应当按不同粒径规格分别堆放成方。

（5）各种模板应当按规格分类堆放整齐，地面应平整坚实，叠放高度一般不宜超过 1.6m；大模板存放应放在经专门设计的存架上，应当采用两块大模板面对面存放，当存放在施工楼层上时，应当满足自稳角度并有可靠的防倾倒措施。

（6）混凝土构件堆放场地应坚实、平整，按规格、型号堆放，垫木位置要正确，多层构件的垫木要上下对齐，垛位不准超高；混凝土墙板宜设插放架，插放架要焊接或绑扎牢固，防止倒塌。

3. 场地清理

作业区及建筑物楼层内，要做到工完场地清，拆模时应当随拆随清理运走，不能马上运走的应码放整齐。

各楼层清理的垃圾不得长期堆放在楼层内，应当及时运走，施工现场的垃圾也应分类集中堆放。

（十二）社区服务与环境保护

1. 社区服务

施工现场应当建立不扰民措施，有责任人管理和检查。应当与周围社区定期联系，听取意见，对合理意见应当及时采纳处理。工作应当有记录。

2. 环境保护的相关法律法规

国家关于保护和改善环境，防治污染的法律、法规主要有：《环境保护法》、《大气污染防治法》、《固体废物污染环境防治法》、《环境噪声污染防治法》等，施工单位在施工时应当自觉遵守。

3. 防治大气污染

（1）施工现场宜采取措施硬化，其中主要道路、料场、生活办公区域必须进行硬化处理，土方应集中堆放。裸露的场地和集中堆放的土方应采取覆盖、固化或绿化等措施。

（2）使用密目式安全网对在建建筑物、构筑物进行封闭，防止施工过程扬尘；拆除旧有建筑物时，应采用隔离、洒水等措施防止扬尘，并应在规定期限内将废弃物清理完毕；不得在施工现场熔融沥青，严禁在施工现场焚烧含有有毒、有害化学成分的装饰废料、油毡、油漆、垃圾等各类废弃物。

（3）从事土方、渣土和施工垃圾运输应采用密闭式运输车辆或采取覆盖措施。

（4）施工现场出入口处应采取保证车辆清洁的措施。

（5）施工现场应根据风力和大气湿度的具体情况，进行土方回填、转运作业。

（6）水泥和其他易飞扬的细颗粒建筑材料应密闭存放，砂石等散料应采取覆盖措施。

（7）施工现场混凝土搅拌场所应采取封闭、降尘措施。

（8）建筑物内施工垃圾的清运，应采用专用封闭式容器吊运或传送，严禁凌空抛撒。

（9）施工现场应设置密闭式垃圾站，施工垃圾、生活垃圾应分类存放，并及时清运出场。

（10）城区、旅游景点、疗养区、重点文物保护地及人口密集区的施工现场应使用清洁能源。

（11）施工现场的机械设备、车辆的尾气排放应符合国家环保排放标准要求。

4. 防治水污染

（1）施工现场应设置排水沟及沉淀池，现场废水不得直接排入市政污水管网和河流。

（2）现场存放的油料、化学溶剂等应设有专门的库房，地面应进行防渗漏处理。

（3）食堂应设置隔油池，并应及时清理。

（4）厕所的化粪池应进行抗渗处理。

（5）食堂、盥洗室、淋浴间的下水管线应设置隔离网，并应与市政污水管线连接，保证排水通畅。

5. 防治施工噪声污染

（1）施工现场应按照现行国家标准《建筑施工场界噪声限值》GB 12523 及《建筑施工场界噪声测量方法》GB 12524 制定降噪措施，并应对施工现场的噪声值进行监测和记录。

（2）施工现场的强噪声设备宜设置在远离居民区的一侧。

（3）对因生产工艺要求或其他特殊需要，确需在 24 时至次日 6 时期间进行强噪声施工的，施工前建设单位和施工单位应到有关部门提出申请，经批准后方可进行夜间施工，并公告附近居民。

（4）夜间运输材料的车辆进入施工现场，严禁鸣笛，装卸材料应做到轻拿轻放。

（5）对产生噪声和振动的施工机械、机具的使用，应当采取消声、吸声、隔声等有效措施降低噪声。

6. 防治施工照明污染

夜间施工严格按照建设行政主管部门和有关部门的规定执行，对施工照明器具的种类、灯光亮度就应严格控制，特别是在城市市区居民居住区内，减少施工照明对城市居民的干扰。

7. 防治施工固体废弃物污染

施工车辆运输砂石、土方、渣土和建筑垃圾，采取密封、覆盖措施，避免泄露、遗撒，并按指定地点倾卸，防止固体废物污染环境。

三、模板支撑工程安全技术要点

（一）总则

进行模板设计和施工时，应从工程实际情况出发，合理选用材料、方案和构造措施；应满足模板在运输、安装和使用过程中的强度、稳定性和刚度要求，并宜优先采用定型化、标准化的模板支架和模板构件，减少制作、安装工作量，提高重复使用率。

（二）模板方案设计

模板及其支架的设计应根据工程结构形式、荷载大小、地基土类别、施工设备和材料等条件进行。

1. 模板及其支架的设计

（1）应具有足够的承载能力、刚度和稳定性，应能可靠地承受新浇混凝土的自重、侧压力和施工过程中所产生的荷载及风荷载。

（2）构造应简单，装拆方便，便于钢筋的绑扎、安装和混凝土的浇筑、养护等要求。

（3）混凝土梁的施工应采用从跨中向两端对称进行分层浇筑，每层厚度不得大于400mm。

（4）当验算模板及其支架在自重和风荷载作用下的抗倾覆稳定性时，应符合相应材质结构设计规范的规定。

2. 模板设计

（1）根据混凝土的施工工艺和季节性施工措施，确定其构造和所承受的荷载。

（2）绘制配板设计图、支撑设计布置图、细部构造和异型模板大样图。

（3）按模板承受荷载的最不利组合对模板进行验算。

（4）制定模板安装及拆除的程序和方法。

（5）编制模板及配件的规格、数量汇总表和周转使用计划。

（6）编制模板施工安全、防火技术措施及设计、施工说明书。

承重的支架柱，其荷载应直接作用于立杆的轴线上，严禁承受偏心荷载，并应按单立杆轴心受压计算；钢管的初始弯曲率不得大于1/1000，其壁厚应按实际检查结果计算；当露天支架立柱为群柱架时，高宽比不应大于5；当高宽比大于5时，必须加设抛撑或缆风绳，保证宽度方向的稳定。

（三）模板安装构造

1. 模板安装前安全技术准备工作

（1）应审查模板结构设计与施工说明书中的荷载、计算方法、节点构造和安全措施，设计审批手续应齐全。

（2）应进行全面的安全技术交底，操作班组应熟悉设计与施工说明书，并应做好模板安装作业的分工准备。采用爬模、飞模、隧道模等特殊模板施工时，所有参加作业人员必须经过专门技术培训，考核合格后方可上岗。

（3）应对模板和配件进行挑选、检测，不合格者应剔除，并应运至工地指定地点堆放。

（4）备齐操作所需的一切安全防护设施和器具。

（5）模板及其支架在安装过程中，必须设置有效防倾覆的临时固定设施。

拼装高度为 2m 以上的竖向模板，不得站在下层模板上拼装上层模板。安装过程中应设置临时固定设施。

2. 承重焊接钢筋骨架和模板一起安装

（1）梁的侧模、底模必须固定在承重焊接钢筋骨架的节点上。

（2）安装钢筋模板组合体时，吊索应按模板设计的吊点位置绑扎。

当支架立柱成一定角度倾斜，或其支架立柱的顶表面倾斜时，应采取可靠措施确保支点稳定，支撑底脚必须有防滑移的可靠措施。施工时，在已安装好的模板上的实际荷载不得超过设计值。已承受荷载的支架和附件，不得随意拆除或移动。安装模板时，安装所需各种配件应置于工具箱或工具袋内，严禁散放在模板或脚手板上；安装所用工具应系挂在作业人员身上或置于所佩戴的工具袋中，不得掉落。当模板安装高度超过 3.0m 时，必须搭设脚手架，除操作人员外，脚手架下不得站其他人。木料应堆放于下风向，离火源不得小于 30m，且料场四周应设置灭火器材。

（四）支架立柱安装构造

当采用扣件式钢管作立柱支撑时，其安装构造应符合下列规定：

钢管规格、间距、扣件应符合设计要求。每根立柱底部应设置底座及垫板，垫板厚度不得小于 50mm。当立柱底部不在同一高度时，高处的纵向扫地杆应向低处延长不少于两跨，高低差不得大于 1m，立柱距边坡上方边缘不得小于 0.5m。立柱接长严禁搭接，必须采用对接扣件连接，相邻两立柱的对接接头不得在同步内，且对接接头沿竖向错开的距离不宜小于 500mm，各接头中心距主节点不宜大于步距的 1/3。

严禁将上段的钢管立柱与下段钢管立柱错开固定于水平拉杆上。满堂模板和共享空间模板支架立柱，在外侧周圈应设由下至上的竖向连续式剪刀撑；中间在纵横向应每隔 10m 左右设由下至上的竖向连续式的剪刀撑，其宽度宜为 4～6m，并在剪刀撑部位的顶部、扫地杆处设置水平剪刀撑（图 6-6）。剪刀撑杆件的底端应与地面顶紧，夹角宜为 45°～60°。当建筑层高在 8～20m 时，除应满足上述规定外，还应在纵横向相邻的两竖向连续式剪刀撑之间增加之字斜撑，在有水平剪刀撑的部位，应在每个剪刀撑中间处增加一道水平剪刀撑（图 6-7）。当建筑层高超过 20m 时，在满足以上规定的基础上，应将所有之字斜撑全部改为连续式剪刀撑（图 6-8）。

1. 碗扣式钢管脚手架作立柱支撑

当支架立柱高度超过 5m 时，应在立柱周圈外侧和中间有结构柱的部位，按水平间距 6～9m，竖向间距 2～3m 与建筑结构设置一个固结点。当采用碗扣式钢管脚手架作立柱

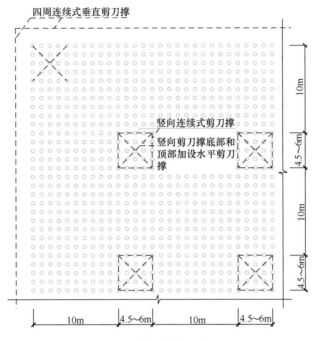

图 6-6　剪刀撑布置图一

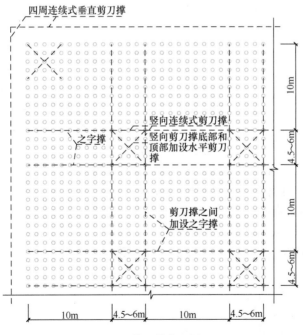

图 6-7　剪刀撑布置图二

支撑时，其安装构造应符合下列规定：

（1）立杆应采用长 1.8m 和 3.0m 的立杆错开布置，严禁将接头布置在同一水平高度。

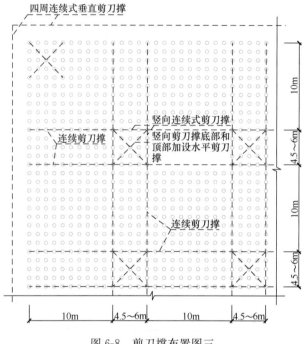

图 6-8　剪刀撑布置图三

（2）立杆底座应采用大钉固定于垫木上。

（3）立杆立一层，即将斜撑对称安装牢固，不得漏加，也不得随意拆除。

（4）横向水平杆应双向设置，间距不得超过 1.8m。

2. 标准门架作支撑

（1）门架的跨距和间距应按设计规定布置，间距宜小于 1.2m；支撑架底部垫木上应设固定底座或可调底座。门架、调节架及可调底座，其高度应按其支撑的高度确定。

（2）门架支撑可沿梁轴线垂直和平行布置。当垂直布置时，在两门架间的两侧应设置交叉支撑；当平行布置时，在两门架间的两侧亦应设置交叉支撑，交叉支撑应与立杆上的锁销锁牢，上下门架的组装连接必须设置连接棒及锁臂。

（3）当门架支撑宽度为 4 跨及以上或 5 个间距及以上时，应在周边底层、顶层、中间每 5 列、5 排于每门架立杆根部设 $\phi48\text{mm}\times3.5\text{mm}$ 通长水平加固杆，并应采用扣件与门架立杆扣牢。

（4）门架支撑高度超过 8m 时，应按本章相关规定执行，剪刀撑不应大于 4 个间距，并应采用扣件与门架立杆扣牢。

（5）顶部操作层应采用挂扣式脚手板满铺。

3. 悬挑结构立柱支撑的安装

（1）多层悬挑结构模板的上下立柱应保持在同一条垂直线上。

（2）多层悬挑结构模板的立柱应连续支撑，并不得少于 3 层。

（五）普通模板安装构造

1. 基础及地下工程模板

（1）地面以下支模应先检查土壁的稳定情况，当有裂纹及塌方危险迹象时，应采取安全防范措施后，方可下人作业。当深度超过 2m 时，操作人员应设梯上下。

（2）距基槽（坑）上口边缘 1m 内不得堆放模板。向基槽（坑）内运料应使用起重机、溜槽或绳索；运下的模板严禁立放于基槽（坑）土壁上。

（3）斜支撑与侧模的夹角不应小于 45°，支于土壁的斜支撑应加设垫板，底部的对角楔木应与斜支撑连牢。高大长脖基础若采用分层支模时，其下层模板应经就位校正并支撑稳固后，方可进行上一层模板的安装。

（4）在有斜支撑的位置，应于两侧模间采用水平撑连成整体。

2. 柱模板

（1）现场拼装柱模时，应适时地按设临时支撑进行固定，斜撑与地面的倾角宜为 60°，严禁将大片模板系于柱子钢筋上。

（2）待四片柱模就位组拼经对角线校正无误后，应立即自下而上安装柱箍。

（3）若为整体预组合柱模，吊装时应采用卡环和柱模连接，不得用钢筋钩代替。

（4）柱模校正（用四根斜支撑或用连接在柱模顶四角带花篮螺栓的缆风绳，底端与楼板钢筋拉环固定进行校正）后，应采用斜撑或水平撑进行四周支撑，以确保整体稳定。当高度超过 4m 时，应群体或成列同时支模，并应将支撑连成一体，形成整体框架体系。当需单根支模时，柱宽大于 500mm 应每边在同一标高上设不得少于两根斜撑或水平撑。斜撑与地面的夹角宜为 45°～60°，下端尚应有防滑移的措施。

（5）角柱模板的支撑，除满足上款要求外，还应在里侧设置能承受拉、压力的斜撑。

3. 墙模板

（1）当用散拼定型模板支模时，应自下而上进行，必须在下一层模板全部紧固后，方可进行上一层安装。当下层不能独立安设支撑件时，应采取临时固定措施。

（2）当采用预拼装的大块墙模板进行支模安装时，严禁同时起吊两块模板，并应边就位、边校正、边连接，固定后方可摘钩。

（3）安装电梯井内墙模前，必须于板底下 200mm 处牢固地满铺一层脚手板。

（4）模板未安装对拉螺栓前，板面应向后倾一定角度。安装过程应随时拆换支撑或增加支撑。

（5）当钢楞长度需接长时，接头处应增加相同数量和不小于原规格的钢楞，其搭接长度不得小于墙模板宽或高的 15%～20%。

（6）拼接时的 U 形卡应正反交替安装，间距不得大于 300mm；两块模板对接接缝处的 U 形卡应满装。

（7）对拉螺栓与墙模板应垂直，松紧应一致，墙厚尺寸应正确。墙模板内外支撑必须坚固、可靠，应确保模板的整体稳定。当墙模板外面无法设置支撑时，应于里面设置能承受拉和压的支撑。多排并列且间距不大的墙模板，当其支撑互成一体时，应有防止灌筑混凝土时引起临近模板变形的措施。

4. 独立梁和整体楼盖梁结构模板

（1）安装独立梁模板时应设安全操作平台，并严禁操作人员站在独立梁底模或柱模支架上操作及上下通行。

（2）底模与横楞应拉结好，横楞与支架、立柱应连接牢固。

（3）安装梁侧模时，应边安装边与底模连接，当侧模高度多于两块时，应采取临时固定措施。

（4）起拱应在侧模内外楞连固前进行。

（5）单片预组合梁模，钢楞与板面的拉结应按设计规定制作，并应按设计吊点试吊无误后方可正式吊运安装，侧模与支架支撑稳定后方准摘钩。

5. 楼板或平台板模板

（1）当预组合模板采用桁架支模时，桁架与支点的连接应固定牢靠，桁架支承应采用平直通长的型钢或木方。

（2）当预组合模板块较大时，应加钢楞后方可吊运。当组合模板为错缝拼配时，板下横楞应均匀布置，并应在模板端穿插销。

（3）单块模就位安装，必须待支架搭设稳固、板下横楞与支架连接牢固后进行。

（4）U形卡应按设计规定安装。

6. 其他结构模板

（1）安装圈梁、阳台、雨篷及挑檐等模板时，其支撑应独立设置，不得支搭在施工脚手架上。

（2）安装悬挑结构模板时，应搭设脚手架或悬挑工作台，并应设置防护栏杆和安全网。作业处的下方不得有人通行或停留。烟囱、水塔及其他高大构筑物的模板，应编制专项施工设计和安全技术措施，并应向操作人员进行详细地交底后，方可安装。

四、脚手架工程安全技术要点

（一）构配件

脚手架钢管宜采用 $\phi 48.3\text{mm} \times 3.6\text{mm}$ 钢管。每根钢管的最大质量不应大于 25kg。扣件在螺栓拧紧扭力矩达到 $65\text{N} \cdot \text{m}$ 时，不得发生破坏。脚手板可采用钢、木、竹材料制作，单块脚手板的质量不宜大于 30kg。木脚手板材质厚度不应小于 50mm，两端宜各设直径不小于 4mm 的镀锌钢丝箍两道。

可调托撑螺杆外径不得小于 36mm；可调托撑的螺杆与支架托板焊接应牢固，焊缝高度不得小于 6mm；可调托撑螺杆与螺母旋合长度不得少于 5 扣，螺母厚度不得小于 30mm。

1. 构造要求

（1）常用单、双排脚手架设计尺寸

常用密目式安全立网全封闭单、双排脚手架结构的设计尺寸，可按表 6-1 和表 6-2 采用。

常用敞开式双排脚手架的设计尺寸（m）　　　　　　　　　　表 6-1

立杆横距 l_b	步距 h	下列荷载时的立杆纵距 l_a				脚手架允许搭设高度 $[H]$
		$2+0.35$ (kN/m²)	$2+2+2 \times 0.35$ (kN/m²)	$3+0.35$ (kN/m²)	$3+2+2 \times 0.35$ (kN/m²)	
1.05	1.50	2.0	1.5	1.5	1.5	50
	1.80	1.8	1.5	1.5	1.5	32

续表

立杆横距 l_b	步距 h	下列荷载时的立杆纵距 l_a				脚手架允许搭设高度 $[H]$
		$2+0.35$ (kN/m²)	$2+2+2\times0.35$ (kN/m²)	$3+0.35$ (kN/m²)	$3+2+2\times0.35$ (kN/m²)	
1.30	1.50	1.8	1.5	1.5	1.5	50
	1.80	1.8	1.2	1.5	1.2	30
1.55	1.50	1.8	1.5	1.5	1.5	38
	1.80	1.8	1.2	1.5	1.2	22
1.05	1.50	2.0	1.5	1.5	1.5	43
	1.80	1.8	1.2	1.5	1.2	24
1.30	1.50	1.8	1.5	1.5	1.2	30
	1.80	1.8	1.2	1.5	1.2	17

注：1. 表中所示 $2+2+2\times0.35$(kN/m²)，包括下列荷载：$2+2$(kN/m²)为二层装修作业层施工荷载标准值；2×0.35(kN/m²)为二层作业层脚手板自重荷载标准值。

　　2. 作业层横向水平杆间距，应按不大于 $l_a/2$ 设置。

　　3. 地面粗糙度为 B 类，基本风压 $\omega=0.4$kN/m²。

常用密目式安全立网全封闭式单排脚手架的设计尺寸（m）　　　　表 6-2

连墙件设置	立杆横距 l_b	步距 h	下列荷载时的立杆纵距 l_a		脚手架允许搭设高度 $[H]$
			$2+0.35$ (kN/m²)	$3+0.35$ (kN/m²)	
二步三跨	1.20	1.50	2.0	1.8	24
		1.80	1.5	1.2	24
	1.40	1.50	1.8	1.5	24
		1.80	1.5	1.2	24
三步三跨	1.20	1.50	2.0	1.8	24
		1.80	1.2	1.2	24
	1.40	1.50	1.8	1.5	24
		1.80	1.2	1.2	24

（2）单排脚手架搭设高度不应超过 24m；双排脚手架搭设高度不宜超过 50m，高度超过 50m 的双排脚手架，应采用分段搭设措施。

（3）纵向水平杆的构造应符合下列规定：

1）纵向水平杆应设置在立杆内侧，单根杆长度不应小于 3 跨。

2）纵向水平杆接长应采用对接扣件连接或搭接。并应符合下列规定：

① 两根相邻纵向水平杆的接头不应设置在同步或同跨内；不同步或不同跨两个相邻接头在水平方向错开的距离不应小于 500mm；各接头中心至最近主节点的距离不应大于纵距的 1/3（图 6-9）。

② 搭接长度不应小于 1m，应等间距设置 3 个旋转扣件固定，端部扣件盖板边缘至搭接纵向水平杆杆端的距离不应小于 100mm。

（4）当使用冲压钢脚手板、木脚手板、竹串片脚手板时，纵向水平杆应作为横向水平杆的支座，用直角扣件固定在立杆上；当使用竹笆脚手板时，纵向水平杆应采用直角扣件固定在横向水平杆上，并应等间距设置，间距不应大于 400mm（图 6-10）。

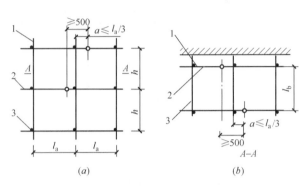

图 6-9　纵向水平杆对接接头布置

（a）接头不在同跨内（立面）；（b）接头不在同跨内（平面）

1—立杆；2—纵向水平杆；3—横向水平杆

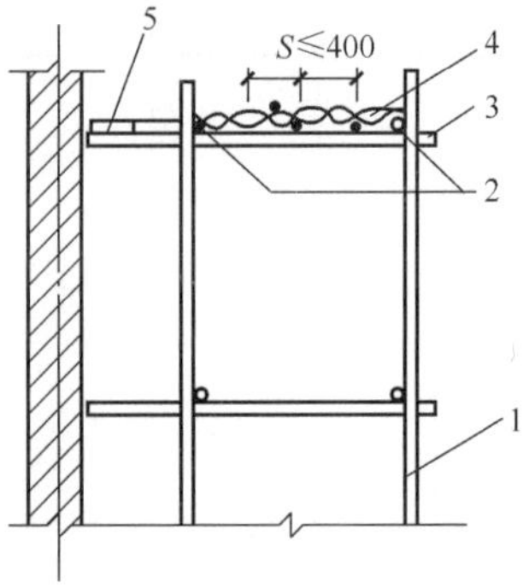

图 6-10　铺竹笆脚手板时纵向水平杆的构造

1—立杆；2—纵向水平杆；3—横向水平杆；

4—竹笆脚手板；5—其他脚手板

（5）横向水平杆的构造应符合下列规定：

1）作业层上非主节点处的横向不平杆，宜根据支承脚手板的需要等间距设置，最大间距不应大于纵距的 1/2。

2）当使用冲压钢脚手板、木脚手板、竹串片脚手板时，双排脚手架的横向水平杆两端均应采用直角扣件固定在纵向水平杆上；单排脚手架的横向水平杆的一端应用直角扣件固定在纵向水平杆上，另一端应插入墙内，插入长度不应小于 180mm。

3）当使用竹笆脚手板时，双排脚手架的横向水平杆两端，应用直角扣件固定在立杆上；单排脚手架的横向水平杆的一端，应用直角扣件固定在立杆上，另一端应插入墙内，插入长度亦不应小于 180mm。

（6）主节点处必须设置一根横向水平杆，用直角扣件扣接且严禁拆除。

（7）脚手板的设置应符合下列规定：

1）作业层脚手板应铺满、铺稳、铺实。

2）冲压钢脚手板、木脚手板、竹串片脚手板等，应设置在三根横向水平杆上。当脚手板长度小于 2m 时，可采用两根横向水平杆支承，但应将脚手板两端与其可靠固定，严防倾翻。脚手板的铺设应采用对接平铺或搭接铺设。脚手板对接平铺时，接头处必须设两根横向水平杆，脚手板外伸长应取 130～150mm，两块脚手板外伸长度的和不应大于 300mm（图 6-11（a））；脚手板搭接铺设时，接头必须支在横向水平杆上，搭接长度不应

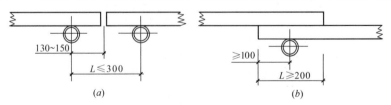

图 6-11　脚手板对接、搭接构造

（a）脚手板对接；（b）脚手板搭接

小于 200mm，其伸出横向水平杆的长度不应小于 100mm（图 6-11（b））。

3）竹笆脚手板应按其主竹筋垂直于纵向水平杆方向铺设，且采用对接平铺，四个角应用直径不小于 1.2mm 的镀锌钢丝固定在纵向水平杆上。

4）作业层端部脚手板探头长度应取 150mm，其板的两端均应固定于支承杆件上。

（8）立杆设置要求

1）每根立杆底部应设置底座或垫板。

2）脚手架必须设置纵、横向扫地杆。纵向扫地杆应采用直角扣件固定在距底座上皮不大于 200mm 处的立杆上。横向扫地杆应采用直角扣件固定在紧靠纵向扫地杆下方的立杆上。

3）脚手架立杆基础不在同一高度上时，必须将高处的纵向扫地杆向低处延长两跨与立杆固定，高低差不应大于 1m。靠边坡上方的立杆轴线到边坡的距离不应小于 500mm（图 6-12）。

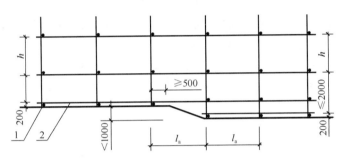

图 6-12 纵、横向扫地杆构造
1—横向扫地杆；2—纵向扫地杆

4）单、双排脚手架底层步距均不应大于 2m。

5）单排、双排与满堂脚手架立杆接长除顶层顶步外，其余各层各步接头必须采用对接扣件连接。

6）脚手架立杆对接、搭接应符合下列规定：

① 当立杆采用对接接长时，立杆的对接扣件应交错布置，两根相邻立杆的接头不应设置在同步内，同步内隔一根立杆的两个相隔接头在高度方向错开的距离不宜小于 500mm；各接头中心至主节点的距离不宜大于步距的 1/3。

② 当立杆采用搭接接长时，搭接长度不应小于 1m，并应采用不少于 2 个旋转和扣件固定。端部扣件盖板的边缘至杆端距离不应小于 100mm。

7）脚手架立杆顶端栏杆宜高出女儿墙上端 1m，宜高出檐口上端 1.5m。

（9）连墙件

1）连墙件设置的位置、数量应按专项施工方案确定。

2）脚手架连墙件数量的设置除应满足本章节的计算要求外，还应符合表 6-3 的规定。

连墙件布置最大间距

表 6-3

搭设方法	高度	竖向间距（h）	水平间距（l_a）	每根连墙件覆盖面积（m^2）
双排落地	≤50m	$3h$	$3l_a$	≤40

续表

搭设方法	高度	竖向间距 (h)	水平间距 (l_a)	每根连墙件覆盖面积 (m^2)
双排悬挑	>50m	$2h$	$3l_a$	≤27
单排	≤24m	$3h$	$3l_a$	≤40

注：h——步距；l_a——纵距。

3）连墙件的布置应符合下列规定：

① 应靠近主节点设置，偏离主节点的距离不应大于 300mm。

② 应从底层第一步纵向水平杆处开始设置，当该处设置有困难时，应采用其他可靠措施固定。

③ 应优先采用菱形布置，或采用方形、矩形布置。

4）开口型脚手架的两端必须设置连墙件，连墙件的垂直间距不应大于建筑物的层高，并不应大于 4m。

连墙件中的连墙杆应呈水平设置，当不能水平设置时，应向脚手架一端下斜连接。

5）连墙件必须采用可承受拉力和压力的构造。对高度 24m 以上的双排脚手架，应采用刚性连墙件与建筑物连接。

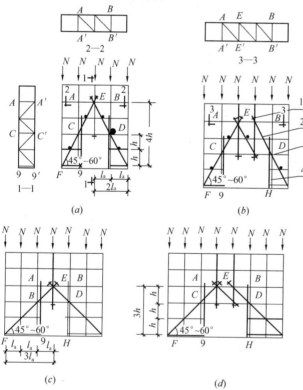

6）当脚手架下部暂不能设连墙件时应采取防倾覆措施。当搭设抛撑时，抛撑应采用通长杆件，并用旋转扣件固定在脚手架上，与地面的倾角应在 45°～60°之间；连接点中心至主节点的距离不应大于 300mm。抛撑应在连墙件搭设后，方可拆除。

7）架高超过 40m 且有风涡流作用时，应采取抗上升翻流作用的连墙措施。

（10）门洞

1）单、双排脚手架门洞宜采用上升斜杆、平行弦杆桁架结构形式（图 6-13），斜杆与地面的倾角 α 应在 45°～60°之间。门洞桁架的形式宜按下列要求确定：

① 当步距（h）小于纵距（l_a）时，应采用 A 型。

② 当步距（h）大于纵距（l_a）时，应采用 B 型，并应符合下列规定：

图 6-13 门洞处上升斜杆、平行弦杆桁架

（a）挑空一根立杆 A 型；（b）挑空二根立杆 A 型；

（c）挑空一根立杆 B 型；（d）挑空二根立杆 B 型

1—防滑扣件；2—增设的横向水平杆；3—副立杆；4—主立杆

$h=1.8\text{m}$ 时，纵距不应大于 1.5m；

$h=2.0\text{m}$ 时，纵距不应大于 1.2m。

2）单、双排脚手架门洞桁架的构造应符合下列规定：

① 单排脚手架门洞处，应在平面桁架（图 6-13 中 ABCD）的每一节间设置一根斜腹杆；双排脚手架门洞处的空间桁架，除下弦平面外，应在其余 5 个平面内的图示节间设置一根斜腹杆（图 6-13 中 1-1、2-2、3-3 剖面）。

② 斜腹杆宜采用旋转扣件固定在与之相交的横向水平杆的伸出端上，旋转扣件中心线至主节点的距离不宜大于 150mm。当斜腹杆在 1 跨内跨越 2 个步距（图 6-13A 型）时，宜在相交的纵向水平杆处，增设一根横向水平杆，将斜腹杆固定在其伸出端上。

3）斜腹杆宜采用通长杆件，当必须接长使用时，宜采用对接扣件连接，也可采用搭接。

4）单排脚手架过窗洞时应增设立杆或增设一根纵向水平杆（图 6-14）。

5）门洞桁架下的两侧立杆应为双管立杆，副立杆高度应高于门洞口 1～2 步。

6）门洞桁架中伸出上下弦杆的杆件端头，均应增设一个防滑扣件（图 6-13），该扣件宜紧靠主节点处的扣件。

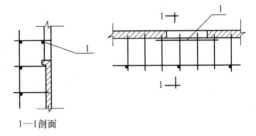

图 6-14　单排脚手架过窗洞构造

1—增设的纵向水平杆

（11）剪刀撑与横向斜撑

1）双排脚手架应设剪刀撑与横向斜撑，单排脚手架应设剪刀撑。

2）单、双排脚手架剪刀撑的设置应符合下列规定：

① 每道剪刀撑跨越立杆的根数宜按表 6-4 的规定确定。每道剪刀撑宽度不应小于 4 跨，且不应小于 6m，斜杆与地面的倾角宜在 45°～60°之间；

剪刀撑跨越立杆的最多根数　　　　　　　　　　　　　表 6-4

剪刀撑斜杆与地面的倾角 α	45°	50°	60°
剪刀撑跨越立杆的最多根数 n	7	6	5

② 剪刀撑斜杆的接长应采用搭接或对接。

③ 剪刀撑斜杆应用旋转扣件固定在与之相交的横向水平杆的伸出端或立杆上，旋转扣件中心线至主节点的距离不宜大于 150mm。

3）高度在 24m 及以上的双排脚手架应在外侧立面连续设置剪刀撑；高度在 24m 以下的单、双排脚手架，均必须在外侧立面两端、转角及中间间隔不超过 15m 的立面上，各设置一道剪刀撑，并应由底至顶连续设置（图 6-15）。

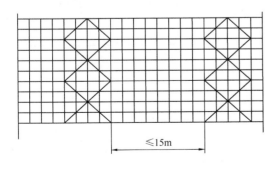

≤15m

图 6-15　剪刀撑布置

4）双排脚手架横向斜撑的设置应符

合下列规定：

① 横向斜撑应在同一节间，由底至顶层呈"之"字形连续布置。

② 高度在 24m 以下的封闭型双排脚手架可不设横向斜撑，高度在 24m 以上的封闭型脚手架，除拐角应设置横向斜撑外，中间应每隔 6 跨设置一道。

5）开口型双排脚手架的两端均必须设置横向斜撑。

（12）斜道

1）人行并兼作材料运输的斜道的形式宜按下列要求确定：

① 高度不大于 6m 的脚手架，宜采用"一"字形斜道。

② 高度大于 6m 的脚手架，宜采用"之"字形斜道。

2）斜道的构造应符合下列规定：

① 斜道应附着外脚手架或建筑物设置。

② 运料斜道宽度不宜小于 1.5m，坡度不应大于 1：6，人行斜道宽度不宜小于 1m，坡度不应大于 1：3。

③ 拐弯处应设置平台，其宽度不应小于斜道宽度。

④ 斜道两侧及平台外围均应设置栏杆及挡脚板。栏杆高度应为 1.2m，挡脚板高度不应小于 180mm。

⑤ 运料斜道两端、平台外围和端部均设置连墙件；每两步应加设水平斜杆；应设置剪刀撑和横向斜撑。

3）斜道脚手板构造应符合下列规定：

① 脚手板横铺时，应在横向水平杆下增设纵向支托杆，纵向支托杆间距不应大于 500mm。

② 脚手板顺铺时，接头宜采用搭接；下面的板头应压住上面的板头，板头的凸棱外宜采用三角木填顺。

③ 人行斜道和运料斜道的脚手板上应每隔 250～300mm 设置一根防滑木条，木条厚度应为 20～30mm。

（13）满堂脚手架

1）常用敞开式满堂脚手架结构的设计尺寸，可按表 6-5 采用。

常用敞开式满堂脚手架结构的设计尺寸　　　　　　　　　　　表 6-5

序号	步距 (m)	立杆间距 (m)	支架高宽比 不大于	下列施工荷载时最大允许高度（m）	
				2（kN/m²）	3（kN/m²）
1	1.7～1.8	1.2×1.2	2	17	9
2		1.0×1.0	2	30	24
3		0.9×0.9	2	36	36
4	1.5	1.3×1.3	2	18	9
5		1.2×1.2	2	23	16
6		1.0×1.0	2	36	31
7		0.9×0.9	2	36	36

序号	步距 (m)	立杆间距 (m)	支架高宽比 不大于	下列施工荷载时最大允许高度（m）	
				2（kN/m²）	3（kN/m²）
8	1.2	1.3×1.3	2	20	13
9		1.2×1.2	2	24	19
10		1.0×1.0	2	36	32
11		0.9×0.9	2	36	36
12	0.9	1.0×1.0	2	36	33
13		0.9×0.9	2	36	36

注：1. 脚手板自重标准值取 0.35kN/m²；

2. 场面粗糙度为 B 类，基本风压 $\omega=0.35kN/m^2$；

3. 立杆间距不小于 1.2×1.2m，施工荷载标准值不小于 3kN/m²。立杆上应增设防滑扣件，防滑扣件应安装牢固，且顶紧立杆与水平杆连接的扣件。

2）满堂脚手架搭设高度不宜超过 36m；满堂脚手架施工层不超过 1 层。

3）满堂脚手架应在架体外侧四周及内部纵、横向每 6～8m 由底至顶设置连续竖向剪刀撑。当架体搭设高度在 8m 以下时，应在架顶部设置连续水平剪刀撑；当架体搭设高度在 8m 及以上时，应在架体底部及竖向间隔不超过 8m 分别设置连续水平剪刀撑。水平剪刀撑宜在竖向剪刀撑斜相交平面设置。剪刀撑宽度应为 6～8m。

4）剪刀撑应用旋转扣件固定在与之相交的水平杆或立杆上，旋转扣件中心线至主节点的距离不宜大于 150mm。

5）满堂脚手架的高宽比不宜大于 3，当高宽比大于 2 时，应在架体的外侧四周和内部水平间隔 6～9m、竖向间隔 4～6m 设置连墙件与建筑结构拉结，当无法设置连墙件时，应采取设置钢丝绳张拉固定等措施。

6）最少跨度为 2、3 跨的满堂脚手架。

7）当满堂脚手架局部承受集中荷载时，应按实际荷载计算并应局部加固。

8）满堂脚手架应设爬梯，爬梯踏步间距不得大于 300mm。

9）满堂脚手架操作层支撑脚手板的水平杆间距不应大于 1/2 跨距。

（14）满堂支撑架

1）立杆伸出顶层水平杆中心线至支撑点的长度 a 不应超过 0.5m。满堂支撑架搭设高度不宜超过 30m。

2）满堂支撑架应根据架体的类型设置剪刀撑，并应符合下列规定：

① 普通型：

a. 在架体外侧周边及内部纵、横向每隔 5～8m，应由底至顶设置连续竖向剪刀撑，剪刀撑宽度应为 5～8m。

b. 在竖向剪刀撑顶部交点平面应设置连续水平剪刀撑。当支撑高度超过 8m，或施工总荷载大于 15kN/m²，或集中线荷载大于 20kN/m 的支撑架，扫地杆的设置层应设置水平剪刀撑。水平剪刀撑至架体底平面距离与水平剪刀撑间距不宜超过 8m。

② 加强型：

a. 当立杆纵、横间距为 0.9m×0.9m～1.2 m×1.2m 时，在架体外侧周边及内部纵、横向每 4 跨（且不大于 5m），应由底至顶设置连续竖向剪刀撑，剪刀撑宽度应为 4 跨。

b. 当立杆纵、横间距为 0.6m×0.6m～0.9 m×0.9m（含本身）时，在架体外侧周边及内部纵、横向每 5 跨（且不小于 3m），应由底至顶设置连续竖向剪刀撑，剪刀撑宽度应为 5 跨。

c. 当立杆纵、横间距为 0.4m×0.4m～0.6 m×0.6m（含 0.4m×0.4m）时，在架体外侧周边及内部纵、横向每 3～3.2m 应由底至顶设置连续竖向剪刀撑，剪刀撑宽度应为 3～3.2m。

d. 在竖向剪刀撑顶部交点平面应设置水平剪刀撑。水平剪刀撑至架体底平面距离与水平剪刀撑间距不宜超过 6m，剪刀撑宽度应为 3～5m。

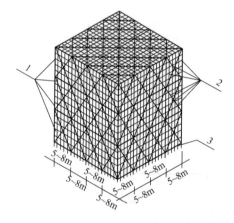 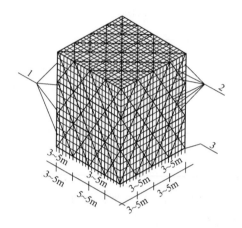

图 6-16　普通型水平、竖向剪刀撑布置图　　　图 6-17　加强型水平、竖向剪刀撑布置图

1—水平剪刀撑；2—竖向剪刀撑；3—扫地杆设置层　　　1—水平剪刀撑；2—竖向剪刀撑；3—扫地杆设置层

3) 竖向剪刀撑斜杆与地面的倾角应为 45°～60°，水平剪刀撑与支架纵（或横）向夹角应为 45°～60°。

4) 满堂支撑架的可调底座、可调托撑螺杆伸出长度不宜超过 300mm，插入立杆内的长度不得小于 150mm。

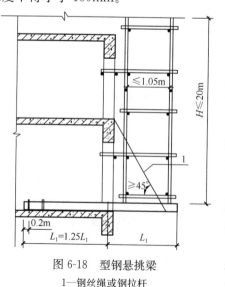

图 6-18　型钢悬挑梁

1—钢丝绳或钢拉杆

（15）型钢悬挑脚手架

1) 一次悬挑脚手架高度不宜超过 20m。

2) 型钢悬挑梁宜采用双轴对称截面的型钢。悬挑钢梁型号及锚固件应按设计确定，钢梁截面高度不应小于 160mm。悬挑梁尾端应在两处及以上固定于钢筋混凝土梁板结构上。锚固型钢悬挑梁的 U 形钢筋拉环或锚固螺栓直径不宜小于 16mm（图 6-18）。

3) 用于锚固的 U 形钢筋拉环或螺栓应采用冷弯成型。U 形钢筋拉环、锚固螺栓与型钢间隙应用钢楔或硬木楔楔紧。

4) 每个型钢悬挑梁外端宜设置钢丝绳或钢拉杆与上一层建筑结构斜拉结。钢丝绳、钢拉杆不参与悬挑钢梁受力计算；钢丝绳与建筑结构拉结的吊环应使用 HPB235 级钢筋，其直径不宜小于 20mm，吊环预埋锚固长度应符合现行国家标准《混凝土结构设计规范》GB 50010 中钢筋锚固的规定。

5）悬挑梁悬挑长度按设计确定。固定段长度不应小于悬挑段长度的 1.25 倍。型钢悬挑梁固定端应采用 2 个（对）及以上 U 形钢筋拉环或锚固螺栓与建筑结构梁板固定，U 形钢筋拉环或锚固螺栓应预埋至混凝土梁、板底层钢筋位置，并应与混凝土梁、板底层钢筋焊接或绑扎牢固，其锚固长度应符合现行国家标准《混凝土结构设计规范》GB 50010 中钢筋锚固的规定（图 6-19.1、图 6-19.2、图 6-19.3）。

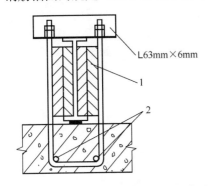

图 6-19.1　悬挑钢梁 U 形螺栓固定构造

1—木楔侧向楔紧；2—两根 1.5m 长直径
18mm 的 HRB235 钢筋

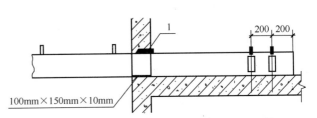

图 6-19.2　悬挑钢梁穿墙构造

1—木楔楔紧

6）当型钢悬挑梁与建筑结构采用螺栓钢压板连接固定时，钢压板尺寸不应小于 100mm×10mm（宽×厚）；当采用螺栓角钢压板连接时，角钢规格不应小于 63mm×63mm×6mm。

7）型钢悬挑梁悬挑端应设置能使脚手架立杆与钢梁可靠固定的定位点，定位点离悬挑梁端部不应小于 100mm。

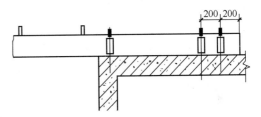

图 6-19.3　悬挑钢梁楼面构造

8）锚固位置设置在楼板上时，楼板的厚度不宜小于 120mm。如果楼板的厚度小于 120mm 应采取加固措施。

9）悬挑梁间距应按悬挑架架体立杆纵距设置，每一纵距设置一根。

10）悬挑架的外立面剪刀撑应自下而上连续设置。

11）锚固型钢的主体结构混凝土强度等级不得低于 C20。

五、土方基坑工程安全技术要点

(一) 资料编制

组织所有施工技术人员熟悉设计文件、工程地质与水文地质报告、安全监测方案和相关技术标准，并参与基坑工程图纸会审和技术交底。

（二）现场勘察

进行施工现场勘察和环境调查，进一步了解施工现场、基坑影响范围内地下管线、建筑物地基基础情况，必要时制定预先加固方案。

（三）专项方案

按照评审通过的基坑工程设计施工图、基坑工程安全监测方案、施工勘查与环境调查报告等文件，编制基坑工程施工组织设计，并应按照有关规定组织施工开挖方案的专家论证；施工安全等级为一级的基坑工程尚应编制施工安全专项方案。

（四）机械设备

1. 一般规定

（1）机械操作人员必须经过专业安全技术培训，考核合格后，持证上岗。严禁酒后作业。

（2）操作人员在作业过程中，不得擅自离开岗位或将机械交给其他无证人员操作。严禁疲劳作业，严禁机械带故障作业，严禁无关人员进入作业区和操作室。

（3）操作人员必须认真执行机械有关保养规定。机械连续作业时，应建立交接班制度；接班人员经检查确认无误后，方可进行工作。

（4）机械进入现场前，必须查明行使路线上空有无障碍及其高度；查明行使路线上的桥梁、涵洞的通行高度和承载能力，确认安全后低速通过。严禁在桥面上急转向和紧急刹车。

（5）作业前应按照施工组织设计和安全技术交底检查施工现场。不宜在距现场电力、通信电缆、煤气管道等周围 2m 以内进行机械作业。必须作业时，应探明其准确位置并采取措施保证其安全。

（6）机械严禁超载作业或任意扩大使用范围。安全防护装置不完整或已失效的机械不得使用。

（7）配合机械作业人员，必须在机械回转半径以外作业。如必须在回转半径内作业时，机上和机下人员应随时取得有效联系。

（8）在机械产生对人体有害的气体、液体、尘埃、渣滓、放射性射线、振动、噪声等场所，必须配置相应的安全保护设备和三废处理装置；在暗道、沉井基础施工中，应采取措施，使有害物限制在规定的限度内。

（9）作业遇到下列情况，应立即停止作业：

1）填挖区土体不稳定，有坍塌可能。

2）发生暴雨、雷电、水位暴涨及山洪暴发等情况时。

3）施工标记及防护设施被损坏。

4）地面涌水冒泥，出现陷车或因雨发生坡道打滑时。

5）工作面净空不足以保证安全作业时。

6）地下设施未探明时。

7）出现其他不能保证作业和运行安全的情况。

（10）新购、经过大修或技术改造的机械，应按有关规定要求进行测试和试运转。机械在寒冷季节使用，应遵守有关规定。

（11）机械运行时，严禁接触转动部位和进行检修。在修理装置时，应使其降到最低位置，并应在悬空部位进行安全支撑。

（12）当机械发生重大事故时，企业领导必须及时上报、组织抢救、保护现场、查明原因、分清责任、落实及完善安全措施，并按事故性质严肃处理。

（13）汽车及自行轮胎式机械设备在进入市区或公路行驶时，必须遵守有关交通规定。

（14）机械发动前应对各部位进行检查，确认完好，方可启动。工作结束后，应将机械停到安全地带。

（15）夜间工作时，现场必须有足够照明，机械照明装置应齐全完好。

2. 土方开挖设备

（1）挖掘机

1）在拉铲或反铲作业时，挖掘机履带到工作面边缘的安全距离不应小于1.5m。

2）挖土前应破碎障碍物。装车作业时，应待运输车停稳后进行，铲斗应尽量放低，不得撞击汽车任何部位；回转时禁止铲斗从汽车驾驶室顶上越过。

3）挖掘前，驾驶员应发出信号，使其他工作人员离开，并在确定后方可施工。

4）在崖边进行挖掘作业时，要采取防护措施。作业面不得留有伞沿状及松动的大块石，如发现有塌方危险应立即处理或将挖掘机撤离至安全地带。

5）在行驶或作业中，挖掘机除驾驶室外任何地方均严禁乘坐或站人。不得用铲斗吊运物料。

（2）推土机

1）启动时严禁有人站在履带或刀片的支架上，无安全隐患时方可行驶。

2）推土机上下坡应用低速挡行驶，上坡不得换挡，下坡不得脱挡滑行。应正车上坡，倒车下坡。推土机上坡坡度不得超过25°，下坡坡度不得超过35°。机身横向倾斜不得超过10°。下陡坡时，应将推铲放下接触地面。并倒车行驶。

3）在浅水地带行驶或作业时，必须查明水深。

4）推土机向沟槽回填土时应设专人指挥，严禁推铲越出边缘，可以采用一铲顶一铲的推土方法。

5）在电杆附近推土时，应保留一定的土堆。其大小可根据电杆结构、土质、埋入深度等情况确定。

6）两台以上推土机在同一地区作业时，应设专人指挥。作业时，两机前后距离宜大于8m，平行时左右距离宜大于1.5m。

7）施工现场如有爆破工程，每次爆破后机械进入现场前，现场爆破施工安全员要向施工人员和作业司机交底（如有无瞎炮、大石块等）。

（3）铲运机

1）作业前将行车道整修好，路面要比机身宽2m。单行道宽度不应小于5.5m。

2）铲运机不宜在干燥粉尘大以及潮湿黏土地带进行作业。

3）多台铲运机同时作业时，拖式铲运机前后距离不宜少于10m，自行式铲运机不宜少于20m。平行作业两机间距不宜少于2m。不得强行超车。

4）双胎铲运机应注意轮胎中间是否有夹带石头。

5）出现陷车时，应有专人指挥，经采取措施处理确认安全后，方可起拖。

6）自行式铲运机沿沟边或填方边坡作业时，轮胎离路肩不得小于0.7m，并应放低铲斗，降速缓行。

（4）装载机

1）作业时应使用低速挡。严禁铲斗载人。

2）装载机不得在倾斜度超过规定的场地上工作，作业区内不得有障碍物及无关人员。

3）在向汽车上装料时，铲斗不得在汽车驾驶室上方越过。如汽车驾驶室顶无防护板，装料时驾驶室内不得有人。

4）在边坡、壕沟、凹坑卸料时，应有专人指挥，轮胎离边缘距离应大于1.5m，并放置挡木阻滑。在大于3°的坡面上，不得前倾卸料。

5）装载机转向架未锁闭时，严禁站在前后车架之间进行检修保养。

3. 土方平整和运输设备

（1）平地机

1）平地机在作业区作业，工作地段内有影响施工的障碍物和非填筑物时，必须先清除，后工作。

2）运输设备在公路上行驶时，应严格遵守国家道路交通安全法规及当地公安交管部门的相关规定。平地机通过桥梁时，必须了解桥梁结构和承载吨位，禁止超载强行通过。

3）使用平地机清除积雪时，应在轮胎上安装防滑链，并应逐段探明路面的深坑、沟槽情况。

（2）压路机

1）压路机碾压的工作面，应经过适当平整，对新填的松软路基，应先用羊足碾或打夯机预夯后，方可用压路机碾压。

2）开动前，压路机周围应无障碍物或人员。

3）修筑坑边道路时，必须由里侧向外侧碾压。距路基边缘不少于1m。

4）两台以上压路机同时碾压时，前后间距不宜少于3m。

5）禁止用压路机拖带任何机械、物件。

（3）载重汽车

1）严格遵守国家道路交通安全法规及当地公安交管部门的有关规定。禁止违章驾驶，不得超载。

2）配合挖装机械装料时，自卸汽车就位后应拉紧手刹制动器，在铲斗需越过驾驶室时，驾驶室内严禁有人。

3）向坑洼区域卸料时，应和边坡保持安全距离，防止塌方翻车。严禁在斜坡侧向倾卸。

4）卸料后，应使车厢落下复位后方可起步，不得在未落车厢的情况下行驶。严禁在车厢内载人。

4. 中小型机械

（1）蛙式夯实机

1）每台夯机的电机必须是加强绝缘或双绝缘电机，并装有漏电保护装置。

2）夯机操作开关必须使用定向开关，并保证其使用灵活、方便，且进线口必须加胶圈。每台夯机必须单独使用闸具或插座。

3）电源开关至电机段的电缆线应采取措施保证其安全。夯机的电缆线不宜长于50m，夯机的扶手和操作手柄必须加装绝缘材料。

4）操作人员必须戴绝缘手套和穿绝缘鞋。电缆线不得扭结或缠绕，不得张拉过紧，应保持有3~4m的余量。必须采取一人操作、一人拉线，两人配合作业。

5）夯机作业四周2m范围内不得有非操作人员。多台夯机同时作业时，其并列间距不宜小于5m，纵列间距不宜小于10m。

（2）混凝土喷射机

1）作业前应进行检查，输送管道不得泄漏和折弯，并应有保护措施。管道连接处应紧固密封。

2）机械操作和喷射操作人员之间应通过有效信号联系。喷射操作人员应佩戴护目镜。

3）在喷嘴前方及左右3m范围内严禁站人。作业间歇时，喷嘴不得对人。

（3）灰浆搅拌机

1）作业前应检查电气设备、漏电保护器和接零或接地装置是否正常；传动部件、工作装置和安全防护装置是否安全有效，确认无异常后方可运转。

2）加料时应将加料工具高出搅拌叶投料。严禁运转中把工具伸进搅拌桶内扒料。严禁将手或木棒等伸入搅拌桶，或在桶口清理灰浆。

（4）小翻斗车

1）驾驶人员必须持《特种作业操作证》上岗作业。未经相关管理部门考试发证的严禁上公路行驶。

2）运输构件宽度不得超过车宽，高度不得超过1.5m（从地面算起）。运输混凝土时，混凝土的平面应低于斗口10cm。运砖时，高度不得超过斗平面，严禁超载行驶。

3）雨雪天气、夜间应低速行驶。严禁下坡空挡滑行和下25°以上陡坡。

4）在坑槽边缘倒料时，必须在距离坑槽0.8~1m处设置安全挡掩。车在距离坑槽10m处即应减速至安全挡掩处倒料，严禁骑沟倒料。

5）翻斗车上坡道（马道）时，坡道应平整且宽度不得小于2.3m，两侧应设置防护栏杆。

5. 土石方爆破

（1）一般规定

1）爆破施工企业应按资质允许的作业范围、等级承担石方爆破工程。爆破作业人员应取得有关部门颁发的相应类别和作业范围、级别的安全作业证，持证上岗。爆破企业、作业人员及其承担的重要工程均应投购保险。

2）从事爆破施工的企业，应设有爆破工作领导人、爆破工程技术人员、爆破班长、安全员、爆破员；应持有县级以上（含县级）公安机关颁发的《爆炸物品使用许可证》；设立爆破器材库的，还应设有爆破器材库主任、保管员、押运员，并持有公安机关签发的《爆炸物品安全储存许可证》。

3）A级、B级、C级、D级爆破工程作业，应有持同类证书的爆破工程技术人员负责现场工作；一般岩土爆破工程也应有爆破工程技术人员在现场指导施工。A级、B级、

C 级和对安全影响较大的 D 级爆破工程都必须编制爆破设计书，事先应对爆破方案进行安全评估。安全评估的内容宜包括：

① 施工单位和作业人员的资质是否符合规定。

② 爆破方案所依据资料的完整性和可靠性。

③ 爆破方法和参数的合理性和可行性。

④ 起爆网路的准爆性。

⑤ 存在的有害效应及可能影响的范围。

⑥ 保证环境安全措施的可靠性。

⑦ 对可能发生事故的预防对策和抢救措施是否适当。

4）爆破作业环境有下列问题时，不应进行爆破作业：

① 边坡不稳定，有滑坡、崩塌危险。

② 爆破可能危及建（构）筑物、公共设施或人员的安全而无有效防护措施。

③ 洞室、炮孔温度异常。

④ 作业通道不安全或堵塞。

⑤ 恶劣天气条件下（包括：热带风暴或台风、雷电、暴雨雪、能见度不超过 100m 的大雾天气、风力超过六级）。

5）装药工作必须遵守下列规定：

① 装药前应对硐室、药壶和炮孔进行清理和验收。

② 硐室爆破装药量应根据实测资料校核修正，经爆破工作领导人批准。

③ 使用木质炮棍装药。

④ 装起爆药包、起爆药柱和硝化甘油炸药时，严禁投掷或冲击。

⑤ 深孔装药出现堵塞时，在未装入雷管、起爆药柱等敏感爆破器材前，应采用铜或木制长杆处理。

⑥ 禁止用明火照明。

6）堵塞工作必须遵守下列规定：

① 装药后必须保证填塞质量，硐室、深孔或浅眼爆破禁止使用无堵塞爆破（扩壶爆破除外）。

② 禁止使用石块和易燃材料填塞炮孔。

③ 填塞要十分小心，不得破坏起爆线路。

④ 禁止用力捣固直接接触药包的填塞材料或用填塞材料冲击起爆药包。

⑤ 禁止在炮孔装入起爆药包后直接用木楔填塞。

7）禁止拔出或硬拉起爆药中的导火索、导爆索、导爆管或电雷管脚线。

8）爆破警戒时，应确保指挥部、起爆站和各警戒点之间有良好的通信联络。

9）爆破后应检查有无盲炮及其他险情，若有应及时上报并处理，同时在现场设立危险标志。盲炮处理应由有经验的爆破技术人员或爆破工执行，并遵循《爆破安全规程》操作。每次处理盲炮必须由处理者填写登记卡片。

（2）爆破施工

1）浅孔爆破

① 浅眼爆破宜采用台阶法爆破。

② 采用导火索起爆或分段秒差雷管起爆时，炮孔间距应保证先爆炮孔不会显著改变后爆炮孔的最小抵抗线。

③ 装填的炮孔数量，应以一次爆破为限。

④ 采用导火索点火起爆，应不少于二人进行爆破作业。

⑤ 如无盲炮，从最后一响算起，经 5 分钟后才准进入爆破地点检查，若不能确定有无盲炮，应经 15 分钟后才能允许进入爆区检查。

2）深孔爆破

① 深孔爆破装药前必须进行验孔，同时将深孔周围（半径 0.5m 范围内）的碎石、杂物应清除干净；孔口岩石不稳固者，应进行维护；光面、预裂炮孔的偏斜误差不能超过 1°。

② 水孔应使用抗水爆破器材。

③ 深孔爆破不应采用导火索起爆。

④ 装药和填塞过程中，应保护好起爆网路；如发生装药卡堵，不应用钻杆捣捅药包。

⑤ 在特殊条件下（如冰、冻土层或流砂等），经单位总工程师批准，方准边打眼边装药，且只准采用导爆索起爆。

⑥ 复杂环境下必须制定防止爆破有害效应的安全措施。

3）药壶和蛇穴爆破

① 深孔扩壶时，禁止向孔内投掷起爆药包。孔深超过 5m 时，禁止使用导火索起爆。

② 扩药壶时，孔口的碎石、杂物必须清除干净。

③ 进行扩壶爆破，用硝铵类炸药时，每次爆破后，应经过 15 分钟或满足设计确定的等待时间才准许重新装药；用导火索引爆扩壶药包时，导火索的燃烧长度应保证作业人员撤离到 50m 以外所需时间。

④ 两个以上蛇穴爆破，禁止使用导火索起爆。

4）硐室爆破

① 硐室爆破必须有经审批的爆破设计、施工组织和安全措施。

② 硐室爆破所用的爆破器材，必须进行复查检验，并进行爆破网路的预爆模拟试验。

③ 硐室爆破的平硐、小井和药室掘进完毕后，应进行测量验收。

④ 平硐横断面的高不得小于 1.5m，宽不得小于 0.8m，小井的横断面积不得小于 1m²。施工中，必须经常检查巷道、硐室的顶帮围岩情况及支护的稳固程度。在小井或平硐口附近，应设有堆放炸药的场地。

⑤ 硐室的装药作业应由爆破员或由爆破员带领经过培训合格发给临时作业证的人员进行，安装、连接起爆体的作业只准由爆破员进行。

⑥ 硐室装药，必须使用 36V 以下的低压电源照明，照明线路必须绝缘良好。照明灯应设保护网，灯泡与炸药堆之间的水平距离不应小于 2m。装药人员离开硐室时，应将照明电源切断。往硐室中装带有电雷管的起爆药包，只准使用矿用蓄电池灯或安全手电筒照明，并且必须切断一切电源、拆除一切金属导体。

⑦ 爆破工作领导人必须核实硐室装药量，并检查硐室内炸药和起爆药包安放的位置是否正确。

⑧ 硐室装药时间超过一昼夜，并且使用硝铵类炸药做起爆药包者，应事先对雷管的

金属壳或纸壳采取防潮措施。

⑨ 在保证填塞质量的同时，必须保证爆破网路不受破坏。

⑩ 硐室爆破小井掘进 5m 深范围内，人员撤离的安全距离由设计确定。

⑪ 平硐、小井掘进，必须经常检查通风情况，严防炮烟中毒。小井深度超过 7m，平硐长度超过 20m，应采用机械通风。

⑫ 小井运输可用绳梯或木梯。深度超过 5m 时，应用辘轳或装有止动闸的提升装置。

⑬ 小井装药，禁止向井下投掷炸药包。

⑭ 平硐、小井内起爆用的电线、导爆索和导爆管网路，必须用木槽、塑料管、竹管等严加保护。

⑮ 硐室爆破必须采用复式起爆网路。

⑯ 装药连线时，禁止未经爆破工作领导人批准的一切人员进入爆破现场。

⑰ 爆破后 24 小时内，应多次检查与爆区相邻的井、巷、硐以及碎石堆里的炮烟，严防炮烟中毒。

⑱ 小井掘进爆破深度超过 3m 时，应采用电力起爆法或导爆管起爆法。

⑲ 爆破后，应在 15 分钟后方准进入爆区检查。

6. 基坑工程

（1）一般规定

1）基坑工程应建立现场安全管理制度。开工前进行安全交底，并留有书面记录。施工现场应设置专职安全员。

2）土方开挖前，应查清周边环境，如建筑物、市政管线、道路、地下水等情况；应将开挖范围内的各种管线迁移、拆除，或采取可靠保护措施。

3）基坑土方开挖应按设计和施工方案要求分层、分段、均衡开挖，并贯彻先锚固（支撑）后开挖、边开挖边监测、边开挖边防护的原则。严禁超深挖土。

4）基坑土方开挖按要求设置变形观测点，并按规定进行观测，发现异常情况要及时处理，做到信息化施工。

（2）基坑开挖的防护

1）深度超过 1.5m 的基坑周边须安装防护栏杆。防护栏杆应符合以下规定：

① 防护栏杆高度应为 1.2～1.5m。

② 防护栏杆由横杆及立柱组成。横杆 2～3 道，下杆离地高度 0.3～0.6m，上杆离地高度 1.0～1.2m；立柱间距不大于 2m，立柱离坡边距离应大于 0.5m。防护栏杆外放置有砂、石、土、砖、砌块等材料时尚应设置扫地杆。

③ 防护栏杆上应加挂密目安全网或挡脚板。安全网自上而下封闭设置，网眼不大于 25mm；挡脚板高度不小于 180mm，挡脚板下沿离地高度不大于 10mm。

④ 防护栏杆的材料要有足够的强度，须安装牢固，上杆应能承受任何方向大于 1kN 的外力。

⑤ 防护栏杆上应没有毛刺。

2）做好道路、地面的硬化及防水措施。基坑边坡的顶部应设排水措施，防止地面水渗漏、流入基坑和冲刷基坑边坡。基坑底四周应设排水沟，防止坡脚受水浸泡，发现积水要及时排除。基坑挖至坑底时应及时清理基底并浇注垫层。

3）基坑内应有专用坡道或梯道供施工人员上下。梯道的宽度不应小于 0.75m。坡道宽度小于 3m 时应在两侧设置安全护栏。梯道的搭设应符合相关安全规范要求。

4）基坑支护结构物上及边坡顶面等处有坠落可能的物件、废料等，应先行拆除或加以固定，防止坠落伤人。

5）基坑支护应尽量避免在同一垂直作业面的上下层同时作业。如果必须同时作业，须在上下层之间需设置隔离防护措施。施工作业所需脚手架的搭设应符合相关安全规范要求。在脚手架上进行施工作业时，架下不得有人作业、停留及通行（图 6-20）。

图 6-20　基坑支护样例

（3）安全作业要求

1）在电力管线、通信管线、燃气管线 2m 范围内及上下水管线 1m 范围内挖土时，宜在安全人员监护下开挖。

2）支护结构采用土钉墙、锚杆、腰梁、支撑等结构形式时，必须等结构的强度达到开挖时的设计要求后才可开挖下一层土方，严禁提前开挖。施工过程中，严禁各种机械碰撞支撑、腰梁、锚杆、降水井等基坑支护结构物，不得在上面放置或悬挂重物。

3）基坑开挖的坡度和深度应严格按设计要求进行。当设计未作规定时，对人工开挖的狭窄基槽或坑井，应按其塌方不会导致人身安全隐患的条件对挖土深度和宽度进行限制。人工开挖基坑的深度较大并存在边坡塌方危险时，应采取临时支护措施。

4）开挖的基坑深度低于邻近建筑物基础时，开挖的边坡应距邻近建筑物基础保持一定距离。当高差不大时，根据土层的性质、邻近建筑物的荷载和重要性等情况，其放坡坡度的高宽比应小于 1∶0.5；当高差较大或邻近建筑物结构刚度较弱时，应对开挖对其影响程度进行分析计算。当基坑开挖不能满足安全要求时，应对基坑边坡采取加固或支护等措施。

5）在软土地基上开挖基坑，应防止挖土机械作业时的下陷。当在软土场地上挖土机械不能正常行走和作业时，应对挖土机行走路线用铺设渣土或砂石等方法进行硬化。开挖坡度和深度应保证软土边坡的稳定，防止塌陷。

6）场地内有桩的空孔时，土方开前应先将其填实。挖孔桩的护壁、旧基础、桩头等结构物不应使用挖掘机强行拆除，应采用人工或其他专用机械拆除。

7）陡边坡处作业时，坡上作业人员必须系挂安全带，弃土下方以及滚石危及的范围内应设明显的警示标志，并禁止作业及通行。

8）遇软弱土层、流砂（土）、管涌、向坑内倾斜的裂隙面等情况时，应及时向上级及设计人员汇报，并按预定方案采取相应措施。

9）除基坑支护设计要求允许外，基坑边1m范围内不得堆土、堆料、放置机具。

10）采用井点降水时，井口应设置防护盖板或围栏，警示标志应明显。停止降水后，应及时将井填实。

11）施工现场应采用大功率、防水型灯具，夜间施工的作业面以及进出道路应有足够的照明措施和安全警示标志。

12）碘钨灯、电焊机、气焊与气割设备等能够散发大量热量的机电设备，不得靠近易燃品。灯具与易燃品的最小间距不得小于1m。

13）采用钢钎破碎混凝土、块石、冻土等坚硬物体时，扶钎人应在打锤人侧面用长把夹具扶钎，打锤人不得戴手套。施工人员应佩戴防护眼镜。打锤1m范围内不得有其他人停留。

14）遇到六级及以上的强风、台风、大雨、雷电、冰雹、浓雾、暴风雪、沙尘暴、高温等恶劣天气，不应进行高处作业。恶劣天气过后，应对作业安全设施逐一检查修复。

15）施工人员进入施工现场必须佩戴安全帽。严禁酒后作业，禁止赤脚、穿拖鞋、穿凉鞋、穿高跟鞋进入施工现场。基坑边清扫的垃圾、废料等不得抛掷到基坑内。

16）禁止施工人员连续加班、持续作业。

（4）安全检查、监测和险情预防

1）开挖深度超过5m、垂直开挖深度超过1.5m的基坑、软弱土层中开挖的基坑，应进行基坑监测，并应向基坑支护设计人员、安全工程师等相关人员及时通报监测成果。安全员等相关人员应掌握基坑的安全状况，了解监测数据。

2）基坑开挖过程中，应及时、定时对基坑边坡及周边环境进行巡视，随时检查边坡位移（土体裂缝）、边坡倾斜、土体及周边道路沉陷或隆起、支护结构变形、地下水涌出、管线开裂、不明气体冒出和基坑防护栏杆的安全性等。

3）开挖中如发现古墓、古物、地下管线或其他不能辨认的异物及液体、气体等异常情况时，严禁擅自挖掘，应立即停止作业，及时向上级及相关部门报告，待相关部门进行处理后，方可继续开挖。

4）当基坑开挖过程中出现边坡位移过大、地表出现明显裂缝或沉陷等情况时，须及时停止作业并尽快通知设计等有关人员进行处理；出现边坡塌方等险情或险情征兆时，须及时停止作业，组织撤离危险区域并对险情区域回填，并尽快通知设计等有关人员进行研究处理。

7. 边坡工程

（1）一般规定

1）土石方作业应贯彻先设计后施工、边施工边治理、边施工边监测的原则。

2）边坡开挖施工区应有临时性排水及防暴雨措施，宜与永久性排水措施结合实施。

3）边坡较高时，坡顶应设置临时性的护栏及安全措施。

4）边坡开挖前，应将边坡上方已松动的滚石及可能崩塌的土方清除。

（2）土石方开挖安全作业要求

1）临时性挖方边坡坡率可参照相关规范的坡率允许值要求，并结合地区工程经验适当调减。

2）对土石方开挖后不稳定或欠稳定的边坡应根据边坡的地质特征和可能发生的破坏模式采取有效处置措施。

3）土石方开挖应自上而下分层实施，严禁随意开挖坡脚。一次开挖高度不宜过高，软土边坡不宜超过 1m。

4）边坡开挖施工阶段不利工况稳定性不能满足要求时，应采取相应的处理或加固措施。

5）开挖至设计坡面及坡脚后，应及时进行支护施工，尽量减少暴露时间。坡面暴露时间应按支护设计要求及边坡稳定性要求严格控制。

6）稳定性较差的土石方工程开挖不宜在雨季进行，暴雨前应采取必要的临时防塌方措施。

7）雨后、爆破后或机械快速开挖后应及时检查监测情况及支撑稳定情况。

8）人工开挖时应遵守下列规定：

① 工具应完好。

② 开挖人员应保持不相互碰撞的安全距离。

③ 打锤与扶钎者不得对面工作，扶钎者应戴防护手套。

④ 严禁站在石块滑落的方向撬挖或上下层同时开挖。

⑤ 坡顶险石清除完后，才能在坡下方作业。

⑥ 在悬岩陡坡上作业应系安全带。

9）在滑坡及可能产生滑坡地段挖方时，应符合下列规定：

① 施工前应熟悉工程地质勘察资料，了解滑坡类型、滑体特征及产生滑坡的诱导因素。

② 不宜在雨季施工，应控制施工用水。

③ 宜遵循先整治后开挖的施工程序。

④ 不应破坏挖方上坡的自然植被和排水系统，修复和完善地面排水沟，防止和减少地面水渗入滑体内。

⑤ 严禁在滑坡体上部弃土、堆放材料、停放施工机械或建筑临时设施。

⑥ 一般应遵循由上至下的开挖顺序，严禁在滑坡的抗滑段通长大断面开挖。

⑦ 爆破施工时，应防止因爆破震动影响滑坡稳定。

（3）安全检查、监测和险情预防

1）边坡开挖时应设置变形监测点，定时监测边坡的稳定性。

2）土石方开挖造成周围环境出现沉降、开裂情况时，应立即停工并做好边坡环境异常情况收集、整理等工作，并修正和完善土石方开挖方案。

3）当边坡变形过大、变形速度过快，周边环境出现沉降开裂等险情时，可根据造成险情原因选用如下应急措施：

① 暂停施工，必要时转走危险区内人员和设备。

② 坡脚被动区临时压重。

③ 坡顶主动区卸土减载。

④ 做好临时排水封面处理。

⑤ 采用边坡临时支护措施，或提前实施设计支护措施。

⑥ 加强险情段监测。

⑦ 尽快向勘察和设计等方反馈信息，开展勘察和设计资料复审，与勘察、设计、监理方在查清险情原因基础上，编制和实施排险处理方案。

8. 挖填方工程

（1）一般规定

1）本章的规定适应于一般土石方工程及与建筑工程有关的前期配套市政工程。

2）土方开挖和回填前，应查清场地的周边环境、地下设施、地质资料和地下水情况等。

（2）挖方

1）土方挖掘方法、挖掘顺序应根据支护方案和降排水要求进行，当采用局部或全部放坡开挖时，放坡坡度应满足其稳定性要求。

① 永久性挖方边坡坡度应符合设计要求，当地质条件与设计资料不符需要修改边坡坡度时，应由设计单位确定。

② 临时性挖方边坡坡度，应根据地质条件和边坡高度，结合当地同类岩土体的稳定坡度值确定。

2）土方开挖施工中如发现不明或危险性的物品时，应停止施工，保护现场，并立即报告所在地有关部门。严禁随意敲击或玩弄。

3）在山区挖方时，应符合下列规定：

① 施工前应了解场地的地质情况、岩土层特征与走向、地形地貌及有无滑坡等，并编制安全施工技术措施。

② 土石方开挖宜自上而下分层分段依次进行，确保施工作业面不积水。

③ 在挖方的上侧不得弃土、停放施工机械和修建临时建筑。

④ 在挖方的边坡上如发现岩（土）内有倾向挖方的软弱夹层或裂隙面时，应立即停止施工。通知勘察设计单位采取措施，防止岩（土）下滑。

⑤ 当挖方边坡大于 2m 时，应对边坡进行整治后方可施工，防止因岩土体崩塌、坠落造成人身、机械损伤。

4）山区挖方工程不宜在雨期施工，如必须在雨期施工时，应符合下列规定：

① 应制定周密的安全施工技术措施，并随时掌握天气变化情况。

② 雨期施工前，应对施工现场原有排水系统进行检查、疏浚或加固，并采取必要的防洪措施。

③ 雨期施工中，应随时检查施工场地和道路的边坡被雨水冲刷状况，做好防止滑坡、坍塌工作，保证施工安全。道路路面应根据需要加铺炉渣、砂砾或其他防滑材料，确保施工机械作业安全。

5）在滑坡地段挖方时，应符合下列规定：

① 施工前应熟悉工程地质勘察资料，了解滑坡形态和滑动趋势、迹象等情况。

② 不宜在雨期施工。

③ 宜遵循先整治后开挖的施工程序。

④ 不应破坏挖方上坡的自然植被和排水系统，防止地面水渗入土体。

⑤ 应先做好地面和地下排水设施。

⑥ 严禁在滑坡体上部弃土、堆放材料、停放施工机械或建筑临时设施。

⑦ 必须遵循由上至下的开挖顺序，严禁先清除坡脚。

⑧ 爆破施工时，应防止因爆破震动影响边坡稳定。

⑨ 机械开挖时，边坡坡度应适当减缓，然后用人工修整，达到设计要求 。

6）在土石方开挖过程中，若出现滑坡迹象（如裂隙、滑动等）时，应立即采取下列措施：

① 暂停施工，必要时所有人员和机械撤至安全地点。

② 通知设计单位提出处理措施。

③ 根据滑动迹象设置观测点，观测滑坡体平面位置和沉降变化，并做好记录。

7）在房屋旧基础或设备旧基础的开挖清理过程中，应符合下列规定：

① 当旧基础埋置深度大于 2.0m 时，不宜采用人工开挖、清除旧基础。

② 土质均匀且地下水位低于旧基础底部时，其挖方边坡可做成直立壁不加支撑。开挖深度应根据土质确定，若超过下列规定时，应按有关章节的规定放坡或做成直立壁加支撑：

稍密的杂填土、素填土、碎石类土、砂土	1m
密实的碎石类土（充填物为黏土）	1.25m
可塑状的黏性土	1.5m
硬塑状的黏性土	2m

8）在管沟开挖过程中，应符合下列规定：

① 在管沟开挖前，应了解施工地段的地质情况，地下管网的分布，动力、通信电缆的位置以及与交通道路的交叉情况，应向施工人员进行安全交底。

② 在道路交口、住宅区等行人较多的地方，应设置有防护栏杆和警告标志和夜间照明设施；当管沟开挖深度大于 2.0m 时，不宜采用人工开挖。

③ 在地下管网、地下动力通信电缆的位置，应设置有明显标记和警告牌。

④ 土质均匀且地下水位低于管沟底面标高时，其挖方边坡可做成直立壁不加支撑。

9）地质条件良好、土质均匀且地下水位低于基坑（槽）或管沟底面标高时，开挖深度在 5m 以内不加支撑的边坡最陡坡度应符合表 6-6 的规定。

挖方深度在 5m 以内的基坑（槽）或管沟的边坡最陡坡度（不加支撑）　　表 6-6

岩土类别	边坡坡度（高：宽）		
	坡顶无荷载	坡顶有静载	坡顶有动载
中密的砂土、杂素填土	1：1.00	1：1.25	1：1.50
中密的碎石类土（充填物为砂土）	1：0.75	1：1.00	1：1.25
可塑状的黏性土、密实的粉土	1：0.67	1：0.75	1：1.00
中密的碎石类土（充填物为黏土）	1：0.50	1：0.67	1：0.75
硬塑状的黏性土	1：0.33	1：0.50	1：0.67
软土（经井点降水）	1：1.00		

10）在挖方边坡上侧堆土或材料以及移动施工机械时，应与挖方边缘保持一定的距

离，以保证边坡和直立壁的稳定。当土质良好时，堆土或材料应距挖方边缘不小于0.8m，高度不宜超过1.5m；当土质较差时，挖方边缘不宜堆土或材料，移动施工机械至挖方边缘的距离与挖方深度之比不小于1：1。

11）开挖基坑（槽）或管沟时，应合理确定开挖顺序、分层开挖深度、放坡坡度和支撑方式，确保施工时人员、机械和相邻构筑物或道路的安全。

12）基坑（槽）或管沟需设置坑壁支撑时，应根据挖方深度、土质条件、地下水位、施工方法、相邻建筑物和构筑物等情况，按照有关章节的规定进行选择和设计。

13）在进行河、沟、塘等清淤时，应符合下列规定：

① 施工前，应了解淤泥的深度、成分等，并编制清淤方案和安全措施，施工中应做好排水工作。

② 泥浆泵、电缆等应采用防水和漏电保护措施，经检验合格后方可使用。

③ 对有机质含量较高、有刺激性气味及淤泥厚度大于1.0m的场地，不得采用人工清淤。采用机械清淤时，对淤泥可采用抛石挤淤或木（竹）排（筏）铺垫等措施，确保施工机械移动作业安全。

14）当清理场地堆积物高度大于3.0m，堆积物大于500m³时，应遵守下列规定：

① 应了解堆积物成分、堆积时间、松散程度等，并编制清理方案。

② 对于松散堆积物（如建筑垃圾、块石等）清理时应在四周设置防护栏和警示牌。

③ 应制定合理的清理顺序，防止因松散堆积物坍塌造成施工机械、人员的伤害。

（3）填方

1）在沼泽地（滩涂）上填方时，应符合下列规定：

① 施工前应了解沼泽的类型，上部淤泥的厚度和性质以及泥炭腐烂矿化程度等，并编制安全技术措施。

② 填方周围应开挖排水沟。

③ 根据沼泽地的淤泥、软土的性质和施工机械的重量，可采用抛石挤淤或木（竹）排（筏）铺垫等措施，确保施工机械移动作业安全。

④ 施工机械不得在淤泥、软土上停放、检修等。

⑤ 第一次回填土的厚度不得小于0.5m。

2）在围海造地填土时，应符合下列规定：

① 填土的方法、回填顺序应根据冲（吹）填方案和降排水要求进行。

② 配合填土作业人员，应在冲（吹）填作业半径以外工作，只有当冲（吹）填停止后，方可进入作业半径内工作。

③ 推土机第一次回填土的厚度不得小于0.8m。

3）在山区回填土时，应符合下列规定：

① 填方边坡不得大于设计边坡的要求。无设计要求，当填方高度在10m以内时，可采用1：1.5；填方高度大于10m时，可采用1：1.75。

② 在回填土尚未压实或临时边坡不稳定的地段不得停放、检修施工机械和搭建临时建筑。

③ 山区填方工程不宜在雨季施工，如必须在雨季施工时，应制定周密的安全施工技术措施；应对施工现场原有排水系统进行检查、疏浚或加固，并采取必要的防洪措施；应

随时检查施工场地和道路的边坡被雨水冲刷状况，做好防止滑坡、坍塌工作；道路路面应根据需要加铺炉渣、砂砾或其他防滑材料，确保施工机械移动作业安全。

六、起重吊装工程安全技术要点

（一）起重吊装的一般规定

必须编制吊装作业施工组织设计，并应充分考虑施工现场的环境、道路、架空电线等情况。作业前应进行技术交底；作业中，未经技术负责人批准，不得随意更改。参加起重吊装的人员应经过严格培训，取得培训合格证后，方可上岗。作业前，应检查起重吊装所使用的起重机滑轮、吊索、卡环和地锚等，应确保其完好，符合安全要求。起重作业人员必须穿防滑鞋、戴安全帽，高处作业应佩挂安全带，并应系挂可靠和严格遵守高挂低用。吊装作业区四周应设置明显标志，严禁非操作人员入内。夜间施工必须有足够的照明。起重设备通行的道路应平整坚实。登高梯子的上端应予固定，高空用的吊篮和临时工作台应绑扎牢靠。吊篮和工作台的脚手板应铺平绑牢，严禁出现探头板。吊移操作平台时，平台上面严禁站人。绑扎所用的吊索、卡环、绳扣等的规格应按计算确定。

起吊前，应对起重机钢丝绳及连接部位和索具设备进行检查。高空吊装屋架、梁和斜吊法吊装柱时，应于构件两端绑扎溜绳，由操作人员控制构件的平衡和稳定。构件吊装和翻身扶直时的吊点必须符合设计规定。异型构件或无设计规定时，应经计算确定，并保证使构件起吊平稳。安装所使用的螺栓、钢楔（或木楔）、钢垫板、垫木和电焊条等的材质应符合设计要求的材质标准及国家现行标准的有关规定。

吊装大、重、新结构构件和采用新的吊装工艺时，应先进行试吊，确认无问题后，方可正式起吊。大雨天、雾天、大雪天及六级以上大风天等恶劣天气应停止吊装作业。事后应及时清理冰雪并应采取防滑和防漏电措施。雨雪过后作业前，应先试吊，确认制动器灵敏可靠后方可进行作业。吊起的构件应确保在起重机吊杆顶的正下方，严禁采用斜拉、斜吊，严禁起吊埋于地下或粘结在地面上的构件。起重机靠近架空输电线路作业或在架空输电线路下行走时，必须与架空输电线始终保持不小于国家现行标准《施工现场临时用电安全技术规范》JGJ 46规定的安全距离。当需要在小于规定的安全距离范围内进行作业时，必须采取严格的安全保护措施，并应经供电部门审查批准。

采用双机抬吊时，宜选用同类型或性能相近的起重机，负载分配应合理，单机载荷不得超过额定起重量的80%。两机应协调起吊和就位，起吊的速度应平稳缓慢。严禁超载吊装和起吊重量不明的重大构件和设备。起吊过程中，在起重机行走、回转、俯仰吊臂、起落吊钩等动作前，起重司机应鸣声示意。一次只宜进行一个动作，待前一动作结束后，再进行下一动作。开始起吊时，应先将构件吊离地面200~300mm后停止起吊，并检查起重机的稳定性、制动装置的可靠性、构件的平衡性和绑扎的牢固性等，待确认无误后，方可继续起吊。已吊起的构件不得长久停滞在空中。严禁在吊起的构件上行走或站立，不得用起重机载运人员，不得在构件上堆放或悬挂零星物件。

起吊时不得忽快忽慢和突然制动。回转时动作应平稳，当回转未停稳前不得做反向动作。严禁在已吊起的构件下面或起重臂下旋转范围内作业或行走。因故（天气、下班、停电等）对吊装中未形成空间稳定体系的部分，应采取有效的加固措施。高处作业所使用的工具和零配件等，必须放在工具袋（盒）内，严防掉落，并严禁上下抛掷。吊装中的焊接作业应选择合理的焊接工艺，避免发生过大的变形，冬季焊接应有焊前预热（包括焊条预热）措施，焊接时应有防风防水措施，焊后应有保温措施。已安装好的结构构件，未经有关设计和技术部门批准不得用作受力支承点和在构件上随意凿洞开孔。不得在其上堆放超过设计荷载的施工荷载。永久固定的连接，应经过严格检查，并确保无误后，方可拆除临时固定工具。高处安装中的电、气焊作业，应严格采取安全防火措施，在作业处下面周围10m 范围内不得有人。对起吊物进行移动、吊升、停止、安装时的全过程应用旗语或通用手势信号进行指挥，信号不明不得起动，上下相互协调联系应采用对讲机。

（二）起重机械

凡新购、大修、改造以及长时间停用的起重机械，均应按有关规定进行技术检验，合格后方可使用。起重机司机应持证上岗，严禁非驾驶人员驾驶、操作起重机。起重机在每班开始作业时，应先试吊，确认制动器灵敏可靠后，方可进行作业。作业时不得擅自离岗和保养机车。

（三）绳索

1. 吊装作业中使用的白棕绳应符合下列规定

（1）必须由剑麻的茎纤维搓成，并不得涂油。其规格和破断拉力应符合产品说明书的规定。

（2）只可用作起吊轻型构件（如钢支撑）、受力不大的缆风绳和溜绳。

（3）穿绕滑轮的直径根据人力或机械动力等驱动形式的不同，应大于白棕绳直径的10 倍或 30 倍。麻绳有结时，不得穿过滑车狭小之处。长期在滑车使用的白棕绳，应定期改变穿绳方向，以使绳的磨损均匀。

整卷白棕绳应根据需要长度切断绳头，切断前必须用铁丝或麻绳将切断口扎紧，严防绳头松散。使用中发生的扭结应立即抖直。如有局部损伤，应切去损伤部分。当绳不够长时，必须采用编接接长。捆绑有棱角的物件时，必须垫以木板或麻袋等物。使用中不得在粗糙的构件上或地下拖拉，并应严防砂、石屑嵌入，磨伤白棕绳。编接绳头绳套时，编接前每股头上应用绳扎紧，编接后相互搭接长度：绳套不得小于白棕绳直径的 15 倍；绳头不得小于 30 倍。

2. 白棕绳的堆放和保管应符合下列规定

（1）原封整卷白棕绳应放置在支垫不小于 100mm 高的木板上。直径 20mm 以下的白棕绳重叠堆放不得超过 4 卷，直径 22～38mm 的不得超过 3 卷，直径 41～63mm 的不得超过 2 卷。

（2）粘有灰尘或污物时，可在水中洗净后晾干，并应较松地盘好挂在木架上。

（3）存放白棕绳的库房应干燥、通风、不得使麻绳受潮或霉烂。

（4）堆放时严禁与油漆、酸、碱以及有腐蚀性的化学药品接触。

吊装作业中钢丝绳的使用、检验和报废等应符合国家现行标准《重要用途钢丝绳》GB 8918、《一般用途钢丝绳》GB/T 20118 和《起重机 钢丝绳保养、维护、安装、检验和报废》GB/T 5972 中的相关规定。

（四）吊索

1. 吊索及其附件应符合下列规定

（1）钢丝绳吊索

吊索可采用 6×19，但宜用 6×37 型钢丝绳制作成环式或 8 股头式（图 6-21），其长度和直径应根据吊物的几何尺寸、重量和所用的吊装工具、吊装方法予以确定。使用时可采用单根、双根、四根或多根悬吊形式。

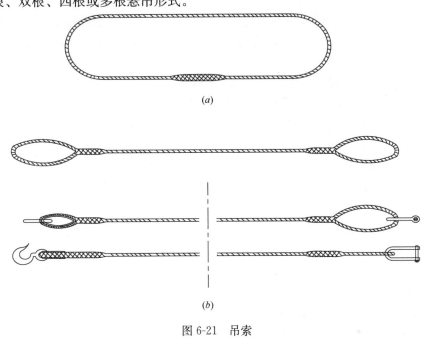

图 6-21　吊索
(a) 环状吊索；(b) 8 股头吊索

（2）吊索的绳环或两端的绳套应采用编插接头，编插接头的长度不应小于钢丝绳直径的 20 倍。8 股头吊索两端的绳套可根据工作需要装上桃形环、卡环或吊钩等吊索附件。

（3）吊索的安全系数：当利用吊索上的吊钩、卡环钩挂重物上的起重吊环时，不应小于 6；当用吊索直接捆绑重物，且吊索与重物棱角间采取了妥善的保护措施时，应取 6～8；当吊重、大或精密的重物时，除应采取妥善保护措施外，安全系数应取 10。

（4）吊索与所吊构件间的水平夹角应为 $45°\sim60°$。

2. 吊索附件

（1）吊钩应有制造厂的合格证明书，表面应光滑，不得有裂纹、刻痕、剥裂、锐角等现象存在，否则严禁使用。吊钩应每年检查一次，不合格者应停止使用。

（2）活动卡环在绑扎时，起吊后销子的尾部应朝下，使吊索在受力后压紧销子，其容许荷载应按出厂说明书采用。

（五）钢筋混凝土结构吊装

1. 一般规定

（1）构件的运输应符合下列规定：

1) 运输前应对构件的质量和强度进行检查核定，合格后方可出厂运输。

2) 长、重和特型构件运输应制定运输技术措施，并严格执行。

3) 运输道路应平整坚实，有足够的宽度和转弯半径。公路运输构件的装运高度不得超过 4m，过隧道时的装运高度不得超过 3.8m。

4) 运输时，柱、梁板构件的混凝土强度不应低于设计值的 75%，桁架和薄壁构件或强度较小的细、长、大构件应达到 100%。后张法预应力构件的孔道灌浆强度应遵守设计规定，设计无规定时不应低于 $15N/mm^2$。

5) 构件运输时的受力情况应与设计一致，对"Г"形等特型构件和平面不规则的梁板应分析确定支点。当受力状态不符合设计要求时，应对构件进行抗裂度验算，不足时应加固。

6) 高宽比较大的构件的运输，应采用支承框架、固定架、支撑或用倒撑等予以固定，不得悬吊或堆放运输。支承架应进行设计计算，保证稳定、可靠和装卸方便。

7) 大型构件采用半拖或平板车运输时，构件支承处应设转向装置。

8) 运输时，各构件之间应用隔板或垫木隔开，上、下垫木应在同一垂线上，垫木应填塞紧密，且必须用钢丝绳及花篮螺栓将其连成一体拴牢于车厢上。

（2）构件的堆放应符合下列规定：

1) 构件堆放场地应平整压实，周围必须设排水沟。

2) 构件应根据制作、吊装平面规划位置，按类型、编号、吊装顺序、方向依次配套堆放，避免二次倒运。

3) 构件应按设计支承位置堆放平稳，底部应设置垫木。对不规则的柱、梁、板应专门分析确定支承和加垫方法。

4) 屋架、薄腹梁等重心较高的构件，应直立放置，除设支承垫木外，应于其两侧设置支撑使其稳定，支撑不得少于 2 道。

5) 重叠堆放的构件应采用垫木隔开，上、下垫木应在同一垂线上，其堆放高度应遵守以下规定：柱不宜超过 2 层；梁不宜超过 3 层；大型屋面板不宜超过 6 层；圆孔板不宜超过 8 层。堆垛间应留 2m 宽的通道。

6) 装配式大板应采用插放法或背靠法堆放，堆放架应经设计计算确定。

（3）构件翻身应符合下列规定：

1) 柱子翻身时，应确保本身能承受自重产生的正负弯矩值。其两端距端面 1/6～1/5 柱长处垫以方木或枕木垛。

2) 屋架翻身时应验算抗裂度，不够时应予加固。当屋架高度超过 1.7m 时，应在表面加绑木、竹或钢管横杆增加屋架平面刚度，并于屋架两端设置方木或枕木垛，其上表面应与屋架底面齐平，且屋架间不得有粘结现象。翻身时，应做到一次扶直或将屋架转到与地面成 70°后，方可刹车。

（4）构件拼装应符合下列规定：

1) 采用平拼时，应防止在翻身过程中发生损坏和变形；采用立拼时，必须要有可靠的稳定措施。大跨度构件进行高空立拼时，必须搭设带操作台的拼装支架。

2) 组合屋架采用立拼时，应在拼架上设置安全挡木。

（5）吊点设置和构件绑扎应符合下列规定：

1）当构件无设计吊钩（点）时，应通过计算确定绑扎点的位置。绑扎的方法应保证可靠和摘钩简便安全。

2）绑扎竖直吊升的构件时，应符合下列规定：

① 绑扎点位置应稍高于构件重心。有牛腿的柱应绑在牛腿以下；工字形断面应绑在矩形断面处，否则应用方木加固翼缘；双肢柱应绑在平腹杆上。

② 在柱子不翻身或不会产生裂缝时，可用斜吊绑扎法，否则应用直吊绑扎法。

③ 天窗架宜采用四点绑扎。

3）绑扎水平吊升的构件时，应符合下列规定：

① 绑扎点应按设计规定设置。无规定时，一般应在距构件两端 1/6～1/5 构件全长处进行对称绑扎。

② 各支吊索内力的合力作用点（或称绑扎中心）必须处在构件重心上。

③ 屋架绑扎点宜在节点上或靠近节点。

④ 预应力混凝土圆孔板用兜索时，应对称设置，且与板的夹角必须大于 60°。

4）绑扎应平稳、牢固，绑扎钢丝绳与物体的水平夹角应为：构件起吊时不得小于 45°；扶直时不得小于 60°。

（6）构件起吊前，其强度必须符合设计规定，并应将其上的模板、灰浆残渣、垃圾碎块等全部清除干净。

（7）楼板、屋面板吊装后，对相互间或其上留有的空隙和洞口，应按《建筑施工高处作业安全技术规范》JGJ 80 的规定设置盖板或围护。

（8）多跨单层厂房宜先吊主跨，后吊辅助跨；先吊高跨，后吊低跨。多层厂房应先吊中间，后吊两侧，再吊角部，且必须对称进行。

（9）作业前应清除吊装范围内的一切障碍物。

2. 单层工业厂房结构吊装

（1）柱的吊装应符合下列规定：

1）柱的起吊方法应符合施工组织设计规定。

2）柱就位后，必须将柱底落实，每个柱面用不少于两个钢楔楔紧，但严禁将楔子重叠放置。初步校正垂直后，打紧楔子进行临时固定。对重型柱或细长柱以及多风或风大地区，在柱子上部应采取稳妥的临时固定措施，确认牢固可靠后，方可指挥脱钩。

3）校正柱时，严禁将楔子拔出，在校正好一个方向后，应稍打紧两面相对的四个楔子，方可校正另一个方向。待完全校正好后，除将所有楔子按规定打紧外，柱底脚与杯底四周每边应用不少于两块的硬石块将柱脚卡死。采用缆风或斜撑校正的柱子，必须在杯口第二次浇筑的混凝土强度达到设计强度 75% 时，方可拆除缆风或斜撑。

4）杯口内应采用强度高一级的细石混凝土浇筑固定。采用木楔或钢楔作临时固定时，应分二次浇筑，第一次灌至楔子下端，待达到设计强度 30% 以上，方可拔出楔子，再二次浇筑至基础顶；当使用混凝土楔子时，可一次浇筑至基础顶面。混凝土强度应做试块检验，冬期施工时，应采取冬期施工措施。

（2）梁的吊装应符合下列规定：

1）梁的吊装应在柱永久固定和柱间支撑安装后进行。吊车梁的吊装，必须在基础杯口二次浇筑的混凝土达到设计强度 25% 以上，方可进行。

2) 重型吊车梁应边吊边校，然后再进行统一校正。

3) 梁高和底宽之比大于 4 时，应采用支撑撑牢或用 8 号铁丝将梁捆于稳定的构件上后，方可摘钩。

4) 吊车梁的校正应在梁吊装完，也可在屋面构件校正并最后固定后进行。校正完毕后，应立即焊接固定。

(3) 屋架吊装应符合下列规定：

1) 进行屋架或屋面梁垂直度校正时，在跨中，校正人员应沿屋架上弦绑设的栏杆行走（采用固定校正支杆在上弦可不设栏杆）；在两端，应站在悬挂于柱顶上的吊栏上进行，严禁站在柱顶操作。垂直度校正完毕并予以可靠固定后，方可摘钩。

2) 吊装第一榀屋架（无抗风柱或未安装抗风柱）和天窗架时，应在其上弦杆拴缆风绳作临时固定。缆风绳应采用两侧布置，每边不得少于两根。当跨度大于 18m 时，宜增加缆风绳数量。

3) 天窗架与屋面板分别吊装时，天窗架应在该榀屋架上的屋面板吊装完毕后进行，并经临时固定和校正后，方可脱钩焊接固定。

4) 永久性的接头固定：当采用螺栓时，应在拧紧后随即将丝扣破坏或将螺帽与垫板、螺帽与丝扣焊牢；当采用电焊时，应在两端的两面相对同时进行；冬季应有预热和防止降温过快的措施。

5) 屋架和天窗架上的屋面板吊装，应从两边向屋脊对称进行，且不得用撬杠沿板的纵向撬动。就位后应用铁片垫实脱钩，并立即电焊固定。

6) 托架吊装就位校正后，应立即支模浇灌接头混凝土进行固定。

7) 支撑系统应先安装垂直支撑，后安装水平支撑；先安装中部支撑，后安装两端支撑，并与屋架、天窗架和屋面板的吊装交替进行。

3. 多层框架结构吊装

(1) 框架柱吊装应符合下列规定：

1) 上节柱的安装应在下节柱的梁和柱间支撑安装焊接完毕、下节柱接头混凝土达到设计强度的 75% 以上后，方可进行。

2) 多机抬吊多层"H"型框架柱时，递送作业的起重机必须使用横吊梁起吊。

3) 柱就位后应随即进行临时固定和校正。榫式接头的应对称施焊四角钢筋接头后方可松钩；钢板接头各边分层对称施焊 2/3 的长度后方可脱钩；H 型柱则应对称焊好四角钢筋后方可脱钩。

4) 重型或较长柱的临时固定，应采用在柱间加设水平管式支撑或设缆风绳。

5) 吊装中用于保护接头钢筋的钢管或垫木应捆扎牢固，严防高空散落。

(2) 楼层梁的吊装应符合下列规定：

1) 吊装明牛腿式接头的楼层梁时，必须在梁端和柱牛腿上预埋的钢板焊接后方可脱钩。

2) 吊装齿槽式接头的楼层梁时，必须将梁端的上部接头焊好两根后方可脱钩。

(3) 楼层板的吊装应符合下列规定：

1) 吊装两块以上的双 T 型板时，应将每块的吊索直接挂在起重机吊钩上。

2) 板重在 5kN 以下的小型空心板或槽形板，可采用平吊或兜吊，但板的两端必须保证水平。

3）吊装楼层板时，严禁采用叠压式，并严禁在板上站人或放置小车等重物或工具。

4. 装配式大板结构吊装

（1）吊装大板时，宜从中间开始向两端进行，并应按先横墙后纵墙，先内墙后外墙，最后隔断墙的顺序逐间封闭吊装。

（2）吊装时必须保证坐浆密实均匀。

（3）采用横吊梁或吊索时，起吊应垂直平稳，吊索与水平线的夹角不宜小于60°。

（4）大板宜随吊随校正。就位后偏差过大时，应将大板重新吊起就位。

（5）外墙板应在焊接固定后方可脱钩，内墙和隔墙板可在临时固定可靠后脱钩。

（6）校正完后，应立即焊接预埋筋，待同一层墙板吊装和校正完后，应随即浇筑墙板之间立缝作最后固定。

（7）圈梁混凝土强度必须达到75％以上，方可吊装楼层板。

5. 框架挂板及工业建筑墙板吊装

（1）框架挂板吊装应符合下列规定：

1）挂板的运输和吊装不得用钢丝绳兜吊，并严禁用铁丝捆扎。

2）挂板吊装就位后，应与主体结构（如柱、梁或墙等）临时或永久固定后方可脱钩。

（2）工业建筑墙板吊装应符合下列规定：

1）各种规格墙板均必须具有出厂合格证。

2）吊装时应预埋吊环，立吊时应有预留孔。无吊环和预留孔时，吊索捆绑点距板端应不大于1/5板长。吊索与水平面夹角应不小于60°。

3）就位和校正后必须做可靠的临时固定或永久固定后方可脱钩。

6. 钢结构吊装

（1）一般规定

1）钢构件必须具有制造厂出厂产品质量检查报告，结构安装单位应根据构件性质分类，进行复检。

2）预检钢构件的计量标准、计量工具和质量标准必须统一。

3）钢构件应按照规定的吊装顺序配套供应，装卸时，装卸机械不得靠近基坑行走。

4）钢构件的堆放场地应平整干燥，构件应放平、放稳，并避免变形。

5）柱底灌浆应在柱校正完或底层第一节钢框架校正完并紧固完地脚螺栓后进行。

6）作业前应检查操作平台、脚手架和防风设施，确保使用安全。

7）雨雪天和风速超过5m/s（气保护焊大于2m/s）而未采取措施者不得焊接。气温低于－10℃时，焊接后应采取保温措施。重要部位焊缝（柱节点、框架梁受拉翼缘等）应用超声波检查，其余一般部位应用超声波抽检或磁粉探伤。

8）柱、梁安装完毕后，在未设置浇筑楼板用的压型钢板时，必须在钢梁上铺设适量吊装和接头连接作业用的带扶手的走道板。

9）钢结构框架吊装时，必须设置安全网。

10）吊装程序必须符合施工组织设计的规定。缆风绳或溜绳的设置应明确，对不规则构件的吊装，其吊点位置，捆绑、安装、校正和固定方法应明确。

（2）单层钢结构厂房吊装

1）钢柱吊装应符合下列规定：

① 钢柱起吊至柱脚离地脚螺栓或杯口 300～400mm 后，应对准螺栓或杯口缓慢就位，经初校后立即拧紧螺栓或打紧木楔（拉紧缆风绳）进行临时固定后方可脱钩。

② 柱子校正后，必须立即紧固地脚螺栓和将承重垫板点焊固定，并应随即对柱脚进行永久固定。

2）吊车梁吊装应符合下列规定：

① 吊车梁吊装应在钢柱固定后、混凝土强度达到 75％以上和柱间支撑安装完后进行。吊车梁的校正应在屋盖吊装完成并固定后方可进行。

② 吊车梁支承面下的空隙应用楔形铁片塞紧，必须确保支承紧贴面不小于 70％。

3）钢屋架吊装应符合下列规定：

① 应根据确定的绑扎点对钢屋架的吊装进行验算，确保吊装的稳定性要求，否则必须进行临时加固。

② 屋架吊装就位后，应经校正和可靠的临时固定后方可摘钩。

③ 屋架永久固定应采用螺栓、高强螺栓或电焊焊接固定。

4）天窗架宜采用预先与屋架拼装的方法进行一次吊装。

（3）高层钢结构吊装

1）钢柱吊装应符合下列规定：

① 安装前，应在钢柱上将登高扶梯和操作挂篮或平台等临时固定好。

② 起吊时，柱根部不得着地拖拉。

③ 吊装应垂直，吊点宜设于柱顶。吊装时严禁碰撞已安装好的构件。

④ 就位时必须待临时固定可靠后方可脱钩。

2）框架钢梁吊装应符合下列规定：

① 吊装前应按规定装好扶手杆和扶手安全绳。

② 吊装应采用二点吊，水平桁架的吊点位置，必须保证起吊后保持水平，并加设安全绳。

③ 梁校正完毕，应及时用高强螺栓临时固定。

3）剪力墙板吊装应符合下列规定：

① 当先吊装框架后吊装墙板时，临时搁置必须采取可靠的支撑措施。

② 墙板与上部框架梁组合后吊装时，就位后应立即进行左右和底部的连接。

（4）轻型钢结构吊装

1）轻型钢结构的组装应在坚实平整的拼装台上进行。组装接头的连接板必须平整。

2）焊接宜用小直径焊条（2.5～3.5mm）和较小电流进行，严禁发生咬肉和焊透等缺陷发生。焊接时应采取防变形措施。

3）屋盖系统吊装应按屋架→屋架垂直支撑→檩条、檩条拉条→屋架间水平支撑→轻型屋面板的顺序进行。

4）吊装时，檩条的拉杆应预先张紧，屋架上弦水平支撑应在屋架与檩条安装完毕后拉紧。

5）屋盖系统构件安装完后，应对全部焊缝接头进行检查，对点焊和漏焊的进行补焊或修正后，方可安装轻型屋面板。

（5）钢塔架结构吊装

1）采用高空组装法吊装塔架时，其爬行桅杆必须经过设计计算确定；采用高空拼装法吊装塔架时，必须按节间分散进行。

2）采用整体安装法吊装塔架时，应符合下列规定：

① 必须保证塔架起扳用的两只扳铰与安装就位的同心度。

② 用人字拔杆起扳时，其高度不得小于塔架高度的 1/3。

③ 对起重滑轮组和回直滑轮必须设置地锚。

④ 起吊时各吊点应保证均匀受力。

⑤ 塔架起扳至 80°左右时，应停止起扳，待在起重滑轮组的反向回直滑轮组收紧使起重滑轮组失效后，再缓慢放松回直滑轮组将塔架就位。

7. 特种结构吊装

（1）门式刚架吊装

1）轻型门架可采用一点绑扎，但吊点必须通过构件重心，中型和重型刚度应采用两点或三点绑扎。

2）刚架就位后的临时固定，除在基础杯口打入 8 个楔子楔紧外，悬臂端必须用工具式支撑架于两面支牢支稳。在支撑架顶与悬臂端底部之间，应采用千斤顶或对角楔垫实，并在刚架间作可靠的临时固定后方可脱钩。

3）支撑架必须经过设计计算，且应便于移动和有足够的操作平台。

4）第一榀门架必须用缆风或支撑作临时固定，以后各榀可用缆风、支撑或屋架校正器作临时固定。

5）已校正好的门式刚架应及时装好柱间永久支撑。当柱间支撑设计少于两道时，应另增设两道以上的临时柱间支撑，并应沿纵向均匀分布。

6）基础杯口二次灌浆的混凝土强度应达到 75％以上方可吊装屋面板。

（2）预应力 V 形折板吊装

1）吊装前应对支座的位置、尺寸和支承坡度进行严格检查，符合要求后方可吊装。

2）吊装必须采用多点起吊，吊点间距宜为 2.0～2.5m。起吊时，应用横吊梁使折板张开不小于 30°。

3）折板就位时，折板应均匀向两边张开，否则应吊起重新就位。

4）折板就位后，应符合下列规定：

① 每隔 2～3m 必须采用临时拉杆拉住折板上缘，临时拉杆（可采用花篮螺栓）初步受力后方可脱钩。

② 折板调整后应立即将两块板的吊环相互焊接。

③ 如折板跨度过大时，应搭设一排脚手架临时支撑。

④ 吊装过程中，板上作业人员不得超过 5 人，且不得集中在一起。

（3）升板法安装

1）提升前应符合下列规定：

① 宜优先选用带电脑控制调平的提升设备。

② 对提升设备的各个零部件，特别是穿心式提升机的丝杆和螺母必须进行仔细检查，确保良好，并应增设保险螺母。各运转零部件应加油润滑。

③ 提升机必须进行正反方向试运转。同一提升机的两根丝杠或提升钢绞线、液压油缸的升降速度必须一致。

④ 每一提升单元不宜超过 20 根柱，但也不宜少于 16 根柱，两提升单元间应用现浇板带连接。

⑤ 确定提升顺序和吊杆排列必须符合下列规定：

a. 屋面板处于较低标高时，底层板应能在设计位置就位固定。

b. 应使拆螺杆和吊杆的次数最少。

c. 提升机与屋面板的距离，不得超过两个停歇孔。

d. 采用两点吊时，吊杆的接头到上板底面的距离，必须大于一个行程（1.8m）。

2）正式提升前应先进行试提升，试提升应遵守下列顺序：第一步开动四角千斤顶，提升 5～8mm，使板开始脱模；第二步开动板四周其余千斤顶，提升 5～8mm，使板继续脱模；第三步开动中间全部千斤顶，提升 5～8mm，使板全部脱模；第四步同时开动全部千斤顶，提升 30mm 后暂停，分别调整各点提升高度至同一水平后，方可正式提升。

3）正式提升过程中，必须保持板在允许升差范围内均衡上升。

4）板提升到停歇孔后，应及时用钢销插入停歇孔，用垫片找平后将板放下作临时搁置，板与柱之间应打入钢楔。

5）下层板提升到设计位置时，应及时在板柱间打入钢楔，并尽快浇筑板柱接头混凝土。

（4）大跨度屋盖整体提升

1）提升设备安装后必须进行校正，确保上、下横梁销孔中心和屋架支座中心线处在同一铅直线上；同时在跨度方向使上、下横梁槽口中心和屋架吊点处在同一铅直线上。

2）应对提升设备进行载重调试，确保屋盖各吊点的水平高差不超过 2mm。

3）在正式提升前必须进行试提升，并对下列各项进行检查，确保达到措施要求：

① 检查提升设备、柱子、柱间临时支撑的工作情况。

② 检查提升单元各构件有无异常情况。

③ 试验、检查指挥和通信联络系统工作情况。

4）开始提升时，应用经纬仪观察柱顶摇晃情况和柱子垂直度有无变动。

5）整个提升过程中，应符合下列规定：

① 各吊点的升差必须控制在允许范围内。

② 因让屋架通过而临时拆除的柱间连系杆，待屋架通过后，必须立即装上。

③ 在油压千斤顶活塞上升时，应及时旋升螺旋千斤顶使其与上横梁保持接触。

④ 钢带应居于上、下横梁槽口之中，钢带的连接螺丝应能顺利地进入槽口。

⑤ 千斤顶每一行程开始前，下横梁的钢销应取出。

6）屋盖单元被提升至高出设计标高 150mm，安装并拧紧垫梁与屋架支座板间的连接螺栓后，应分几次回油徐徐下降，每次下降不得超过 50mm，直至落实为止。

（5）网架采用提升或顶升法吊装时应符合下列规定：

1）施工必须按施工组织设计的规定执行。

2）施工现场的钢管焊接工，应经过焊接球节点与钢管连接的全位置焊接工艺评定和焊工考试合格后，方可参加施工。

3) 吊装方法，应根据网架受力和构造特点，在保证质量、安全、进度的要求下，结合当地施工技术条件综合确定。

4) 网架吊装的吊点位置和数量的选择，应符合下列规定：

① 应与网架结构使用时的受力状况一致或经过验算杆件满足受力要求。

② 吊点处的最大反力应小于起重设备的负荷能力。

③ 各起重设备的负荷宜接近。

5) 吊装方法选定后，应分别对网架施工阶段吊点的反力、杆件内力和挠度、支承柱的稳定性和风荷载作用下网架的水平推力等项进行验算，必要时应采取加固措施。

6) 验算荷载应包括吊装阶段结构自重和各种施工荷载。吊装阶段的动力系数按以下规定采用：提升或顶升时取 1.1；拔杆吊装时取 1.2；履带式或汽车式起重机吊装时取 1.3。

7) 在施工前必须进行试拼及试吊，确认无问题后方可正式吊装。

8) 网架采用在施工现场拼装时，小拼应先在专门的拼装架上进行，高空总拼应采用预拼装或其他保证精度措施。

9) 总拼时应选择合理的焊接工艺，减少焊接变形和焊接应力。总拼的各个支承点应防止出现不均匀下沉。

10) 焊接节点网架所有焊缝应进行外观检查，并做好记录。对大、中型跨度钢管网架的拉杆与球的对接焊缝，应作无损探伤检验，其抽样数不得少于焊口总数 20%，质量标准应符合现行国家标准《钢结构工程施工质量验收规范》GB 50205 所规定的 2 级焊缝的要求。

(6) 网架采用高空散装法时应符合下列规定：

1) 采用悬挑法施工时，应在拼成可承受自重的结构体系后，方可逐步扩展。

2) 搭设拼装支架时，支架上支撑点的位置应设于网架下弦的节点处。支架必须验算其承载力和稳定性，必要时应试压，并应防止支柱下沉。

3) 拼装应从建筑物一端以两个三角形同时进行，两个三角形相交后，按"人"字形逐榀向前推进，最后在另一端正中闭合（图 6-22）。

4) 第一榀网架块体就位后，应在下弦中竖杆下方用方木上放千斤顶支顶，同时在上弦和相邻柱子间应绑两根杉杆作临时固定。其他各块就位后应用螺栓与已固定网架块体固定。同时下弦应用方木上放千斤顶顶住。

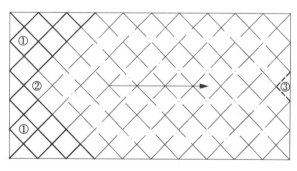

①～③——安装顺序

图 6-22　网架的安装顺序

5) 每榀网架块体应用经纬仪校正其轴线偏差；标高偏差应用下弦节点处的千斤顶校正。

6) 网架块体安装过程中，连接块体的高强螺栓必须随安装随紧固。

7) 网架块体全部安装完毕并经全面质量检查合格后，方可拆除千斤顶和支杆。千斤顶必须有组织地逐次下落，每次下落时，网架中央、中部和四周千斤顶的下降比例宜为 2∶1.5∶1。

（7）网架采用分条或分块安装时应符合下列规定：

1）网架分条或分块在高空连成整体时，其组成单元应具有足够刚度，并能保证自身的几何不变性，否则应采取临时加固措施。

2）为保证顺利拼装，在条与条或块与块的合拢处，可采用临时螺栓等固定措施。

3）合拢时，应先用千斤顶将网架单元顶到设计标高，方可连接。

4）网架单元应减少中间运输，运输时应采取措施防止变形。

（8）网架采用高空滑移法安装时应符合下列规定：

1）应利用已建结构作为高空拼装平台。当无建筑物可供利用时，应在滑移端设置宽度大于两个节间的拼装平台。滑移时应在两端滑轨外侧搭设走道。

2）当网架的平移跨度大于 50m 时，宜于跨中增设一条平移轨道。

3）网架平移用的轨道接头处应焊牢，轨道标高允许偏差为 10mm。网架上的导轨与导轮之间应预留 10mm 间隙。

4）网架两侧应采用同型号、同直径和同门数的滑轮及滑轮组，卷扬机选用同型号、同规格产品，卷扬机用的钢丝绳则应采用同类型、同规格的钢丝绳，并在卷筒上预留同样的钢丝绳圈数。

5）网架滑移时，两侧应同步前进。当同步差达 30mm 时，即应停机调整。

6）网架全部就位后，应用千斤顶将网架支座抬起，抽去轨道后落下，并将网架支座与梁面预埋钢板焊接牢靠。

（9）网架的滑移和拼装应进行下列验算：

1）当跨度中间无支点时的杆件内力和跨中挠度值。

2）当跨度中间有支点时的杆件内力、支点反力及挠度值。

（10）网架的整体吊装法应符合下列规定：

1）网架整体吊装可根据施工条件和要求，采用单根或多根拔杆起吊，也可采用一台或多台起重机起吊就位。

2）网架整体吊装时，应该保证各吊点起升及下降的同步性。相邻两拔杆间或相邻两吊点组的合力点间的相对高差，不得大于其距离的 1/400 和 100mm，亦可通过验算确定。

3）当采用多根拔杆或多台起重机吊装网架时，应将每根拔杆每台起重机额定负荷乘以 0.75 的折减系数。当采用四台起重机将吊点连通成两组或用三根拔杆吊装时，折减系数应取 0.85。

4）网架拼装和就位时的任何部位离支承柱（包括牛腿等突出物）或拔杆的净距不得小于 100mm。

5）由于网架错位需要，对个别杆件可暂不组装，但必须取得设计单位的同意。

6）拔杆、缆风绳、索具、地锚、基础的选择及起重滑轮组的穿法等应进行验算，必要时应进行试验检验。

7）采用多根拔杆吊装时，拔杆安装必须垂直，缆风绳的初始拉力应为吊装时的 60%，在拔杆起重平面内可采用单向铰接头。采用单根拔杆吊装时，底座应采用球形万向接头。

8）拔杆在最不利荷载组合下，其支承基础对地基土的压力不得超过其允许承载力。

9）起吊时应根据现场实际情况设总指挥 1 人，分指挥数人，作业人员必须听从指挥，操作步调应一致。应在网架上搭设脚手架通道锁扣摘扣。

10）网架吊装完毕，应经检查无误后方可摘钩，同时应立即进行焊接固定。

（11）网架的整体提升法应符合下列规定：

1）应根据网架支座中心校正提升机安装位置。

2）网架支座设计标高相同时，各台提升装置吊挂横梁的顶面标高应一致；设计标高不同时，各台提升装置吊挂横梁的顶面标高差和各相应网架支座设计标高差应一致；上述各项允许偏差为 5mm。

3）各台提升装置同顺序号吊杆的长度应一致，其允许偏差为 5mm。

4）提升设备应按其额定负荷能力乘以下折减系数使用：穿心式液压千斤顶取 0.5；电动螺杆升板机取 0.7；其他设备应通过试验确定。

5）网架提升应保证做到同步。

6）整体提升法的下部支承柱应进行稳定性验算。

（12）网架的整体顶升法应符合下列规定：

1）顶升用的支承柱或临时支架上的缀板间距应为千斤顶行程的整倍数，其标高允许偏差为 5mm，否则应用钢板垫平。

2）千斤顶应按其额定负荷能力乘以下折减系数使用：丝杆千斤顶取 0.6，液压千斤顶取 0.7。

3）顶升时各顶升点的允许升差为相邻两个顶升用的支承结构间距的 1/1000，且不得大于 30mm；若一个顶升用的支承结构上有两个或两个以上的千斤顶时，则取千斤顶间距的 1/200，且不得大于 10mm。

4）千斤顶或千斤顶的合力中心必须与柱轴线对准。千斤顶本身应垂直。

5）顶升前和过程中，网架支座中心对柱基轴线的水平允许偏移为柱截面短边尺寸的 1/50 及柱高的 1/500。

6）顶升用的支承柱或支承结构应进行稳定性验算。

8. 建筑设备安装

（1）一般规定

1）安装设备宜优先选用汽车吊或履带吊进行吊装。吊装时，起重设备的回转范围内禁止人员停留，起吊的构件严禁在空中长时间停留。

2）用滚动法装卸安装建筑设备时，应符合下列规定：

① 滚杠的粗细应一致，长度应比托排宽度长 500mm 以上，严禁戴手套填塞滚杠。

② 滚道的搭设应平整、坚实，接头错开。装卸车滚道的坡度不得大于 20 度。

③ 滚动的速度不宜太大，必要时应设溜绳。

3）用拔杆吊装建筑设备时，应符合下列规定：

① 多台卷扬机联合操作时，各卷扬机的牵引速度宜相同。

② 建筑设备各吊点的受力宜均匀。

4）采用旋转法或扳倒法安装建筑设备时，应符合下列规定：

① 设备底部应安装具有抵抗起吊过程中水平推力的铰腕，在建筑设备的左右应设溜绳。

② 回转和就位应平缓。

5）在架体或建筑物上安装建筑设备时，应符合下列规定：

① 强度和稳定性应满足安装和使用要求。

② 设备安装定位后，应及时按要求进行连接紧固或焊接，完毕之后方可摘钩。

（2）龙门架安装、拆除

1）基础应高出地面并做好排水措施。

2）分件安装时，应符合下列规定：

① 用预埋螺栓将底座固定在基础上，找平找正后，把吊篮置于底板中央。

② 安装立柱底节，并两边交错进行，以后每安装两个标准节（不大于8m）必须做临时固定，并按规定安装和固定附墙架或缆风。

③ 严格注意导轨的垂直度，任何方向允许偏差为10mm，并在导轨相接处不得出现折线和过大间隙。

④ 安装至预定高度后，应及时安装天梁和各项制动、限速保险装置。

3）整体安装时，应符合下列规定：

① 整体搬起前，应对两立柱及架体做检查，如原设计不能满足起吊要求则不能起吊。

② 吊装前应于架体顶部系好缆风绳和各种防护装置。

③ 吊点应符合原图纸规定要求，起吊过程中应注意观察立柱弯曲变形情况。

④ 起吊就位后应初步校正垂直度，并紧固底脚螺栓、缆风绳或安装固定附墙架，经检查无误后，方可摘除吊钩。

4）应按规定要求安装固定卷扬机。

5）应严格执行拆除方案，采用分节或整体拆除方法进行拆除。

七、建筑起重与升降机设备使用安全技术要点

（一）塔式起重机的使用

塔式起重机起重司机、起重信号工、司索工等操作人员应取得特种作业人员资格证书，严禁无证上岗；塔式起重机使用前，应对起重司机、起重信号工、司索工等作业人员进行安全技术交底。塔式起重机的力矩限制器、重量限制器、变幅限位器、行走限位器、高度限位器等安全保护装置不得随意调整和拆除，严禁用限位装置代替操纵机构。塔式起重机回转、变幅、行走、起吊动作前应示意警示。起吊时应统一指挥明确指挥信号；当指挥信号不清楚时，不得起吊。

塔式起重机起吊前，当吊物与地面或其他物件之间存在吸附力或摩擦力而未采取处理措施时，不得起吊。塔式起重机起吊前，应对安全装置进行检查，确认合格后方可起吊；安全装置失灵时，不得起吊。塔式起重机起吊前，应按《建筑施工塔式起重机安装、使用、拆卸安全技术规程》JGJ 196—2010第六章的要求，对吊具与索具进行检查，确认合格后方可起吊；当吊具索具不符合相关规定的，不得用于起吊作业。作业中遇突发故障，应采取措施将吊物降落到安全地点，严禁吊物长时间悬挂在空中。

遇有风速在12m/s及以上的大风或大雨、大雪、大雾等恶劣天气时，应停止作业。

雨雪过后，应先经过试吊，确认制动胎灵敏可靠后方可进行作业。夜间施上应有足够照明，照明的安装应符合现行行业标准《施下现场临时用电安全技术规范》JGJ 46 的要求。塔式起重机不得起吊重量越过额定载荷的吊物，且不得起吊重量不明的吊物。在吊物载荷达到额定载荷的 90％时，应先将吊物吊离地面 200～500mm 后，检查机械状况、制动性能、物件绑扎情况等，确认无误后方可起吊。对有晃动的物件，必须拴拉溜绳使之稳固。物件起吊时应绑扎牢固，不得在吊物上堆放悬挂其他物件；零星材料起吊时，必须用吊笼或钢丝绳绑扎牢固。当吊物上站人时不得起吊。标有绑扎位置或记号的物件，应按标明位置绑扎。钢丝绳与物件的夹角宜为 $45°～60°$，且不得小于 $30°$。吊索与吊物棱角之间应有防护措施；未采取防护措施的，不得起吊。

作业完毕后，应松开回转制动器，各部件应置于非工作状态，控制开关应置于零位，并应切断总电源。行走式塔式起重机停止作业时，应锁紧夹轨器。当塔式起重机使用高度超过 30m 时，应配备障碍类，起重臂根部铰点高度超过 50m 时需配备风速仪。严禁在塔式起重机身上附加广告牌或其他标语牌。每班作业应作好例行保养，并应做好记录。记录的主要内容包括结构件外观、安全装置、传动机构、连接件、制动器、索具、夹具、吊钩、滑轮、钢丝绳、液位、油位、油压、电源、电压等。实行多班作业的设备，应执行交接班制度，认真填写交接班记录，接班司机经检查确认无误后，方可开机作业。塔式起重机应实施各级保养。转场时，应作转场保养，并应有记录。塔式起重机的主要部件和安全装置等应进行经常性检查，每月不得少于一次，并应有记录；当发现有安全隐患时，应及时进行整改。当塔式起重机使用周期超过一年时，应按本规程附录——塔式起重机周期检查表进行一次全面检查，合格后方可继续使用。当使用过程中塔式起重机发生故障时，应及时维修，维修期间应停止作业。

（二）升降机使用要求

1. 使用前准备工作

（1）施工升降机司机应持有建筑施工特种作业操作资格证书，不得无证操作。

（2）使用单位应对施工升降机司机进行书面安全技术交底，交底资料应留存备查。

（3）使用单位应按使用说明书的要求对需润滑部件进行全面润滑。

2. 操作使用

（1）不得使用有故障的施工升降机。

（2）严禁施工升降机使用超过有效标定期的防坠安全器。

（3）施工升降机额定载重量、额定乘员数标牌应置于吊笼醒目位置。严禁在超过额定载重量或额定乘员数的情况下使用施工升降机。

（4）当电源电压值与施工升降机额定电压值的偏差超过 $±5％$，或供电总功率小于施工升降机的规定值时，不得使用施工升降机。

（5）应在施工升降机作业范围内设置明显的安全警示标志，应在集中作业区做好安全防护。

（6）当建筑物超过 2 层时，施工升降机地面通道上方应搭设防护棚。当建筑物高度超 24m 时，应设置双层防护棚。

（7）使用单位应根据不同的施工阶段、周围环境、季节和气候，对施工升降机采取相

图 6-23　安全防护棚样式

应的安全防护措施。

（8）使用单位应在现场设置相应的设备管理机构或配备专职的设备管理人员，并指定专职设备管理人员、专职安全生产管理人员进行监督检查。

（9）当遇大雨、大雪、大雾、施工升降机顶部风速大于 20m/s 或导轨架、电缆表面结有冰层时，不得使用施工升降机。

（10）严禁用行程限位开关作为停止运行的控制开关。

（11）使用期间，使用单位应按使用说明书的要求对施工升降机定期进行保养。

（12）在施工升降机基础周边水平距离 5m 以内，不得开挖井沟，不得堆放易燃易爆物品及其他杂物。

（13）施工升降机运行通道内不得有障碍物。不得利用施工升降机的导轨架、横竖支撑、层站等牵拉或悬挂脚手架、施工管道、绳缆标语、旗帜等。

（14）施工升降机安装在建筑物内部井道中时，应在运行通道四周搭设封闭屏障。

（15）安装在阴暗处或夜班作业的施工升降机，应在全行程装设明亮的楼层编号标志灯。夜间施工时作业区应有足够的照明，照明应满足现行行业标准《施工现场临时用电安全技术规范》JGJ 46 的要求。

（16）施工升降机不得使用脱皮、裸露的电线、电缆。

（17）施工升降机吊笼底板应保持干燥整洁。各层站通道区域不得有物品长期堆放。

（18）施工升降机司机严禁酒后作业。工作时间内司机不应与其他人员闲谈，不应有妨碍施工升降机运行的行为。

（19）施工升降机司机应遵守安全操作规程和安全管理制度。

（20）实行多班作业的施工升降机，应执行交接班制度，接班司机应进行班前检查，确认无误后，方能开机作业。

（21）施工升降机每天第一次使用前，司机应将吊笼升离地面 1~2m，停车验制动器的可靠性。当发现问题，应经修复合格后方能运。

（22）施工升降机每 3 个月应进行 1 次 1.25 倍额定重量的超载试验，确保制动器性能安全可靠。

（23）工作时间内司机不得擅自离开施工升降机。当有特殊情况需离开时，应将施工升降机停到最底层，关闭电源并锁好吊笼门。

（24）操作手动开关的施工升降机时，不得利用机电联锁开动或停止施工升降机。层门门栓宜设置在靠施工升降机一侧，且层门应处于常闭状态。未经施工升降机司机许可，不得启闭层门。

（25）施工升降机专用开关箱应设置在导轨架附近便于操作的位置，配电容量应满足施工升降机直接启动的要求。

（26）施工升降机使用过程中，运载物料的尺寸不应超过吊笼的界限。

（27）散状物料运载时应装入容器、进行捆绑或使用织物袋包装，堆放时应使载荷分布均匀。

（28）运载溶化沥青、强酸、强碱、溶液、易燃物品或其他特殊物料时，应由相关技术部门做好风险评估和采取安全措施，且应向施工升降机司机、相关作业人员书面交底后方能载运。

（29）当使用搬运机械向施工升降机吊笼内搬运物料时，搬运机械不得碰撞施工升降机。卸料时，物料放置速度应缓慢。

（30）当运料小车进入吊笼时，车轮处的集中荷载不应大于吊笼底板和层站底板的允许承载力。

（31）吊笼上的各类安全装置应保持完好有效。经过大雨、大雪、台风等恶劣天气后应对各安全装置进行全面检查，确认安全有效后方能使用。

（32）当在施工升降机运行中发现异常情况时，应立即停机，直到排除故障后方能继续运行。

（33）当在施工升降机运行中由于断电或其他原因中途停止时，可进行手动下降。吊笼手动下降速度不得超过额定运行速度。

（34）作业结束后应将施工升降机返回最底层停放，将各控制开关拨到零位，切断电源，锁好开关箱，吊笼门和地面防护围栏门。

3. 钢丝绳式施工升降机的使用还应符合下列规定

（1）钢丝绳应符合现行国家标准《起重机钢丝绳保养、维护、安装、检验和报废》GB/T 5972 的规定。

（2）施工升降机吊笼运行时钢丝绳不得与遮掩物或其他物件发生碰触或摩擦。

（3）当吊笼位于地面时，最后缠绕在卷扬机卷筒上的钢丝绳不应少于 3 圈，且卷扬机卷筒上钢丝绳应无乱绳现象。

（4）卷扬机工作时，卷扬机上部不得放置任何物件。

（5）不得在卷扬机、曳引机运转时进行清理或加油。

4. 检查、保养和维修

（1）在每天开工前和每次换班前，施工升降机司机应按使用说明书要求对施工升降机进行检查。对检查结果应进行记录，发现问题应向使用单位报告。

（2）在使用期间，使用单位应每月组织专业技术人员按本规程附录——施工升降机每月检查表，对施工升降机进行检查，并对检查结果进行记录。

（3）当遇到可能影响施工升降机安全技术性能的自然灾害、发生设备事故或停工 6 个月以上时，应对施工升降机重新组织检查验收。

（4）应按使用说明书的规定对施工升降机进行保养、维修。保养、维修的时间间隔应根据使用频率、操作环境和施工升降机状况等因素确定。使用单位应在施工升降机使用期间安排足够的设备保养、维修时间。

（5）对保养和维修后的施工升降机，经检测确认各部件状态良好后，宜对施工升降机进行额定载重量试验。双吊笼施工升降机应对左右吊笼分别进行额定载重量试验。试验范围应包括施工升降机正常运行的所有方面。

（6）施工升降机使用期间，每 3 个月应进行不少于一次的额定载重量坠落试验。坠落试验的方法、时间间隔及评定标准应符合使用说明书和现行国家标准《施工升降机》GB/T 10054 的有关要求。

（7）对施工升降机进行检修时应切断电源，并应设置醒目的警示标志。当需通电检修时，应做好防护措施。

（8）不得使用未排除安全隐患的施工升降机。

（9）严禁在施工升降机运行中进行保养、维修作业。

（10）施工升降机保养过程中，对磨损、破坏程度超过规定的部件，应及时进行维修或更换，并由专业技术人员检查验收。

（11）应将各种与施工升降机检查、保养和维修相关的记录纳入安全技术档案，并在施工升降机使用期间内在工地存档。

八、施工临时用电安全技术要点

（一）采用三级配电系统

三级配电即总配、分配、开关箱三级，三级配电，逐级保护，达到"一机、一闸、一漏、一箱、一锁"。

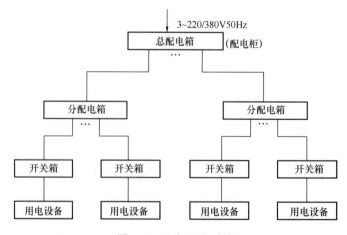

图 6-24 三级配电系统

（二）采用 TN-S 接零保护系统

具有专用保护零线的中性点直接接地的系统叫作 TN-S 接零保护系统，俗称三相五线制系统，整个系统的中性导体和保护导体是分开的。

重复接地——在采用保护接零的中性点直接接地系统中，除在中性点做工作接地外，还必须在接地线上一处或多处重复接地如图 6-25 所示。重复接地的要求按照《施工现场临时用电安全技术规范》JGJ 46—2005 中第 5.3.2 条规定：保护零线除必须在配电室或总配电箱处作重复接地外，还必须在配电线路的中间和末端处重复接地。即在施工现场内，重复

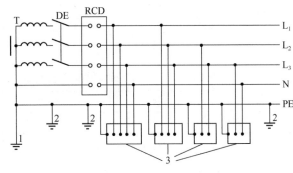

图 6-25　重复接地示意

接地装置不应少于三处，每一处重复接地装置的接地电阻值应不大于 10Ω。

（三）采用二级漏电保护系统

1. 临时用电组织设计

（1）施工现场临时用电设备在 5 台及以上或设备总容量在 50kW 及以上者，应编制用电组织设计。

（2）施工现场临时用电组织设计应包括下列内容：

1）现场勘测。

2）确定电源进线、变电所或配电室、配电装置、用电设备位置及线路走向。

3）进行负荷计算。

4）选择变压器。

5）设计配电系统：

① 设计配电线路，选择导线或电缆。

② 设计配电装置，选择电器。

③ 设计接地装置。

④ 绘制临时用电工程图纸，主要包括用电工程总平面图、配电装置布置图、配电系统接线图、接地装置设计图。

6）设计防雷装置。

7）确定防护措施。

8）制定安全用电措施和电气防火措施。

（3）临时用电组织设计及变更时，必须履行"编制、审核、批准"程序，由电气工程技术人员组织编制，经相关部门审核及具有法人资格企业的技术负责人批准后实施。变更用电组织设计时应补充有关图纸资料。

（4）临时用电工程必须经编制、审核、批准部门和使用单位共同验收，合格后方可投入使用。

(四) 外电线路及电气设备防护

1. 外电线路防护

(1) 在建工程不得在外电架空线路正下方施工、搭设作业棚、建造生活设施或堆放构件、架具、材料及其他杂物等。

(2) 在建工程 (含脚手架) 的周边与外电架空线路的边线之间的最小安全操作距离应符合表 6-7 规定。

在建工程 (含脚手架) 的周边与架空线路的边线之间的最小安全操作距离　　表 6-7

外电线路电压等级 (kV)	<1	1~10	35~110	220	330~500
最小安全操作距离 (m)	4.0	6.0	8.0	10	15

注：上、下脚手架的斜道不宜设在有外电线路的一侧。

(3) 施工现场的机动车道与外电架空线路交叉时，架空线路的最低点与路面的最小垂直距离应符合表 6-8 规定。

施工现场的机动车道与架空线路交叉时的最小垂直距离　　表 6-8

外电线路电压等级 (kV)	<1	1~10	35
最小垂直距离 (m)	6.0	7.0	7.0

(4) 起重机严禁越过无防护设施的外电架空线路作业。在外电架空线路附近吊装时，起重机的任何部位或被吊物边缘在最大偏斜时与架空线路边线的最小安全距离应符合表 6-9 规定。

起重机与架空线路边线的最小安全距离　　表 6-9

电压 (kV) 安全距离 (m)	<1	10	35	110	220	330	500
沿垂直方向	1.5	3.0	4.0	5.0	6.0	7.0	8.5
沿水平方向	1.5	2.0	3.5	4.0	6.0	7.0	8.5

(5) 施工现场开挖沟槽边缘与外电埋地电缆沟槽边缘之间的距离不得小于 0.5m。

(6) 当达不到本章节表 6-7~表 6-9 中的规定时，必须采取绝缘隔离防护措施，并应悬挂醒目的警告标志。

1) 架设防护设施时，必须经有关部门批准，采用线路暂时停电或其他可靠的安全技术措施，并应有电气工程技术人员和专职安全人员监护。

2) 防护设施与外电线路之间的安全距离不应小于表 6-10 所列数值。

3) 防护设施应坚固、稳定，且对外电线路的隔离防护应达到 IP30 级。

防护设施与外电线路之间的最小安全距离　　表 6-10

外电线路电压等级 (kV)	≤10	35	110	220	330	500
最小安全距离 (m)	1.7	2.0	2.5	4.0	5.0	6.0

(7) 当规定的防护措施无法实现时，必须与有关部门协商，采取停电、迁移外电线路

或改变工程位置等措施，未采取上述措施的严禁施工。

（8）在外电架空线路附近开挖沟槽时，必须会同有关部门采取加固措施，防止外电架空线路电杆倾斜、悬倒。

2. 电气设备防护

（1）电气设备现场周围不得存放易燃易爆物、污源和腐蚀介质，否则应予清除或做防护处置，其防护等级必须与环境条件相适应。

（2）电气设备设置场所应能避免物体打击和机械损伤，否则应做防护处置。

（五）接地

TN 系统中的保护零线除必须在配电室或总配电箱处做重复接地外，还必须在配电系统的中间处和末端处做重复接地。在 TN 系统中，保护零线每一处重复接地装置的接地电阻值不应大于 10Ω。在工作接地电阻值允许达到 10Ω 的电力系统中，所有重复接地的等效电阻值不应大于 10Ω。在 TN 系统中，严禁将单独敷设的工作零线再做重复接地。每一接地装置的接地线应采用 2 根及以上导体，在不同点与接地体做电气连接。不得采用铝导体做接地体或地下接地线。垂直接地体宜采用角钢、钢管或光面圆钢，不得采用螺纹钢。

防雷

（1）施工现场内的起重机、井字架、龙门架等机械设备，以及钢脚手架和正在施工的在建工程等的金属结构，当在相邻建筑物、构筑物等设施的防雷装置接闪器的保护范围以外时，应按表 6-11 规定装防雷装置。当最高机械设备上避雷针（接闪器）的保护范围能覆盖其他设备，且又最后退出于现场，则其他设备可不设防雷装置。

施工现场内机械设备及高架设施需安装防雷装置的规定　　表 6-11

地区年平均雷暴日（d）	机械设备高度（m）	地区年平均雷暴日（d）	机械设备高度（m）
≤15	≥50	≥40，<90	≥20
>15，<40	≥32	≥90 及雷害特别严重地区	≥12

（2）机械设备或设施的防雷引下线可利用该设备或设施的金属结构体，但应保证电气连接。

（3）机械设备上的避雷针（接闪器）长度应为 1～2m。塔式起重机可不另设避雷针（接闪器）。

（4）做防雷接地机械上的电气设备，所连接的 PE 线必须同时做重复接地，同一台机械电气设备的重复接地和机械的防雷接地可共用同一接地体，但接地电阻应符合重复接地电阻值的要求。

（六）配电室及自备电源

1. 配电室

（1）配电柜应装设电源隔离开关及短路、过载、漏电保护电器。电源隔离开关分断时应有明显可见分断点。

（2）配电柜或配电线路停电维修时，应挂接地线，并应悬挂"禁止合闸、有人工作"停电标志牌。停送电必须由专人负责。

2. 230/400V 自备发电机组

（1）发电机组及其控制、配电、修理室等可分开设置；在保证电气安全距离和满足防火要求情况下可合并设置。

（2）发电机组的排烟管道必须伸出室外。发电机组及其控制、配电室内必须配置可用于扑灭电气火灾的灭火器，严禁存放贮油桶。

（3）发电机组电源必须与外电线路电源连锁，严禁并列运行。

（4）发电机组应采用电源中性点直接接地的三相四线制供电系统和独立设置 TN－S 接零保护系统。

（5）发电机控制屏宜装设下列仪表：

1）交流电压表。

2）交流电流表。

3）有功功率表。

4）电度表。

5）功率因数表。

6）频率表。

7）直流电流表。

（6）发电机供电系统应设置电源隔离开关及短路、过载、漏电保护电器。电源隔离开关分断时应有明显可见分断点。

（7）发电机组并列运行时，必须装设同期装置，并在机组同步运行后再向负载供电。

（七）配电线路

1. 电缆线路

（1）电缆中必须包含全部工作芯线和用作保护零线或保护线的芯线。需要三相四线制配电的电缆线路必须采用五芯电缆。

（2）五芯电缆必须包含淡蓝、绿/黄二种颜色绝缘芯线。淡蓝色芯线必须用作 N 线；绿/黄双色芯线必须用作 PE 线，严禁混用。

（3）电缆线路应采用埋地或架空敷设，严禁沿地面明设，并应避免机械损伤和介质腐蚀。埋地电缆路径应设方位标志。

（4）电缆类型应根据敷设方式、环境条件选择。埋地敷设宜选用铠装电缆；当选用无铠装电缆时，应能防水、防腐。架空敷设宜选用无铠装电缆。

（5）电缆直接埋地敷设的深度不应小于 0.7m，并应在电缆紧邻上、下、左、右侧均匀敷设不小于 50mm 厚的细砂，然后覆盖砖或混凝土板等硬质保护层。

（6）埋地电缆在穿越建筑物、构筑物、道路、易受机械损伤、介质体育馆场所及引出地面从 2.0m 高到地下 0.2m 处，必须加设防护套管，防护套管内径不应小于电缆外径的 1.5 倍。

（7）埋地电缆与其附近外电电缆和管沟的平行间距不得小于 2m，交叉间距不得小于 1m。

（8）埋地电缆的接头应设在地面上的接线盒内，接线盒应能防水、防尘、防机械损伤，并应远离易燃、易爆、易腐蚀场所。

（9）架空电缆应沿电杆、支架或墙壁敷设，并采用绝缘子固定，绑扎线必须采用绝缘线，固定点间距应保证电缆能承受自重所带来的荷载，敷设高度应符合架空线路敷设高度的要求，但沿墙壁敷设时最大弧垂距地不得小于 2.0m。架空电缆严禁沿脚手架、树木或其他设施敷设。

（10）在建工程内的电缆线路必须采用电缆埋地引入，严禁穿越脚手架引入。电缆垂直敷设应充分利用在建工程的竖井、垂直洞等，并宜靠近电负荷中心，固定点楼层不得少于一处。电缆水平敷设宜沿墙或门口刚性固定，最大弧垂距地不得小于 2.0m。装饰装修工程或其他特殊阶段，应补充编制单项施工用电方案。电源线可沿墙角、地面敷设，但应采取防机械损伤和电火措施。

（11）电缆线路必须有短路保护和过载保护。

2. 室内配线

（1）室内配线必须采绝缘导线或电缆。

（2）室内配线应根据配线类型采用瓷瓶、瓷（塑料）夹、嵌绝缘槽、穿管或钢索敷设。潮湿场所或埋地非电缆配线必须穿管敷设，管口和管接头应密封；当采用金属管敷设时，金属管必须做等电位连接，且必须与 PE 线相连接。

（3）室内非埋地明敷主干线距地面高度不得小于 2.5m。

（4）架空进户线的室外端应采用绝缘子固定，过墙处应穿管保护，距地面高度不得小于 2.5m，并应采取防雨措施。

（5）室内配线所用导线或电缆的截面应根据用电设备或线路的计算负荷确定，但铜线截面不应小于 1.5mm^2，铝线截面不应小于 2.5mm^2。

（6）钢索配线的吊架间距不宜大于 12m。采用瓷夹固定导线时，导线间距不应小于 35mm，瓷夹间距不应大于 800mm；采用瓷瓶固定导线时，导线间距不应小于 100mm，瓷瓶间距不应大于 1.5m；采用护套绝缘导线或电缆时，可直接敷设于钢索上。

（7）室内配线必须有短路保护和过载保护，短路保护和过载保护电器与绝缘导线、电缆的选配应符合要求。对穿管敷设的绝缘导线线路，其短路保护熔断器的熔体额定电流不应大于穿管绝缘导线长期连续负荷允许载流量的 2.5 倍。

（八）配电箱及开关箱

1. 配电箱及开关箱的设置

（1）配电系统应设置配电柜或总配电箱、分配电箱、开关箱，实行三级配电。配电系统宜使三相负荷平衡。220V 或 380V 单相用电设备宜接入 220/380V 三相四线系统；当单相照明线路电流大于 30A 时，宜采用 220/380V 三相四线制供电。

（2）总配电箱以下可设若干分配电箱；分配电箱以下可设若干开关箱。总配电箱应设在靠近电源的区域，分配电箱应设在用电设备或负荷相对集中的区域，分配电箱与开关箱的距离不得超过 30m，开关箱与其控制的固定式用电设备的水平距离不宜超过 3m。

（3）每台用电设备必须有各自专用的开关箱，严禁用同一个开关箱直接控制 2 台及 2 台以上用电设备（含插座）。

（4）动力配电箱与照明配电箱宜分别设置。当合并设置为同一配电箱时，动力和照明应分路配电；动力开关箱与照明开关箱必须分设。

（5）配电箱、开关箱应装设在干燥、通风及常温场所，不得装设在有严重损伤作用的瓦斯、烟气、潮气及其他有害介质中，亦不得装设在易受外来固体物撞击、强烈振动、液体浸溅及热源烘烤场所。否则，应予清除或作防护处理。

（6）配电箱、开关箱周围应有足够2人同时工作的空间和通道，不得堆放任何妨碍操作、维修的物品，不得有灌木、杂草。

（7）配电箱、开关箱应采用冷轧钢板或阻燃绝缘材料制作，钢板厚度应为1.2～2.0mm，其中开关箱箱体钢板厚度不得小于1.2mm，配电箱箱体网板厚度不得小于1.5mm，箱体表面应做防腐处理。

（8）配电箱、开关箱应装设端正、牢固。固定式配电箱、开关箱的中心点与地面的垂直距离应为1.4～1.6m。移动式配电箱、开关箱应装设在坚固、稳定的支架上。其中心点与地面的垂直距离宜为0.8～1.6m。

（9）配电箱、开关箱内的电器（含插座）应先安装在金属或非木质阻燃绝缘电器安装板上，然后方可整体紧固在配电箱、开关箱箱体内。

金属电器安装板与金属箱体应作电气连接。

（10）配电箱、开关箱内的电器（含插座）应按其规定位置紧固在电器安装板上，不得歪斜和松动。

（11）配电箱的电器安装板上必须分设N线端子板和PE线端子板。N线端子板必须与金属电安装板绝缘；PE线端子板必须与金属电器安装板作电气连接。

进出线中的N线必须通过N线端子板连接；PE线必须通过PE线端子板连接。

（12）配电箱、开关箱内的连接线必须采用铜芯绝缘导线；导线分支接头不得采和螺栓压接，应采用焊接并做绝缘包扎，不得有外露带电部分。

（13）配电箱、开关箱的金属箱体、金属电器安装板以及电器正常不带电的金属底座、外壳等必须通过PE线端子板与PE线作电气连接，金属箱门与金属箱必须通过采用编织软铜线作电气连接。

（14）配电箱、开关箱的箱体尺寸应与箱内电器的数量和尺寸相适应，箱内电器安装板板面电器安装尺寸可按照表6-12确定。

（15）配电箱、开关箱中导线的进线口和出线口应设在箱体的下底面。

配电箱、开关箱内电器安装尺寸选择值　　　　　　　　表 6-12

间距名称	最小净距（mm）
并列电器（含单极熔断器）间	30
电器进、出线瓷管（塑胶管）孔与电器边沿间	15A，30 20～30A，50 60A 及以上，80
上、下排电器进出线瓷管（塑胶管）孔间	25
电器进、出线瓷管（塑胶管）孔至板边	40
电器至板边	40

（16）配电箱、开关箱的进、出线口应配置固定线卡、进出线应加绝缘护套并成束卡在箱体上，不得与箱体直接接触。移动式配电箱、开关箱的进、出线应采用橡皮护套绝缘

电缆，不得有接头。

(17) 配电箱、开关箱外形结构应能防雨、防尘。

2. 电器装置的选择

(1) 配电箱、开关箱内的电器必须可靠、完好，严禁使用破损、不合格的电器。

(2) 总配电箱的电器应具备电源隔离，正常接通与分断电路，以及短路、过载、漏电保护功能。电器设置应符合下列原则：

1) 当总路设置总漏电保护器时，还应装设总隔离开关、分路隔离开关以及总断路器、分路断路器或总熔断器、分路熔断器。当所设总漏电保护器是同时具备短路、过载、漏电保护功能的漏电断路器时，可不设总断路器或总熔断器。

2) 当各分路设置分路漏电保护器时，还应装设总隔离开关、分路隔离开关以及总断路器、分路断路器或总熔断器、分路熔断器。当分路所设漏电保护器是同时具备短路、过载、漏电保护功能的漏电断路器时，可不设分路断路器或分路熔断器。

3) 隔离开关应设置于电源进线端，应采用分断时具有可见分断点，并能同时断开电源所有极的隔离电器。如采用分断时具有可见分断点的断路器，可不另设隔离开关。

4) 熔断器应选用具有可靠灭弧分断功能的产品。

5) 总开关电器的额定值、动作整定应与分路开关电器的额定值、动作整定值相适应。

(3) 总配电箱应装设电压表、总电流表、电度表及其他需要的仪表。专用电能计量仪表的装设应符合当地供用电管理部门的要求。装设电流互感器时，其二次回路必须与保护零线有一个连接点，且严禁断开电路。

(4) 分配电箱应装设总隔离开关、分路隔离开关以及总断路器、分路断路器或总熔断器、分路熔断器。

(5) 开关箱必须装设隔离开关、断路器或熔断器，以及漏电保护器。当漏电保护器是同时具有短路、过载、漏电保护功能的漏电断路器时，可不装设断路或熔断器。隔离开关应采用分断时具有可见分断点，能同时断开电源所有极的隔离电器，并应设置于电源进线端。当断路器是具有可见分断点时，可不另设隔离开关。

(6) 开关箱中的隔离开关只可直接控制照明电路和容量不大于3.0kW的动力电路，但不应频繁操作。容量大于3.0kW的动力电路应采用断路器控制，操作频繁时还应附设接触器或其他启动控制装置。

(7) 开关箱中各种开关电器的额定值和动作整定值应与其控制用电设备的额定值和特性相适应。漏电保护器应装设在总配电箱、开关箱靠近负荷的一侧，且不得用于启动电气设备的操作。

(8) 漏电保护器的选择应符合现行国家标准《剩余电流动作保护器的一般要求》GB 6829和《漏电保护器安装和运行的要求》GB 13955的规定。

(9) 开关箱中漏电保护器的额定漏电动作电流不应大于30mA，额定漏电动作时间不应大于0.1s。使用于潮湿或有腐蚀介质场所的漏电保护器应采用防溅型产品，其额定漏电动作电流不应大于15mA，额定漏电动作时间不应大于0.1s。

(10) 总配电箱中漏电保护器的额定漏电动作电流应大于30mA，额定漏电动作时间应大于0.1s，但其额定漏电动作电流与额定漏电动作时间的乘积不应大于30mA·s。

(11) 总配电箱和开关箱中漏电保护器的极数和线数必须与其负荷侧负荷的相数和线

数一致。

（12）配电箱、开关箱中的漏电保护器宜选用无辅助电源型（电磁式）产品，或选用辅助电源故障时能自动断开的辅助电源型（电子式）产品。当选用辅助电源故障时不能自动断开的辅助电源型（电子式）产品时，应同时设置缺相保护。

（13）漏电保护器应按产品说明书安装、使用。对搁置已久重新使用或连续使用的漏电保护器应逐月检测其特性，发现问题应及时修理或更换。漏电保护器的正确使用接线方法应按图 6-26 选用。

（14）配电箱、开关箱的电源进线端严禁采用插头和插座作活动连接。

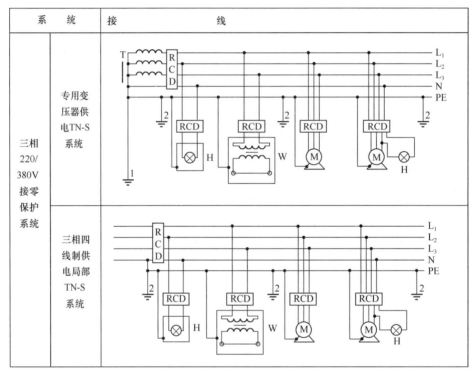

图 6-26　漏电保护器使用接线方法示意

L_1、L_2、L_3—相线；N—工作零线；PE—保持零线、保护线；

1—工作接地；2—重复接地；

T—变压器；RCD—漏电保护器；H—照明器；W—电焊机；M—电动机

3. 使用与维护

（1）配电箱、开关箱应有名称、用途、分路标记及系统接线图。

（2）配电箱、开关箱箱门应配锁，并应由专人负责。

（3）配电箱、开关箱应定期检查、维修。检查、维修人员必须是专业电工。检查、维修时必须按规定穿、戴绝缘鞋、手套，必须使用电工绝缘工具，并应做检查、维修工作记录。

（4）对配电箱、开关箱进行定期维修、检查时，必须将其前一级相应的电源隔离开关分闸断电，并悬挂"禁止合闸、有人工作"停电标志牌，严禁带电作业。

（5）配电箱、开关箱必须按照下列顺序操作：

1）送电操作顺序为：总配电箱→分配电箱→开关箱。

2）停电操作顺序为：开关箱→分配电箱→总配电箱。

3）但出现电气故障的紧急情况可除外。

（6）施工现场停止作业 1 小时以上时，应将动力开关箱断电上锁。

（7）配电箱、开关箱内不得放置任何杂物，并应保持整洁。

（8）配电箱、开关箱内不得随意挂接其他用电设备。

（9）配电箱、开关箱内的电器配置和接线严禁随意改动。熔断器的熔体更换时，严禁采用不符合原规格的熔体代替。漏电保护器每天使用前应启动漏电试验按钮试跳一次，试跳不正常时严禁继续使用。

（10）配电箱、开关箱的进线和出线严禁承受外力，严禁与金属尖锐断口、强腐蚀介质和易燃易爆物接触。

（九）电动建筑机械和手持式电动工具

1. 一般规定

（1）施工现场中电动建筑机械和手持式电动工具的选购、使用、检查和维修应遵守下列规定：

1）选购的电动建筑机械、手持式电动工具及其用电安全装置符合相应的国家现行有关强制性标准的规定，且具有产品合格证和使用说明书。

2）建立和执行专人专机负责制，并定期检查和维修保养。

3）运行时产生振动的设备的金属基座、外壳与 PE 线的连接点不少于 2 处。

4）按使用说明书使用、检查、维修。

（2）塔式起重机、外用电梯、滑升模板的金属操作平台及需要设置避雷装置的物料提升机，除应连接 PE 线外，还应作重复接地。设备的金属结构构件之间应保证电气连接。

（3）手持式电动工具中的塑料外壳Ⅱ类工具和一般场所手持式电动工具中的Ⅲ类工具可不连接 PE 线。

（4）电动建筑机械和手持式电动工具的负荷线应按其计算负荷选用无接头的橡皮护套铜芯软电缆，其性能应符合现行国家标准《额定电压 450/750V 及以下橡皮绝缘电缆》GB 5013 中第 1 部分（一般要求）和第 4 部分（软线和软电缆）的要求；电缆芯线数应根据负荷及其控制电器的相数和线数确定：三相四线时，应选用五芯电缆；三相三线时，应选用四芯电缆；当三相用电设备中配置有单相用电器具时，应选用五芯电缆；单相二线时，应选用三芯电缆。

（5）每一台电动建筑机械或手持式电动工具的开关箱内，除应装设过载、短路、漏电保护电器外，还应按要求装设隔离开关或具有可见分断点的断路器，以及按照要求装设控制装置。正、反向运转控制装置中的控制电器应采用接触器、继电器等自动控制电器，不得采用手动双向转换开关作为控制电器。

2. 起重机械

（1）塔式起重机的电气设备应符合现行国家标准《塔式起重机安全规程》GB 5144 中的要求。

（2）轨道式塔式起理机接地装置的设置应符合下列要求：

1）轨道两端各设一组接地装置。

2）轨道的接头处作电气连接，两条轨道端部作环形电气连接。

3）较长轨道每隔不大于30m加一组接地装置。

（3）轨道式塔式起重机的电缆不得拖地行走。

（4）需要夜间工作的塔式起重机，应设置正对工作面的投光灯。

（5）塔身高于30m的塔式起重机，应在塔顶和臂架端部设红色信号灯。

（6）在强电磁波源附近工作的塔式起重机，操作人员应戴绝缘手套和穿绝缘鞋，并应在吊钩与机体间采取绝缘隔离措施，或在吊钩吊装地面物体时，在吊钩上挂接临时接地装置。

（7）外用电梯梯笼内、外均应安装紧急停止开关。

（8）外用电梯和物料提升机的上、下极限位置应设置限位开关。

（9）外用电梯和物料提升机在每日工作前必须对行程开关、限位开关、紧急停止开关、驱动机构和制动器等进行空载检查，正常后方可使用。检查时必须有防坠落措施。

3. 桩工机械

（1）潜水式钻孔机电机的密封性能应符合现行国家标准《外壳防护等级（IP代码）》GB 4208中的IP68级的规定。

（2）潜水电机的负荷线应采用防水橡皮护套铜芯软电缆，长度不应小于1.5m，且不得承受外力。

（3）潜水式钻孔机开关箱中的漏电保护器必须符合潮湿场所选用漏电保护器的要求。

4. 夯土机械

（1）夯土机械开关箱中的漏电保护器必须符合潮湿场所选用漏电保护器的要求。

（2）夯土机械PE线的连接点不得少于2处。

（3）夯土机械的负荷线应采用耐气候型橡皮护套铜芯软电缆。

（4）使用夯土机械必须按规定穿戴绝缘用品，使用过程应有专人调整电缆，电缆长度不应大于50m。电缆严禁缠绕、扭结和被夯土机械跨越。

（5）多台夯土机械并列工作时，其间距不得小于5m；前后工作时，其间距不得小于10m。

（6）夯土机械的操作扶手必须绝缘。

5. 焊接机械

（1）电焊机械应放置在防雨、干燥和通风良好的地方。焊接现场不得有易燃、易爆物品。

（2）交流弧焊机变压器的一次侧电源线长度不应大于5m，其电源进线处必须设置防护罩。发电机式直流电焊机的换向器应经常检查和维护，应消除可能产生的异常电火花。

（3）电焊机械开关箱中的漏电保护器必须符合要求。交流电焊机械应配装防二次侧触电保护器。

（4）电焊机械的二次线应采用防水橡皮护套铜芯软电缆，电缆长度不应大于30m，不得采用金属构件或结构钢筋代替二次线的地线。

（5）使用电焊机械焊接时必须穿戴防护用品。严禁露天冒雨从事电焊作业。

6. 手持式电动工具

（1）空气湿度小于75%的一般场所可选用Ⅰ类或Ⅱ类手持式电动工具，其金属外壳与PE线的连接点不得少于2处；除塑料外壳Ⅱ类工具外，相关开关箱中漏电保护器的额定漏电动作电流不应大于15mA，额定漏电动作时间不应大于0.1s，其负荷线插头应具备专用的保护触头。所用插座和插头在结构上应保持一致，避免导电触头和保护触头混用。

（2）在潮湿场所和金属构架上操作时，必须选用Ⅱ类或由安全隔离变压器供电的Ⅲ类手持工电动工具。其开关箱和控制箱应设置在作业场所外面，在潮湿场所或金属构架上严禁使用Ⅰ类手持式电动工具。

（3）狭窄场所必须选用由安全隔离变压器供电的Ⅲ类手持式电动工具，其开关箱和安全隔离变压器均应设置在狭窄场所外面，并连接PE线。

（4）手持式电动工具的负荷线应采用耐气候型的橡皮护套铜芯软电缆，并不得有接头。

（5）手持式电动工具的外壳、手柄、插头、开关、负荷线等必须完好无损，使用前必须做绝缘检查和空载检查，在绝缘合格、空载运转正常后方可使用。绝缘电阻不应小于表6-13规定的数值。

手持式电动工具绝缘电阻限值　　　　　　　　　　　　　表 6-13

测量部位	绝缘电阻（MΩ）		
	Ⅰ类	Ⅱ类	Ⅲ类
带电零件与外壳之间	2	7	1

注：绝缘电阻用500V兆欧表测量。

（6）使用手持式电动工具时，必须按规定穿、戴绝缘防护用品。

7. 其他电动建筑机械

（1）混凝土搅拌机、插入式振动器、平板振动器、地面抹光机、水磨石机、钢筋加工机械、木工机械、盾构机械的负荷线必须采用耐气候型橡皮护套铜芯软电缆，并不得有任何破损和接头。水泵的负荷线必须采用防水橡皮护套铜芯软电缆，严禁有任何破损和接头，并不得承受任何外力。盾构机械的负荷线必须固定牢固，距地高度不得小于2.5m。

（2）对混凝土搅拌机、钢筋加工机械、木工机械、盾构机械等设备进行清理、检查、维修时，必须首先将其开关箱分闸断电，呈现可见电源分断点，并关门上锁。

（十）照明

1. 一般规定

（1）在坑、洞、井内作业、夜间施工或厂房、道路、仓库、办公室、食堂、宿舍、料具堆放场及自然采光差等场所，应设一般照明、局部照明或混合照明。在一个工作场所内，不得只设局部照明。停电后，操作人员需及时撤离的施工现场，必须装设自备电源的应急照明。

（2）现场照明应采用高光效、长寿命的照明光源。对需大面积照明的场所，应采用高压汞灯、高压钠灯或混光用的卤钨灯等。

（3）照明器的选择必须按下列环境条件确定：

1）正常湿度一般场所，选用开启式照明器。

2）潮湿或特别潮湿场所，选用密闭型防水照明器或配有防水灯头的开启式照明器。

3）含有大量尘埃但无爆炸和火灾危险的场所，选用防尘型照明器。

4）有爆炸和火灾危险的场所，按危险场所等级选用防爆型照明器。

5）存在较强振动的场所，选用防振型照明器。

6）有酸碱等强腐蚀介质场所，选用耐酸碱型照明器。

（4）照明器具和器材的质量应符合国家现行有关强制性标准的规定，不得使用绝缘老化或破损的器具和器材（图6-27）。

耐酸碱照明器 　　　　　　防震型照明器　　　　　　防爆型照明器

防尘型照明器 　　　　　　密闭型照明器 　　　　　LED节能型照明器

图6-27　照明器分类

（5）无自采光的地下大空间施工场所，应编制单项照明用电方案。

2. 照明供电

（1）一般场所宜适用额定电压为220V的照明器。

（2）下列特殊场所应使用安全特低电压照明器：

1）隧道、人防工程、高温、有导电灰尘、比较潮湿或灯具离地面高度低于2.5m等场所的照明，电源电压不应大于36V。

2）潮湿和易触及带电体场所的照明，电源电压不得大于24V。

3）特别潮湿场所、导电良好的地面、锅炉或金属容器内的照明，电源电压不得大于12V。

（3）使用行灯应符合下列要求：

1）电源电压不大于36V。

2）灯体与手柄应坚固、绝缘良好并耐热耐潮湿。

3）灯头与灯体结合牢固，灯头无开关。

4）灯泡外部有金属保护网。

5）金属网、反光罩、悬吊挂钩固定在灯具的绝缘部位上。

（4）远离电源的小面积工作场地、道路照明、警卫照明或额定电压为12～36V照明的场所，其电压允许偏移值为额定电压值的-10%～5%；其余场所电压允许偏移值为额定电压值的±5%。

（5）照明变压器必须使用双绕组型安全隔离变压器，严禁使用自耦变压器。

（6）照明系统宜使三相负荷平衡，其中每一单相回路上，灯具和插座数量不宜超过

25 个，负荷电流不宜超过 15A。

（7）携带式变压器的一次侧电源线应采用橡皮护套或塑料护套铜芯软电缆，中间不得有接头，长度不宜超过 3m，其中绿/黄双色线只可用 PE 线使用，电源插销应有保护触头。

（8）工作零线截面应按下列规定选择：

1）单相二线及二相二线线路中，零线截面与相线截面相同。

2）三相四线制线路中，当照明器为白炽灯时，零线截面不小于相线截面的 50%；当照明器为气体放电灯时，零线截面按最大负载相的电流选择。

3）在逐相切断的三相照明电路中，零线截面与最大负载相相线截面相同。

3. 照明装置

（1）照明灯具的金属外壳必须与 PE 线相连接，照明开关箱内必须装设隔离开关、短路与过载保护电器和漏电保护器。

（2）室外 220V 灯具距地面不得低于 3m，室内 220V 灯具距地面不得低于 2.5m。

普通灯具与易燃物距离不宜小于 300mm；聚光灯、碘钨灯等高热灯具与易燃物距离不宜小于 500mm，且不得直接照射易燃物。达不到规定安全距离时，应采取隔热措施。

（3）路灯的每个灯具应单独装设熔断器保护。灯头线应做防水弯。

（4）荧光灯管应采用管座固定或用吊链悬挂，荧光灯的镇流器不得安装在易燃的结构物上。

（5）碘钨灯及钠、铊、铟等金属卤化物灯具的安装高度宜在 3m 以上，灯线应固定在接线柱上，不得靠近灯具表面。

（6）投光灯的底座应安装牢固，应按需要的光轴方向将枢轴拧紧固定。

（7）螺口灯头及其接线应符合下列要求：

1）灯头的绝缘外壳无损伤、无漏电。

2）相线接在与中心触头相连的一端，零线接在与螺纹口相连的一端。

（8）灯具内的接线必须牢固，灯具外的接线必须做可靠的防水绝缘包扎。

（9）暂设工程的照明灯具宜采用拉线开关控制，开关安装位置宜符合下列要求：

1）拉线开关距地面高度为 2~3m，与出入口的水平距离为 0.15~0.2m，拉线的出口向下。

2）其他开关距地面高度为 1.3m，与出入口的水平距离为 0.15~0.2m。

（10）灯具的相线必须经开关控制，不得将相线直接引入灯具。

（11）对夜间影响飞机或车辆通行的在建工程及机械设备，必须设置醒目的红色信号灯，其电源应设在施工现场总电源开关的前侧，并应设置外电线路停止供电时的应急自备电源。

九、高处作业安全技术要点

（一）高处作业的定义

凡在坠落高度基准面 2m 以上（含 2m）有可能坠落的高处进行的作业。

（二）基本规定

高处作业的安全技术措施及其所需料具，必须列入工程的施工组织设计。单位工程施工负责人应对工程的高处作业安全技术负责并建立相应的责任制。

施工前，应逐级进行安全技术教育及交底，落实所有安全技术措施和人身防护用品，未经落实时不得进行施工。高处作业中的安全标志、工具、仪表、电气设施和各种设备，必须在施工前加以检查，确认其完好，方能投入使用。攀登和悬空高处作业人员及搭设高处作业安全设施的人员，必须经过专业技术培训及专业考试合格，持证上岗，并必须定期进行体格检查。施工中对高处作业的安全技术设施，发现有缺陷和隐患时，必须及时解决；危及人身安全时，必须停止作业。施工作业场所有坠落可能的物件，应一律先行撤除或加以固定。

高处作业中所用的物料，均应堆放平稳，不妨碍通行和装卸。工具应随手放入工具袋；作业中的走道、通道板和登高用具，应随时清扫干净；拆卸下的物件及余料和废料均应及时清理运走，不得任意乱置或向下丢弃。传递物件禁止抛掷。雨天和雪天进行高处作业时，必须采取可靠的防滑、防寒和防冻措施。凡水、冰、霜、雪均应及时清除。对进行高处作业的高耸建筑物，应事先设置避雷设施。遇有六级以上强风、浓雾等恶劣气候，不得进行露天攀登与悬空高处作业。暴风雪及台风暴雨后，应对高处作业安全设施逐一加以检查，发现有松动、变形、损坏或脱落等现象，应立即修理完善。

因作业必需，临时拆除或变动安全防护设施时，必须经施工负责人同意，并采取相应的可靠措施，作业后应立即恢复。防护棚搭设与拆除时，应设警戒区，并应派专人监护。严禁上下同时拆除。高处作业安全设施的主要受力杆件，力学计算按一般结构力学公式，强度及挠度计算按现行有关规范进行，但钢受弯构件的强度计算不考虑塑性影响，构造上应符合现行的相应规范的要求（图 6-28）。

高空作业错误案例

图 6-28　高空作业安全带正确使用方法

（三）临边与洞口作业的安全防护

1. 临边作业

（1）对临边高处作业，必须设置防护措施，并符合下列规定：

1）基坑周边，尚未安装栏杆或栏板的阳台、料台与挑平台周边，雨篷与挑檐边，无外脚手的屋面与楼层周边及水箱与水塔周边等处，都必须设置防护栏杆。

2）头层墙高度超过 3.2m 的二层楼面周边，以及无外脚手的高度超过 3.2m 的楼层周边，必须在外围架设安全平网一道。

3）分层施工的楼梯口和梯段边，必须安装临时护栏。顶层楼梯口应随工程结构进度安装正式防护栏杆。

4）井架与施工用电梯和脚手架等与建筑物通道的两侧边，必须设防护栏杆。地面通道上部应装设安全防护棚。双笼井架通道中间，应予分隔封闭。

5）各种垂直运输接料平台，除两侧设防护栏杆外，平台口还应设置安全门或活动防护栏杆。

（2）临边防护栏杆杆件的规格及连接要求，应符合下列规定：

1）毛竹横杆小头有效直径不应小于 70mm，栏杆柱小头直径不应小于 80mm，并须用不小于 16 号的镀锌钢丝绑扎，不应少于 3 圈，并无泻滑。

2）原木横杆上杆梢径不应小于 70mm，下杆梢径不应小于 60mm，栏杆柱梢径不应小于 75mm。并须用相应长度的圆钉钉紧，或用不小于 12 号的镀锌钢丝绑扎，要求表面平顺和稳固无动摇。

3）钢筋横杆上杆直径不应小于 16mm，下杆直径不应小于 14mm。钢管横杆及栏杆柱直径不应小于 18mm，采用电焊或镀锌钢丝绑扎固定。

4）钢管栏杆及栏杆均采用 $\Phi 48 \times (2.75 \sim 3.5)$ mm 的管材，以扣件或电焊固定。

5）以其他钢材如角钢等作防护栏杆杆件时，应选用强度相当的规格，以电焊固定。

（3）搭设临边防护栏杆时，必须符合下列要求：

1）防护栏杆应由上、下两道横杆及栏杆柱组成，上杆离地高度为 1.0～1.2m，下杆离地高度为 0.5～0.6m。坡度大于 1：22 的层面，防护栏杆应高 1.5m，并加挂安全立网。除经设计计算外，横杆长度大于 2m 时，必须加设栏杆柱。

2）栏杆柱的固定应符合下列要求：

① 当在基坑四周固定时，可采用钢管并打入地面 50～70cm 深。钢管离边口的距离，不应小于 50cm。当基坑周边采用板桩时，钢管可打在板桩外侧。

② 当在混凝土楼面、屋面或墙面固定时，可用预埋件与钢管或钢筋焊牢。采用竹、木栏杆时，可在预埋件上焊接 30cm 长的 L50×5 角钢，其上下各钻一孔，然后用 10mm 螺栓与竹、木杆件拴牢。

③ 当在砖或砌块等砌体上固定时，可预先砌入规格相适应的 80×6 弯转扁钢作预埋铁的混凝土块，然后用上项方法固定。

3）栏杆柱的固定及其与横相干的连接，其整体构造应使防护栏杆在上杆任何处，能经受任何方向的 1000N 外力。当栏杆所处位置有发生人群拥挤、车辆冲击或物件碰撞等可能时，应加大横杆截面或加密柱距。

4）防护栏杆必须自上而下用安全立网封闭，或在栏杆下边设置严密固定的高度不低于 18cm 的挡脚板或 40cm 的挡脚笆。挡脚板与挡脚笆上如有孔眼，不应大于 25mm。板与笆下边距离底面的空隙不应大于 10mm。接料平台两侧的栏杆，必须自上而下加挂安全立网或满扎竹笆。

5）当临边的外侧面临街道时，除防护栏杆外，敞口立面必须采取满挂安全网或其他可靠措施作全封闭处理。如图 6-29 所示。

图 6-29　临边防护样式

2. 洞口作业

（1）进行洞口作业以及在因工程和工序需要而产生的，使人与物有坠落危险或危及人身安全的其他洞口进行高处作业时，必须按下列规定设置防护设施：

1）板与墙的洞口，必须设置牢固的盖板、防护栏杆、安全网或其他防坠落的防护设施。

2）电梯井口必须设防护栏杆或固定栅门；电梯井内应每隔两层并最多隔 10m 设一道安全网。

3）钢管桩、钻孔桩等桩孔上口，杯形、条形基础上口，未填土的坑槽，以及人孔、天窗、地板门等处，均应按洞口防护设置稳固的盖件。

4）施工现场通道附近的各类洞口与坑槽等处，除设置防护设施与安全标志外，夜间还应设红灯示警。

（2）洞口根据具体情况采取设防护栏杆、加盖件、张挂安全网与装栅门等措施时，必须符合下列要求：

1）楼板、屋面和平台等面上短边尺寸小于 25cm 但大于 2.5cm 的孔口，必须用坚实的盖板盖没。盖板应防止挪动移位。

2）楼板面等处边长为 25～50cm 的洞口、安装预制构件时的洞口以及缺件临时形成的洞口，可用竹、木等作盖板、盖住洞口。盖板须能保持四周搁置均衡，并有固定其位置的措施。

3）边长为 50～150cm 的洞口，必须设置以扣件扣接钢管而成的网格，并在其上满铺竹笆或脚手板。也可采用贯穿于混凝土板内的钢筋构成防护网，钢筋网格间距不得大于 20cm。

4）边长在 150cm 以上的洞口，四周设防护栏杆，洞口下张设安全平网。

5）垃圾井道和烟道，应随楼层的砌筑或安装而消除洞口，或参照预留洞口作防护。管道井施工时，除按上办理外，还应加设明显的标志。如有临时性拆移，需经施工负责人核准，工作完毕后必须恢复防护设施。

6）位于车辆行驶道旁的洞口、深沟与管道坑、槽，所加盖板应能承受不小于当地额定卡车后轮有效承载力 2 倍的荷载。

7）墙面等处的竖向洞口，凡落地的洞口应加装开关式、工具式或固定式的防护门，门栅网格的间距不应大于 15cm，也可采用防护栏杆，下设挡脚板（笆）。

8）下边沿至楼板或底面低于 80cm 的窗台等竖向洞口，如侧边落差大于 2m 时，应加设 1.2m 高的临时护栏。

9）对邻近的人与物有坠落危险性的其他竖向的孔、洞口，均应予以盖没或加以防护，并有固定其位置的措施。如图 6-30 所示。

图 6-30 洞口防护样式

（四）攀登与悬空作业的安全防护

1. 攀登作业

（1）在施工组织设计中应确定用于现场施工的登高和攀登设施。现场登高应借助建筑结构或脚手架上的登高设施，也可采用载人的垂直运输设备。进行攀登作业时可使用梯子或采用其他攀登设施。

（2）柱、梁和行车梁等构件吊装所需的直爬梯及其他登高用拉攀件，应在构件施工图或说明内作出规定。

（3）攀登的用具，结构构造上必须牢固可靠。供人上下的踏板其使用荷载不应大于 1100N。当梯面上有特殊作业，重量超过上述荷载时，应按实际情况加以验算。

（4）移动式梯子，均应按现行的国家标准验收其质量。

（5）梯脚底部应坚实，不得垫高使用。梯子的上端应有固定措施。立梯工作角度以 75°±5° 为宜，踏板上下间距以 30cm 为宜，不得有缺挡。

（6）梯子如需接长使用，必须有可靠的连接措施，且接头不得超过 1 处。连接后梯梁的强度，不应低于单梯梯梁的强度。

（7）折梯使用时上部夹角以 35°~45°为宜，铰链必须牢固，并应有可靠的拉撑措施。

（8）固定式直爬梯应用金属材料制成。梯宽不应大于 50cm，支撑应采用不小于 L70×6 的角钢，埋设与焊接均必须牢固。梯子顶端的踏棍应与攀登的顶面齐平，并加设 1~1.5m 高的扶手。使用直爬梯进行攀登作业时，攀登高度以 5m 为宜。超过 2m 时，宜加设护笼，超过 8m 时，必须设置梯间平台。

（9）作业人员应从规定的通道上下，不得在阳台之间等非规定通道进行攀登，也不得任意利用吊车臂架等施工设备进行攀登。上、下梯子时，必须面向梯子，且不得手持器物。

（10）钢柱安装登高时，应使用钢挂梯或设置在钢柱上的爬梯。钢柱的接柱应使用梯子或操作台。操作台横杆高度。当无电焊防风要求时，其高度不宜小于 1m，有电焊防风要求时；其高度不宜小于 1.8m。

（11）登高安装钢梁时，应视钢梁高度，在两端设置挂梯或搭设钢管脚手架。梁面上需行走时，其一侧的临时护栏横杆可采用钢索，当改用扶手绳时，绳的自然下垂度不应大于 l/20，并应控制在 10cm 以内。

（12）钢层架的安装，应遵守下列规定：

1）在层架上下弦登高操作时，对于三角形屋架应在屋脊处，梯形层架应在两端，设置攀登时上下的梯架。材料可选用毛竹或原木，踏步间距不应大于 40cm，毛竹梢径不应小于 70mm。

2）屋架吊装以前，应在上弦设置防护栏杆。

3）屋架吊装以前，应预先在下弦挂设安全网；吊装完毕后，即将安全网铺设固定。

2. 悬空作业

（1）悬空作业处应有牢靠的立足处，并必须视具体情况，配置防护栏网、栏杆或其他安全设施。

（2）悬空作业所用的索具、脚手板、吊篮、吊笼、平台等设备，均需经过技术鉴定或检证方可使用。

（3）构件吊装和管道安装时的悬空作业，必须遵守下列规定：

1）钢结构的吊装，构件应尽可能在地面组装，并应搭设进行临时固定、电焊、高强螺栓连接等工序的高空安全设施，随构件同时上吊就位。拆卸时的安全措施，亦应一并考虑和落实。高空吊装预应力钢筋混凝土层架、桁架等大型构件前，也应搭设悬空作业中所需的安全设施。

2）悬空安装大模板、吊装第一块预制构件、吊装单独的大中型预制构件时，必须站在操作平台上操作。吊装中的大模板和预制构件以及石棉水泥板等屋面板上，严禁站人和行走。

3）安装管道时必须有已完结构或操作平台为立足点，严禁在安装中的管道上站立和行走。

（4）模板支撑和拆卸时的悬空作业，必须遵守下列规定：

1）支模应按规定的作业程序进行，模板未固定前不得进行下一道工序。严禁在连接件和支撑件上攀登上下，并严禁在上下同一垂直面上装、拆模板。结构复杂的模板，装、拆应严格按照施工组织设计的措施进行。

2）支设高度在3m以上的柱模板，四周应设斜撑，并应设立操作平台。低于3m的可使用马凳操作。

3）支设悬挑形式的模板时，应有稳固的立足点。支设临空构筑物模板时，应搭设支架或脚手架。模板上有预留洞时，应在安装后将洞盖没。混凝土板上拆模后形成的临边或洞口，应按有关章节进行防护。拆模高处作业，应配置登高用具或搭设支架。

（5）钢筋绑扎时的悬空作业，必须遵守下列规定：

1）绑扎钢筋和安装钢筋骨架时，必须搭设脚手架和马道。

2）绑扎圈梁、挑梁、挑檐、外墙和边柱等钢筋时，应搭设操作台架和张挂安全网。悬空大梁钢筋的绑扎，必须在满铺脚手板的支架或操作平台上操作。

3）绑扎立柱和墙体钢筋时，不得站在钢筋骨架上或攀登骨架上下。3m以内的柱钢筋，可在地面或楼面上绑扎，整体竖立。绑扎3m以上的柱钢筋，必须搭设操作平台。

（6）混凝土浇筑时的悬空作业，必须遵守下列规定：

1）浇筑离地2m以上框架、过梁、雨篷和小平台时，应设操作平台，不得直接站在模板或支撑件上操作。

2）浇筑拱形结构，应自两边拱脚对称地相向进行。浇筑储仓，下口应先行封闭，并搭设脚手架以防人员坠落。

3）特殊情况下如无可靠的安全设施，必须系好安全带并扣好保险钩，或架设安全网。

（7）进行预应力张拉的悬空作业时，必须遵守下列规定：

1）进行预应力张拉时，应搭设站立操作人员和设置张拉设备的牢固可靠的脚手架或操作平台。

雨天张拉时，还应架设防雨棚。

2）预应力张拉区域标示明显的安全标志，禁止非操作人员进入。张拉钢筋的两端必须设置挡板。挡板应距所张拉钢筋的端部1.5～2m，且应高出最上一组张拉钢筋0.5m，其宽度应距张拉钢筋两外侧各不小于1m。

3）孔道灌浆应按预应力张拉安全设施的有关规定进行。

（8）悬空进行门窗作业时，必须遵守下列规定：

1）安装门、窗，油漆及安装玻璃时，严禁操作人员站在樘子、阳台栏板上操作。门、窗临时固定，封填材料未达到强度，以及电焊时，严禁手拉门、窗进行攀登。

2）在高处外墙安装门、窗，无外脚手时，应张挂安全网。无安全网时，操作人员应系好安全带，其保险钩应挂在操作人员上方的可靠物件上。

3）进行各项窗口作业时，操作人员的重心应位于室内，不得在窗台上站立，必要时应系好安全带进行操作。

（五）操作平台与交叉作业的安全防护

1. 操作平台

（1）移动式操作平台，必须符合下列规定：

1）操作平台应由专业技术人员按现行的相应规范进行设计，计算书及图纸应编入施工组织设计。

2) 操作平台的面积不应超过 $10m^2$，高度不应超过 5m。还应进行稳定验算，并采用措施减少立柱的长细比。

3) 装设轮子的移动式操作平台，轮子与平台的接合处应牢固可靠，立柱底端离地面不得超过 80mm。

4) 操作平台可用 $\Phi(48\sim51)\times3.5mm$ 钢管以扣件连接，亦可采用门架式或承插式钢管脚手架部件，按产品使用要求进行组装。平台的次梁，间距不应在于 40cm；台面应满铺 3cm 厚的木板或竹笆。

5) 操作平台四周必须按临边作业要求设置防护栏杆，并应布置登高扶梯。

（2）悬挑式钢平台，必须符合下列规定：

1) 悬挑式钢平台应按现行的相应规范进行设计，其结构构造应能防止左右晃动，计算书及图纸应编入施工组织设计。

2) 悬挑式钢平台的搁支点与上部拉结点，必须位于建筑物上，不得设置在脚手架等施工设备上。

3) 斜拉杆或钢丝绳，构造上宜两边各设前后两道，两道中的每一道均应作单道受力计算。

4) 应设置 4 个经过验算的吊环。吊运平台时应使用卡环，不得使吊钩直接钩挂吊环。吊环应用甲类 3 号沸腾钢制作。

5) 钢平台安装时，钢丝绳应采用专用的挂钩挂牢，采取其他方式时卡头的卡子不得少于 3 个。建筑物锐角利口围系钢丝绳处应加衬软垫物，钢平台外口应略高于内口。

6) 钢平台左右两侧必须装置固定的防护栏杆。

7) 钢平台吊装，需待横梁支撑点电焊固定，接好钢丝绳，调整完毕，经过检查验收，方可松卸起重吊钩，上下操作。

8) 钢平台使用时，应有专人进行检查，发现钢丝绳有锈蚀损坏应及时调换，焊缝脱焊应及时修复。

（3）操作平台上应显著地标明容许荷载值。操作平台上人员和物料的总重量，严禁超过设计的容许荷载。应配备专人加以监督。

2. 交叉作业

（1）支模、粉刷、砌墙等各工种进行上下立体交叉作业时，不得在同一垂直方向上操作。下层作业的位置，必须处于依上层高度确定的可能坠落范围半径之外。不符合以上条件时，应设置安全防护层。

（2）钢模板、脚手架等拆除时，下方不得有其他操作人员。

（3）钢模板部件拆除后，临时堆放处离楼层边沿不应小于 1m，堆放高度不得超过 1m。楼层边口、通道口、脚手架边缘等处，严禁堆放任何拆下物件。

（4）结构施工自二层起，凡人员进出的通道口（包括井架、施工用电梯的进出通道口），均应搭设安全防护棚。高度超过 24m 的层次上的交叉作业，应设双层防护。

（5）由于上方施工可能坠落物件或处于起重机把杆回转范围之内的通道，在其受影响的范围内，必须搭设顶部能防止穿透的双层防护廊。

十、电气焊（割）作业安全技术要点

（一）设备及操作

1. 设备条件

所有运行使用中的焊接、切割设备必须处于正常的工作状态，存在安全隐患（如：安全性或可靠性不足）时，必须停止使用并由维修人员修理。

2. 操作

所有的焊接与切割设备必须按制造厂提供的操作说明书或规程使用，并且还必须符合本标准要求。操作前应办理动火手续，领取动火许可证后方可进行操作，操作时需有监护人监护。

3. 责任

管理者、监督者和操作者对焊接及切割的安全实施负有各自的责任。

4. 管理者

（1）管理者必须对实施焊接及切割操作的人员及监督人员进行必要的安全培训。培训内容包括：设备的安全操作、工艺的安全执行及应急措施等。

（2）管理者有责任将焊接、切割可能引起的危害及后果以适当的方式（如：安全培训教育、口头或书面说明、警告标识等）通告给实施操作的人员。

（3）管理者必须标明允许进行焊接、切割的区域，并建立必要的安全措施。

（4）管理者必须明确在每个区域内单独的焊接及切割操作规则。并确保每个有关人员对所涉及的危害有清醒的认识并且了解相应的预防措施。

（5）管理者必须保证只使用经过认可并检查合格的设备（诸如焊割机具、调节器、调压阀、焊机、焊钳及人员防护装置）。

（二）人员管理

1. 现场管理及安全监督人员

焊接或切割现场应设置现场管理和安全监督人员。这些监督人员必须对设备的安全管理及工艺的安全执行负责。在实施监督职责的同时，他们还可担负其他职责，如：现场管理、技术指导、操作协作等。

2. 监督者必须保证：

各类防护用品得到合理使用。

在现场适当地配置防火及灭火设备。

指派火灾警戒人员。

所要求的热作业规程得到遵循。

3. 操作者

操作者应是经过电、气焊专业培训和考试合格，取得特种作业操作证的电气焊工并持证上岗。操作者应经过入场安全教育，考核合格后才能上岗作业。

操作者进入作业地点时，先检查作业环境，发现不安全因素、隐患，应及时向现场管理人员或项目部汇报，并立即处理，确认安全后再进行施工作业。对施工过程中发现危及人身安全的隐患，应立即停止作业，及时汇报现场管理人员或项目部部要求及时处理解决。现场所有安全防护设施和安全标志等，不能私自移动和拆除。

（三）人员及工作区域的防护

1. 工作区域的防护

（1）设备

焊接设备、焊机、切割机具、钢瓶、电缆及其他器具必须放置稳妥并保持良好的秩序，使之不会对附近的作业或过往人员构成妨碍。

（2）警告标志

焊接和切割区域必须予以明确标明，并且应有必要的警告标志。

（3）防护屏板

为了防止作业人员或邻近区域的其他人员受到焊接及切割电弧的辐射及飞溅伤害，应用不可燃或耐火屏板（或屏罩）加以隔离保护。

（4）焊接隔间

在准许操作的地方、焊接场所，必要时可用不可燃屏板或屏罩隔开形成焊接隔间。

（5）人身防护

在依据《个体防护装备选用规范》GB/T 11651 选择防护用品的同时，还应做考虑：眼睛及面部防护。

1）作业人员在观察电弧时，必须使用带有滤光镜的头罩或手持面罩，或佩戴安全镜、护目镜或其他合适的眼镜。辅助人员亦应佩戴类似的眼保护装置。

2）面罩及护目镜必须符合《职业眼面部防护　焊接防护第 1 部分：焊接防护具》GB/T 3609.1 的要求。

3）对于大面积观察（诸如培训、展示、演示及一些自动焊操作），可以使用一个大面积的滤光窗、幕而不必使用单个的面罩、手提罩或护目镜。窗或幕材料必须对观察者提供安全的保护效果、使其免受弧光、碎渣飞溅的伤害。

2. 身体保护

（1）防护服

防护服应根据具体的焊接和切割操作特点选择。防护服必须符合《焊接防护服》GB 15701 的要求，并可以提供足够的保护面积。

（2）手套

所有焊工和切割工必须佩戴耐火的防护手套，相关标准参见《手部防护通用技术条件及测试方法》GB/T 12624—2009。

（3）围裙

当身体前部需要对火花和辐射做附加保护时，必须使用经久耐火的皮制或其他材质的围裙。

（4）护腿

需要对腿做附加保护时，必须使用耐火的护腿或其他等效的用具。

（5）披肩、斗篷及套袖

在进行仰焊、切割或其他操作过程中，必要时必须佩戴皮制或其他耐火材质的套袖或披肩罩，也可在头罩下佩带耐火质地的斗篷以防头部灼伤。

（6）其他防护服

当噪声无法控制在《建筑施工场界环境噪声排放标准》GB 12523—2011 规定的允许声级范围内时，必须采用保护装置（诸如耳套、耳塞或用其他适当的方式保护）。

（7）呼吸保护设备

利用通风手段无法将作业区域内的空气污染降至允许限值或这类控制手段无法实施时，必须使用呼吸保护装置，如：长管面具、防毒面具等（相关标准参见《呼吸防护自吸过滤式防毒面具》GB 2890—2009《呼吸防护·长管呼吸器》GB 6220—2009）。

（四）通风

1. 充分通风

为了保证作业人员在无害的呼吸氛围内工作，所有焊接、切割、钎焊及有关的操作必须要在足够的通风条件下（包括自然通风或机械通风）进行。

2. 防止烟气流

必须采取措施避免作业人员直接呼吸到焊接操作所产生的烟气流。

3. 通风的实施

为了确保车间空气中焊接烟尘的污染程度低于 $6mg/m^3$ 的规定值，可根据需要采用各种通风手段（如：自然通风、机械通风等）。

（五）消防措施

1. 防火职责

必须明确焊接操作人员、监督人员及管理人员的防火职责，并建立切实可行的安全防火管理制度。

2. 指定的操作区域

焊接及切割应在为减少火灾隐患而设计、建造（或特殊指定）的区域内进行。因特殊原因需要在非指定的区域内进行焊接或切割操作时，必须经检查、核准。

3. 放有易燃物区域的热作业条件

焊接或切割作业只能在无火灾隐患的条件下实施。

4. 转移工件

有条件时，首先要将工件移至指定的安全区进行焊接。

5. 转移火源

工件不可移时，应将火灾隐患周围所有可移动物体移至安全位置。

6. 工件及火源无法转移

工件及火源无法转移时，要采取措施限制火源以免发生火灾，如：

（1）易燃地板要清扫干净，并以洒水、铺盖湿砂、金属薄板或类似物品的方法加以保护。

（2）地板上的所有开口或裂缝应覆盖或封好，或者采取其他措施以防地板下面的易燃物与可能由开口处落下的火花接触。对墙壁上的裂缝或开口、敞开或损坏的门、窗亦要采取类似的措施。

7. 灭火

（1）灭火器及喷水器

在进行焊接及切割操作的地方必须配置足够的灭火设备。其配置取决于现场易燃物品的性质和数量，可以是水池、沙箱、水龙带、消防栓或手提灭火器。在有喷水器的地方，在焊接或切割过程中，喷水器必须处于可使用状态。如果焊接地点距自动喷水头很近，可根据需要用不可燃的薄材或潮湿的棉布将喷头临时遮蔽。而且这种临时遮蔽要便于迅速拆除。

（2）火灾警戒人员的设置

在下列焊接或切割的作业点及可能引发火灾的地点，应设置火灾警戒人员：

1）靠近易燃物之处　建筑结构或材料中的易燃物距作业点 10m 以内。

2）开口　在墙壁或地板有开口的 10m 半径范围内（包括墙壁或地板内的隐蔽空间）放有外露的易燃物。

3）金属墙壁　靠近金属间壁、墙壁、天花板、屋顶等处另一侧易受传热或辐射而引燃的易燃物。

4）船上作业　在油箱、甲板、顶架和舱壁进行船上作业时，焊接时透过的火花、热传导可能导致隔壁舱室起火。

8. 火灾警戒职责

1）火灾警戒人员必须经过必要的消防训练，并熟知消防紧急处理程序。

2）火灾警戒人员的职责是监视作业区域内的火灾情况；在焊接或切割完成后检查并消灭可能存在的残火。

3）火灾警戒人员可以同时承担其他职责，但不得对其火灾警戒任务有干扰。

9. 装有易燃物容器的焊接或切割

当焊接或切割装有易燃物的容器时，必须采取特殊的安全措施并经严格检查批准方可作业，否则严禁开始工作。

（六）封闭空间内的安全要求

1. 在封闭空间内作业时要求采取特殊的措施。

注：封闭空间是指一种相对狭窄或受限制的空间，诸如箱体、锅炉、容器、舱室等。"封闭"意味着由于结构、尺寸、形状而导致恶劣的通风条件。

2. 封闭空间内的通风

除了正常的通风要求之外，封闭空间内的通风还要求防止可燃混合气的聚集及大气中富氧。

3. 人员的进入

（1）封闭空间内在未进行良好的通风之前禁止人员进入。如要进入，必须佩戴合适的供气呼吸设备并由戴有类似设备的他人监护。

（2）必要时在进入之前，对封闭空间要进行毒气、可燃气、有害气、氧量等的测试，确认无害后方可进入。

4. 邻近的人员

封闭空间内适宜的通风不仅必须确保焊工或切割工自身的安全，还要确保区域内所有人员的安全。

5. 使用的空气

（1）通风所使用的空气，其数量和质量必须保证封闭空间内的有害物质污染浓度低于规定值。

（2）供给呼吸器或呼吸设备的压缩空气必须满足正常的呼吸要求。

（3）呼吸器的压缩空气管必须是专用管线，不得与其他管路相连接。

（4）除了空气之外，氧气、其他气体或混合气不得用于通风。

（5）在对生命和健康有直接危害的区域内实施焊接、切割或相关工艺作业时，必须采用强制通风、供气呼吸设备或其他合适的方式。

6. 气瓶及焊接电源

在封闭空间内实施焊接及切割时，气瓶及焊接电源必须放置在封闭空间的外面。

7. 通风管

用于焊接、切割或相关工艺局部抽气通风的管道必须由不可燃材料制成。这些管道必须根据需要进行定期检查以保证其功能稳定，其内表面不得有可燃残留物。

8. 紧急信号

当作业人员从人孔或其他开口处进入封闭空间时，必须具备向外部人员提供救援信号的手段。

9. 封闭空间的监护人员

（1）在封闭空间内作业时，如存在着严重危害生命安全的气体，封闭空间外面必须设置监护人员。

（2）监护人员必须具有在紧急状态下迅速救出或保护里面作业人员的救护措施；具备实施救援行动的能力。他们必须随时监护里面作业人员的状态并与他们保持联络，备好救护设备。

（七）氧燃气焊接及切割安全

1. 一般要求

所有与乙炔相接触的部件（包括：仪表、管路、附件等）不得由铜、银以及铜（或银）含量超过70％的合金制成。

2. 氧气与可燃物的隔离

氧气瓶、气瓶阀、接头、减压器、软管及设备必须与油、润滑脂及其他可燃物或爆炸物相隔离。严禁用沾有油污的手，或带有油迹的手套去触碰氧气瓶或氧气设备。

3. 密封性试验

检验气路连接处密封性时，严禁使用明火。

4. 氧气的禁止使用

严禁用氧气代替压缩空气使用。氧气严禁用于气动工具、油预热炉、启动内燃机、吹通管路、衣服及工件的除尘，为通风而加压或类似的应用。氧气喷流严禁喷至带油的表面、带油脂的衣服或进入燃油或其他贮罐内。

5. 氧气设备

用于氧气的气瓶、设备、管线或仪器严禁用于其他气体。

6. 气体混合的附件

未经许可，禁止装设可能使空气或氧气与可燃气体在燃烧前（不包括燃烧室或焊炬内）相混合的装置或附件。

7. 焊炬及割炬

使用焊炬、割炬时，必须遵守制造商关于焊、割炬点火、调节及熄火的程序规定。点火之前，操作者应检查焊、割炬的气路是否通畅、射吸能力、气密性等。点火时应使用摩擦打火机、固定的点火器或其他适宜的火种。焊割炬不得指向人员或可燃物。

8. 软管及软管接头

用于焊接与切割输送气体的软管，如氧气软管和乙炔软管，其结构、尺寸、工作压力、机械性能、颜色必须符合《气体焊接设备　焊接、切割和类似作业橡胶软管》GB/T 2550 的要求。软管接头则必须满足《气焊设备　焊接、切割和相关工艺设备用软管接头》GB/T 5107 的要求。禁止使用泄漏、烧坏、磨损、老化或有其他缺陷的软管。

9. 减压器

（1）只有经过检验合格的减压器才允许使用。减压器的使用必须严格遵守焊接、切割及类似工艺用气瓶减压器 GB/T 7899 的有关规定。

（2）减压器只能用于设计规定的气体及压力。

（3）减压器的连接螺纹及接头必须保证减压器安在气瓶阀或软管上之后连接良好、无任何泄漏。

（4）减压器在气瓶上应安装合理、牢固。采用螺纹连接时，应拧足五个螺扣以上；采用专门的夹具压紧时，装卡应平整牢固。

（5）从气瓶上拆卸减压器之前，必须将气瓶阀关闭并将减压器内的剩余气体释放干净。

（6）同时使用两种气体进行焊接或切割时，不同气瓶减压器的出口端都应装上各自的单向阀，以防止气流相互倒灌。

（7）当减压器需要修理时，维修工作必须由经劳动、计量部门考核认可的专业人员完成。

10. 气瓶基本要求

（1）所有用于焊接与切割的气瓶都必须按有关标准及规程制造、管理、维护并使用。使用中的气瓶必须进行定期检查，使用期满或送检未合格的气瓶禁止继续使用。

（2）气瓶的充气

气瓶的充气必须按规定程序由专业部门承担，其他人不得向气瓶内充气。除气体供应者以外，其他人不得在一个气瓶内混合气体或从一个气瓶向另一个气瓶倒气。

（3）气瓶的标志

为了便于识别气瓶内的气体成分，气瓶必须按《气瓶颜色标志》GB/T 7144 规定做明显标志。其标识必须清晰、不易去除。标识模糊不清的气瓶禁止使用。

（4）气瓶的储存

1）气瓶必须储存在不会遭受物理损坏或使气瓶内储存物的温度超过 40℃ 的地方。

2）气瓶必须储放在远离电梯、楼梯或过道，不会被经过或倾倒的物体碰翻或损坏的指定地点。在储存时，气瓶必须稳固以免翻倒。

3）气瓶在储存时必须与可燃物、易燃液体隔离，并且远离容易引燃的材料（诸如木材、纸张、包装材料、油脂等）至少 6m 以上，或用至少 1.6m 高的不可燃隔板隔离。

4）现场乙炔瓶存量不要超过 5 瓶，5 瓶以上应放在储存间单独存放，并应通风良好，设有降温设施，消防设施和通道，避免阳光直射。

11. 气瓶在现场的安放、搬运及使用

（1）气瓶在使用时必须稳固竖立或装在专用车（架）或固定装置上。

气瓶不得置于受阳光暴晒、热源辐射及可能受到电击的地方。气瓶必须距离实际焊接或切割作业点足够远（一般为 5m 以上），以免接触火花、热渣或火焰，否则必须提供耐火屏障。氧气瓶、乙炔瓶与焊枪及其他明火的距离应大于 10m，两者之间的距离不小于 5m。

（2）气瓶不得置于可能使其本身成为电路一部分的区域。避免与电动机车轨道、无轨电车电线等接触。气瓶必须远离散热器、管路系统、电路排线等及可能供接地（如电焊机）的物体。禁止用电极敲击气瓶，在气瓶上引弧。

搬运气瓶时，应注意：

关紧气瓶阀，而且不得提拉气瓶上的阀门保护帽。

用吊车、起重机运送气瓶时，应使用吊架或合适的台架，不得使用吊钩、钢索或电磁吸盘。

避免可能损伤瓶体、瓶阀或安全装置的剧烈碰撞。

气瓶不得作为滚动支架或支撑重物的托架。

气瓶应配置手轮或专用扳手启闭瓶阀。气瓶在使用后不得放空，必须留有不小于 98～196kPa 表压的余气。

当气瓶冻住时，不得在阀门或阀门保护帽下面用撬杠撬动气瓶松动。应使用 40℃ 以下的温水解冻。

12. 气瓶阀的清理

将减压器接到气瓶阀门之前，阀门出口处首先必须用无油污的清洁布擦拭干净，然后快速打开阀门并立即关闭以便清除阀门上的灰尘或可能进入减压器的脏物。

清理阀门时操作者应站在排出口的侧面，不得站在其前面。不得在其他焊接作业点、存在着火花、火焰（或可能引燃）的地点附近清理气瓶阀。

13. 开启氧气瓶的特殊程序

减压器安在氧气瓶上之后，必须进行以下操作：

（1）首先调节螺杆并打开顺流管路，排放减压器的气体。

（2）其次，调节螺杆并缓慢打开气瓶阀，以便在打开阀门前使减压器气瓶压力表的指针始终慢慢地向上移动。打开气瓶阀时，应站在瓶阀气体排出方向的侧面而不要站在其前面。

（3）当压力表指针达到最高值后，阀门必须完全打开以防气体沿阀杆泄漏。

14. 乙炔气瓶的开启

开启乙炔气瓶的瓶阀时应缓慢，严禁开至超过 1.5 圈，一般只开至 3/4 圈以内以便在紧急情况下迅速关闭气瓶。

15. 使用的工具

配有手轮的气瓶阀门不得用榔头或扳手开启。

未配有手轮的气瓶，使用过程中必须在阀柄上备有把手、手柄或专用扳手，以便在紧急情况下可以迅速关闭气路。在多个气瓶组装使用时，至少要备有一把这样的扳手以备急用。

16. 其他

气瓶在使用时，其上端禁止放置物品，以免损坏安全装置或妨碍阀门的迅速关闭。使用结束后，气瓶阀必须关紧。

(八) 气瓶的故障处理

1. 泄漏

（1）如果发现燃气气瓶的瓶阀周围有泄漏，应关闭气瓶阀拧紧密封螺帽。

（2）当气瓶泄漏无法阻止时，应将燃气瓶移至室外，远离所有起火源，并做相应的警告通知。缓缓打开气瓶阀，逐渐释放内存的气体。

（3）有缺陷的气瓶或瓶阀应做适宜标识，并送专业部门修理，经检验合格后方可重新使用。

2. 火灾

（1）气瓶泄漏导致的起火可通过关闭瓶阀，采用水、湿布、灭火器等手段予以熄灭。

（2）在气瓶起火无法通过上述手段熄灭的情况下，必须将该区域做疏散，并用大量水流浇湿气瓶，使其保持冷却。

3. 汇流排的安装与操作

（1）在气体用量集中的场合可以采用汇流排供气。汇流排的设计、安装必须符合有关标准规程的要求。汇流排系统必须合理地设置回火保险器、气阀、逆止阀、减压器、滤清器、事故排放管等。安装在汇流排系统的这些部件均应经过单件或组合件的检验认可，并证明符合汇流排系统的安全要求。

（2）气瓶汇流排的安装必须在对其结构和使用熟悉的人员监督下进行。

（3）乙炔气瓶和液化气气瓶必须在直立位置上汇流。与汇流排连接并供气的气瓶，其瓶内的压力应基本相等。

(九) 电弧焊接及切割安全

1. 一般要求

根据工作情况选择弧焊设备时，必须要考虑到焊接的各方面安全因素。进行电弧焊接与切割时所使用的设备必须符合相应的焊接设备标准规定，还必须满足《弧焊设备第1部分：焊接电源》GB 15579.1 的安全要求。操作人员必须持有相应的资格证书才可进行作业。

2. 弧焊设备的安装

弧焊设备的安装必须在符合《电气设备安全设计导则》GB/T 25295—2010 规定的基础上，满足下列要求。

（1）设备的工作环境与其技术说明书规定相符，安放在通风、干燥、无碰撞或无剧烈震动、无高温、无易燃品存在的地方。

（2）在特殊环境条件下（如：室外的雨雪中；温度、湿度、气压超出正常范围或具有腐蚀、爆炸危险的环境），必须对设备采取特殊的防护措施以保证其正常的工作性能。

（3）当特殊工艺需要高于规定的空载电压值时，必须对设备提供相应的绝缘方法（如：采用空载自动断电保护装置）或其他措施。

（4）弧焊设备外露的带电部分必须设置完好的保护，以防人员或金属物体（如：货车、起重机吊钩等）与之相接触。

3. 接地

（1）焊机必须以正确的方法接地（或接零）。接地（或接零）装置必须连接良好，永久性的接地（或接零）应做定期检查。

（2）禁止使用氧气、乙炔等易燃易爆气体管道作为接地装置。

（3）在有接地（或接零）装置的焊件上进行弧焊操作，或焊接与大地密切连接的焊件（如：管道、房屋的金属支架等）时，应特别注意避免焊机和工件的双重接地。

4. 焊接回路

（1）构成焊接回路的焊接电缆必须适合于焊接的实际操作条件。

（2）构成焊接回路的电缆外皮必须完整、绝缘良好（绝缘电阻大于 $1M\Omega$）。用于高频、高压振荡器设备的电缆，必须具有相应的绝缘性能。

（3）焊机的电缆应使用整根导线，尽量不带连接接头。需要接长导线时，接头处要连接牢固、绝缘良好。

（4）构成焊接回路的电缆禁止搭在气瓶等易燃品上，禁止与油脂等易燃物质接触。在经过通道、马路时，必须采取保护措施（如：使用保护套）。

（5）能导电的物体（如：管道、轨道、金属支架、暖气设备等）不得用作焊接回路的永久部分。但在建造、延长或维修时可以考虑作为临时使用，其前提是必须经检查确认所有接头处的电气连接良好，任何部位不会出现火花或过热。此外，必须采取特殊措施以防事故的发生。锁链、钢丝绳、起重机、卷扬机或升降机不得用来传输焊接电流。

5. 操作

（1）安全操作规程

指定操作或维修弧焊设备的作业人员必须了解、掌握并遵守有关设备安全操作规程及作业标准。此外，还必须熟知本标准的有关安全要求（诸如：人员防护、通风、防火等内容）。

（2）连线的检查

完成焊机的接线后，在开始操作设备之前必须检查一下每个安装的接头以确认其连接良好。其内容包括：

线路连接正确合理，接地必须符合规定要求。

磁性工件夹爪在其接触面上不得有附着的金属颗粒及飞溅物；

盘卷的焊接电缆在使用之前应展开以免过热及绝缘损坏；

需要交替使用不同长度电缆时应配备绝缘接头，以确保不需要时无用的长度可被断开。

（3）泄漏

不得有影响焊工安全的任何冷却水、保护气或机油的泄漏。

（4）工作中止

（5）移动焊机

需要移动焊机时，必须首先切断其输入端的电源。

（6）不使用的设备

金属焊条和碳极在不用时必须从焊钳上取下以消除人员或导电物体的触电危险。焊钳在不使用时必须置于与人员、导电体、易燃物体或压缩空气瓶接触不到的地方。半自动焊机的焊枪在不使用时亦必须妥善放置以免使枪体开关意外启动。

（7）电击

在有电气危险的条件下进行电弧焊接或切割时，操作人员必须注意遵守下述原则：

1）带电金属部件

禁止焊条或焊钳上带电金属部件与身体相接触。

2）绝缘

焊工必须用干燥的绝缘材料保护自己免除与工件或地面可能产生的电接触。在坐位或俯位工作时，必须采用绝缘方法防止与导电体的大面积接触。

3）手套

要求使用状态良好的、足够干燥的手套。

4）焊钳和焊枪

焊钳必须具备良好的绝缘性能和隔热性能，并且维修正常。

如果枪体漏水或渗水会严重威胁焊工安全时，禁止使用水冷式焊枪。

5）水浸

焊钳不得在水中浸透冷却。

6）更换电极

更换电极或喷嘴时，必须关闭焊机的输出端。

7）其他禁止的行为

焊工不得将焊接电缆缠绕在身上。

6. 维护

所有的弧焊设备必须随时维护，保持在安全的工作状态。当设备存在缺陷或安全危害时必须中止使用，直到其安全性得到保证为止。修理必须由认可的人员进行。

（1）焊接设备

焊接设备必须保持良好的机械及电气状态。整流器必须保持清洁。

1）检查

为了避免可能影响通风、绝缘的灰尘和纤维物积聚，对焊机应经常检查、清理。电气绕组的通风口也要做类似的检查和清理。发电机的燃料系统应进行检查，防止可能引起生锈的漏水和积水。旋转和活动部件应保持适当的维护和润滑。

2）露天设备

为了防止恶劣气候的影响，露天使用的焊接设备应予以保护。保护罩不得妨碍其散热通风。

3）修改

当需要对设备做修改时，应确保设备的修改或补充不会因设备电气或机械额定值的变化而降低其安全性能。

（2）潮湿的焊接设备

已经受潮的焊接设备在使用前必须彻底干燥并经适当试验。设备不使用时应贮存在清洁干燥的地方。

（3）焊接电缆

焊接电缆必须经常进行检查。损坏的电缆必须及时更换或修复。更换或修复后的电缆必须具备合适的强度、绝缘性能、导电性能和密封性能。电缆的长度可根据实际需要连接，其连接方法必须具备合适的绝缘性能。

十一、现场防火安全技术要点

（一）要求

建设工程施工现场的防火，必须遵循国家有关方针、政策，针对不同施工现场的火灾特点，立足自防自救，采取可靠防火措施，做到安全可靠、经济合理、方便适用。

（二）目的

建设工程施工现场要预防火灾，减少火灾危害，保护人身和财产安全。

（三）总平面布局

1. 一般规定

（1）临时用房、临时设施的布置应满足现场防火、灭火及人员安全疏散的要求。

（2）下列临时用房和临时设施应纳入施工现场总平面布局：

1）施工现场的出入口、围墙、围挡；

2）场内临时道路；

3）给水管网或管路和配电线路敷设或架设的走向、高度；

4）施工现场办公用房、宿舍、发电机房、配电房、可燃材料库房、易燃易爆危险品库房、可燃材料堆场及其加工场、固定动火作业场等；

5）临时消防车道、消防救援场地和消防水源。

（3）施工现场出入口的设置应满足消防车通行的要求，并宜布置在不同方向，其数量不宜少于2个。当确有困难只能设置1个出入口时，应在施工现场内设置满足消防车通行的环形道路。

（4）施工现场临时办公、生活、生产、物料存贮等功能区宜相对独立布置。

（5）固定动火作业场应布置在可燃材料堆场及其加工场、易燃易爆危险品库房等全年最小频率风向的上风侧；宜布置在临时办公用房、宿舍、可燃材料库房、在建工程等全年最小频率风向的上风侧。

（6）易燃易爆危险品库房应远离明火作业区、人员密集区和建筑物相对集中区。

（7）可燃材料堆场及其加工场、易燃易爆危险品库房不应布置在架空电力线下。

2. 防火间距

（1）易燃易爆危险品库房与在建工程的防火间距不应小于 15m，可燃材料堆场及其加工场、固定动火作业场与在建工程的防火间距不应小于 10m，其他临时用房、临时设施与在建工程的防火间距不应小于 6m。

（2）施工现场主要临时用房、临时设施的防火间距不应小于表 6-14 的规定，当办公用房、宿舍成组布置时，其防火间距可适当减小，但应符合以下要求：

1）每组临时用房的栋数不应超过 10 栋，组与组之间的防火间距不应小于 8m。

2）组内临时用房之间的防火间距不应小于 3.5m；当建筑构件燃烧性能等级为 A 级时，其防火间距可减少到 3m。

施工现场主要临时临时用房、临时设施的防火间距（m）　　　　表 6-14

名称间距	办公用房、宿舍	发电机房、变配电房	可燃材料库房	厨房操作间、锅炉房	可燃材料堆场及其加工场	固定动火作业场	易燃易爆危险品库房
办公用房、宿舍	4	4	5	5	7	7	10
发电机房、变配电房	4	4	5	5	7	7	10
可燃材料库房	5	5	5	5	7	7	10
厨房操作间、锅护房	5	5	5	5	7	7	10
可燃材料堆场及其加工场	7	7	7	7	7	10	10
固定动火作业场	7	7	7	7	10	10	12
易燃易爆危险品库房	10	10	10	10	10	12	12

注：1. 临时用房、临时设施的防火间距应按临时用房外墙外边线或堆场、作业场、作业棚边线间的最小距离计算，如临时用房外墙有突出可燃构件时，应从其突出可燃构件的外缘算起。

2. 两栋临时用房相邻较高一面的外墙为防火墙时，防火间距不限。

3. 本表未规定的，可按同等火灾危险性的临时用房、临时设施的防火间距确定。

（3）消防车道

1）施工现场内应设置临时消防车道，临时消防车道与在建工程、临时用房、可燃材料堆场及其加工场的距离，不宜小于 5m，且不宜大于 40m；施工现场周边道路满足消防车通行及灭火救援要求时，施工现场内可不设置临时消防车道。

2）临时消防车道的设置应符合下列规定：

① 临时消防车道宜为环形，如设置环形车道确有困难，应在消防车道尽端设置尺寸不小于 12m×12m 的回车场。

② 临时消防车道的净宽度和净空高度均不应小于 4m。

③ 临时消防车道的右侧应设置消防车行进路线指示标识。

④ 临时消防车道路基、路面及其下部设施应能承受消防车通行压力及工作荷载。

（4）下列建筑应设置环形临时消防车道

1）建筑高度大于 24m 的在建工程。

2）建筑工程单体占地面积大于 3000 m² 的在建工程。

3）超过 10 栋，且为成组布置的临时用房。

（5）临时消防救援场地的设置应符合下列要求：

1）临时消防救援场地应在在建工程装饰装修阶段设置。

2）临时消防救援场地应设置在成组布置的临时用房场地的长边一侧及在建工程的长边一侧。

3）场地宽度应满足消防车正常操作要求且不应小于 6m，与在建工程外脚手架的净距不宜小于 2m，且不宜超过 6m。

（四）建筑防火

1. 一般规定

（1）临时用房和在建工程应采取可靠的防火分隔和安全疏散等防火技术措施。

（2）临时用房的防火设计应根据其使用性质及火灾危险性等情况进行确定。

（3）在建工程防火设计应根据施工性质、建筑高度、建筑规模及结构特点等情况进行确定。

2. 临时用房防火

（1）宿舍、办公用房的防火设计应符合下列规定：

1）建筑构件的燃烧性能等级应为 A 级。当采用金属夹芯板材时，其芯材的燃烧性能等级应为 A 级。

2）建筑层数不应超过 3 层，每层建筑面积不应大于 300m²。

3）层数为 3 层或每层建筑面积大于 200m² 时，应设置不少于 2 部疏散楼梯，房间疏散门至疏散楼梯的最大距离不应大于 25m。

4）单面布置用房时，疏散走道的净宽度不应小于 1.0m；双面布置用房时，疏散走道的净宽度不应小于 1.5m。

5）疏散楼梯的净宽度不应小于疏散走道的净宽度。

6）宿舍房间的建筑面积不应大于 30m²，其他房间的建筑面积不宜大于 100m²。

7）房间内任一点至最近疏散门的距离不应大于 15m，房门的净宽度不应小于 0.8m，房间建筑面积超过 50m² 时，房门的净宽度不应小于 1.2m。

8）隔墙应从楼地面基层隔断至顶板基层底面。

（2）发电机房、变配电房、厨房操作间、锅炉房、可燃材料库房及易燃易爆危险品库房的防火设计应符合下列规定：

1）建筑构件的燃烧性能等级应为 A 级。

2）层数应为 1 层，建筑面积不应大于 200m²。

3）可燃材料库房单个房间的建筑面积不应超过 30m²，易燃易爆危险品库房单个房间的建筑面积不应超过 20m²。

4）房间内任一点至最近疏散门的距离不应大于 10m，房门的净宽度不应小于 0.8m。

（3）其他防火设计应符合下列规定：

1）宿舍、办公用房不应与厨房操作间、锅炉房、变配电房等组合建造。

2）会议室、文化娱乐室等人员密集的房间应设置在临时用房的第一层，其疏散门应向疏散方向开启。

3. 在建工程防火

（1）在建工程作业场所的临时疏散通道应采用不燃、难燃材料建造并与在建工程结构施工同步设置，也可利用在建工程施工完毕的水平结构、楼梯。

（2）在建工程作业场所临时疏散通道的设置应符合下列规定：

1）耐火极限不应低于 0.5h。

2）设置在地面上的临时疏散通道，其净宽度不应小于 1.5m；利用在建工程施工完毕的水平结构、楼梯作临时疏散通道，其净宽度不应小于 1.0m；用于疏散的爬梯及设置在脚手架上的临时疏散通道，其净宽度不应小于 0.6m。

3）临时疏散通道为坡道时，且坡度大于 25°时，应修建楼梯或台阶踏步或设置防滑条。

4）临时疏散通道不宜采用爬梯，确需采用爬梯时，应有可靠固定措施。

5）临时疏散通道的侧面如为临空面，必须沿临空面设置高度不小于 1.2m 的防护栏杆。

6）临时疏散通道设置在脚手架上时，脚手架应采用不燃材料搭设。

7）临时疏散通道应设置明显的疏散指示标识。

8）临时疏散通道应设置照明设施。

（3）既有建筑进行扩建、改建施工时，必须明确划分施工区和非施工区。施工区不得营业、使用和居住；非施工区继续营业、使用和居住时，应符合下列要求：

1）施工区和非施工区之间应采用不开设门、窗、洞口的耐火极限不低于 3.0h 的不燃烧体隔墙进行防火分隔。

2）非施工区内的消防设施应完好和有效，疏散通道应保持畅通，并应落实日常值班及消防安全管理制度。

3）施工区的消防安全应配有专人值守，发生火情应能立即处置。

4）施工单位应向居住和使用者进行消防宣传教育、告知建筑消防设施、疏散通道的位置及使用方法，同时应组织进行疏散演练。

5）外脚手架搭设不应影响安全疏散、消防车正常通行及灭火救援操作；外脚手架搭设长度不应超过该建筑物外立面周长的 1/2。

（4）外脚手架、支模架的架体宜采用不燃或难燃材料搭设，其中，下列工程的外脚手架、支模架的架体应采用不燃材料搭设：

1）高层建筑。

2）既有建筑改造工程。

（5）下列安全防护网应采用阻燃型安全防护网：

1）高层建筑外脚手架的安全防护网。

2）既有建筑外墙改造时，其外脚手架的安全防护网。

3）临时疏散通道的安全防护网。

（6）作业场所应设置明显的疏散指示标志，其指示方向应指向最近的临时疏散通道入口，作业层的醒目位置应设置安全疏散示意图。

(五) 临时消防设施

1. 一般规定

(1) 施工现场应设置灭火器、临时消防给水系统和临时消防应急照明等临时消防设施。

(2) 临时消防设施应与在建工程的施工同步设置。房屋建筑工程中，临时消防设施的设置与在建工程主体结构施工进度的差距不应超过 3 层。

(3) 施工现场在建工程可利用已具备使用条件的永久性消防设施作为临时消防设施。当永久性消防设施无法满足使用要求时，应增设临时消防设施。

(4) 施工现场的消火栓泵应采用专用消防配电线路。专用消防配电线路应自施工现场总配电箱的总断路器上端接入，且应保持不间断供电。

(5) 地下工程的施工作业场所宜配备防毒面具。

(6) 临时消防给水系统的贮水池、消火栓泵、室内消防竖管及水泵接合器等，应设有醒目标识。

2. 灭火器

(1) 在建工程及临时用房的下列场所应配置灭火器：

易燃易爆危险品存放及使用场所；动火作业场所；可燃材料存放、加工及使用场所；厨房操作间、锅炉房、发电机房、变配电房、设备用房、办公用房、宿舍等临时用房；其他具有火灾危险的场所。

(2) 施工现场灭火器配置应符合下列规定：

1) 灭火器的类型应与配备场所可能发生的火灾类型相匹配。

2) 灭火器的最低配置标准应符合表 6-15-1 的规定。

灭火器最低配置标准　　　　　　　　　　　　　表 6-15-1

项目	固体物质火灾		液体或可熔化固体物质火灾、气体火灾	
	单具灭火器最小灭火级别	单位灭火级别最大保护面积（m²/A）	单具灭火器最小灭火级别	单位灭火级别最大保护面积（m²/B）
易燃、易爆危险品存放及使用场所	3A	50	89B	0.5
固定动火作业场	3A	50	89B	0.5
临时动火作业点	2A	50	55B	0.5
可燃材料存放、加工及使用场所	2A	75	55B	1.0
厨房操作间、锅炉房	2A	75	55B	1.0
自备发电机房	2A	75	55B	1.0
变配电房	2A	75	55B	1.0
办公用房、宿舍	1A	100	—	—

3) 灭火器的配置数量应按照《建筑灭火器配置设计规范》GB 50140 经计算确定，且每个场所的灭火器数量不应少于 2 具。

4）灭火器的最大保护距离应符合表 6-15-2 的规定。

灭火器的最大保护距离（m）　　　　　　表 6-15-2

灭火器配置场所	固体物质火灾	液体或可熔化固体物质火灾、气体火灾
易燃、易爆危险品存放及使用场所	15	9
固定动火作业场	15	9
临时动火作业点	10	6
可燃材料存放、加工及使用场所	20	12
厨房操作间、锅炉房	20	12
发电机房、变配电房	20	12
办公用房、宿舍等	25	—

3. 临时消防给水系统

（1）施工现场或其附近应设置稳定、可靠的水源，并应能满足施工现场临时消防用水的需要。消防水源可采用市政给水管网或天然水源。当采用天然水源时，应采取措施确保冰冻季节、枯水期最低水位时顺利取水，并满足临时消防用水量的要求。

（2）临时消防用水量应为临时室外消防用水量与临时室内消防用水量之和。

（3）临时室外消防用水量应按临时用房和在建工程的临时室外消防用水量的较大者确定，施工现场火灾次数可按同时发生 1 次确定。

（4）临时用房建筑面积之和大于 1000m² 或在建工程单体体积大于 10000m³ 时，应设置临时室外消防给水系统。当施工现场处于市政消火栓 150m 保护范围内且市政消火栓的数量满足室外消防用水量要求时，可不设置临时室外消防给水系统。

（5）临时用房的临时室外消防用水量不应小于表 6-16 的规定：

临时用房的临时室外消防用水量　　　　　　表 6-16

临时用房的建筑面积之和	火灾延续时间（h）	消火栓用水量（L/s）	每支水枪最小流量（L/s）
1000m²＜面积≤5000m²	1	10	5
面积＞5000m²		15	5

（6）在建工程的临时室外消防用水量不应小于表 6-17 的规定：

在建工程的临时室外消防用水量　　　　　　表 6-17

在建工程（单体）体积	火灾延续时间（h）	消火栓用水量（L/s）	每支水枪最小流量（L/s）
10000m³＜体积≤30000m³	1	15	5
体积＞30000m³	2	20	5

（7）施工现场临时室外消防给水系统的设置应符合下列要求：

1）给水管网宜布置成环状。

2）临时室外消防给水干管的管径应依据施工现场临时消防用水量和干管内水流计算

速度进行计算确定，且不应小于 $DN100$。

3）室外消火栓应沿在建工程、临时用房及可燃材料堆场及其加工场均匀布置，距在建工程、临时用房及可燃材料堆场及其加工场的外边线不应小于 5m。

4）消火栓的间距不应大于 120m。

5）消火栓的最大保护半径不应大于 150m。

（8）建筑高度大于 24m 或单体体积超过 30000m³ 的在建工程，应设置临时室内消防给水系统。

（9）在建工程的临时室内消防用水量不应小于表 6-18 的规定：

在建工程的临时室内消防用水量
表 6-18

建筑高度、在建工程体积 （单位）	火灾延续时间 （h）	消火栓用水量 （L/s）	每支水枪最小 流量（L/s）
24m＜建筑高度≤50m 或 30000m³＜体积≤50000m³	1	10	5
建筑高度＞50m 或体积＞50000m³	1	15	5

（10）在建工程室内临时消防竖管的设置应符合下列要求：

1）消防竖管的设置位置应便于消防人员操作，其数量不应少于 2 根，当结构封顶时，应将消防竖管设置成环状。

2）消防竖管的管径应根据在建工程临时消防用水量、竖管内水流计算速度进行计算确定，且不应小于 $DN100$。

（11）设置室内消防给水系统的在建工程，应设消防水泵接合器。消防水泵接合器应设置在室外便于消防车取水的部位，与室外消火栓或消防水池取水口的距离宜为 15～40m。

（12）设置临时室内消防给水系统的在建工程，各结构层均应设置室内消火栓接口及消防软管接口，并应符合下列要求：

1）消火栓接口及软管接口应设置在位置明显且易于操作的部位。

2）消火栓接口的前端应设置截止阀。

3）消火栓接口或软管接口的间距，多层建筑不大于 50m，高层建筑不大于 30m。

（13）在建工程结构施工完毕的每层楼梯处，应设置消防水枪、水带及软管，且每个设置点不少于 2 套。

（14）高度超过 100m 的在建工程，应在适当楼层增设临时中转水池及加压水泵。中转水池的有效容积不应少于 10m³，上下两个中转水池的高差不宜超过 100m。

（15）临时消防给水系统的给水压力应满足消防水枪充实水柱长度不小于 10m 的要求；给水压力不能满足要求时，应设置消火栓泵，消火栓泵不应少于 2 台，且应互为备用；消火栓泵宜设置自动启动装置。

（16）当外部消防水源不能满足施工现场的临时消防用水量要求时，应在施工现场设置临时贮水池。临时贮水池宜设置在便于消防车取水的部位，其有效容积不应小于施工现场火灾延续时间内一次灭火的全部消防用水量。

（17）施工现场临时消防给水系统应与施工现场生产、生活给水系统合并设置，但应设置将生产、生活用水转为消防用水的应急阀门。应急阀门不应超过 2 个，且应设置在易于操作的场所，并设置明显标识。

（18）严寒和寒冷地区的现场临时消防给水系统，应采取防冻措施。

4. 应急照明

（1）施工现场的下列场所应配备临时应急照明。

1）自备发电机房及变、配电房。

2）水泵房。

3）无天然采光的作业场所及疏散通道。

4）高度超过 100m 的在建工程的室内疏散通道。

5）发生火灾时仍需坚持工作的其他场所。

（2）作业场所应急照明的照度不应低于正常工作所需照度的 90%，疏散通道的照度值不应小于 0.5lx。

（3）临时消防应急照明灯具宜选用自备电源的应急照明灯具，自备电源的连续供电时间不应小于 60min。

（六）防火管理

1. 一般规定

（1）施工现场的消防安全管理由施工单位负责。实行施工总承包的，由总承包单位负责。分包单位应向总承包单位负责，并应服从总承包单位的管理，同时应承担国家法律、法规规定的消防责任和义务。

（2）监理单位应对施工现场的消防安全管理实施监理。

（3）施工单位应根据建设项目规模、现场消防安全管理的重点，在施工现场建立消防安全管理组织机构及义务消防组织，并应确定消防安全负责人和消防安全管理人，同时应落实相关人员的消防安全管理责任。

（4）施工单位应针对施工现场可能导致火灾发生的施工作业及其他活动，制订消防安全管理制度。消防安全管理制度应包括下列主要内容：

1）消防安全教育与培训制度。

2）可燃物及易燃易爆危险品管理制度。

3）用火、用电、用气管理制度。

4）消防安全检查制度。

5）应急预案演练制度。

（5）施工单位应编制施工现场防火技术方案，并应根据现场情况变化及时对其修改、完善。防火技术方案应包括下列主要内容：

1）施工现场重大火灾危险源辨识。

2）施工现场防火技术措施。

3）临时消防设施、临时疏散设施配备。

4）临时消防设施和消防警示标识布置图。

（6）施工单位应编制施工现场灭火及应急疏散预案。灭火及应急疏散预案应包括下列主要内容：

1）应急灭火处置机构及各级人员应急处置职责。

2）报警、接警处置的程序和通信联络的方式。

3）扑救初起火灾的程序和措施。

4）应急疏散及救援的程序和措施。

（7）施工人员进场前，施工现场的消防安全管理人员应向施工人员进行消防安全教育和培训。防火安全教育和培训应包括下列内容：

1）施工现场消防安全管理制度、防火技术方案、灭火及应急疏散预案的主要内容。

2）施工现场临时消防设施的性能及使用、维护方法。

3）扑灭初起火灾及自救逃生的知识和技能。

4）报火警、接警的程序和方法。

（8）施工作业前，施工现场的施工管理人员应向作业人员进行消防安全技术交底。消防安全技术交底应包括下列主要内容：

1）施工过程中可能发生火灾的部位或环节。

2）施工过程应采取的防火措施及应配备的临时消防设施。

3）初起火灾的扑救方法及注意事项。

4）逃生方法及路线。

（9）施工过程中，施工现场的消防安全负责人应定期组织消防安全管理人员对施工现场的消防安全进行检查。消防安全检查应包括下列主要内容：

1）可燃物及易燃易爆危险品的管理是否落实。

2）动火作业的防火措施是否落实。

3）用火、用电、用气是否存在违章操作，电、气焊及保温防水施工是否执行操作规程。

4）临时消防设施是否完好有效。

5）临时消防车道及临时疏散设施是否畅通。

（10）施工单位应依据灭火及应急疏散预案，定期开展灭火及应急疏散的演练。

（11）施工单位应做好并保存施工现场消防安全管理的相关文件和记录，建立现场消防安全管理档案。

2. 可燃物及易燃、易爆危险品管理

（1）用于在建工程的保温、防水、装饰及防腐等材料的燃烧性能等级，应符合设计要求。

（2）可燃材料及易燃、易爆危险品应按计划限量进场。进场后，可燃材料宜存放于库房内，如露天存放时，应分类成垛堆放，垛高不应超过 2m，单垛体积不应超过 $50m^3$，垛与垛之间的最小间距不应小于 2m，且采用不燃或难燃材料覆盖；易燃、易爆危险品应分类专库储存，库房内通风良好，并设置严禁明火标志。

（3）室内使用油漆及其有机溶剂、乙二胺、冷底子油或其他可燃、易燃、易爆危险品的物资作业时，应保持良好通风，作业场所严禁明火，并应避免产生静电。

（4）施工产生的可燃、易燃建筑垃圾或余料，应及时清理。

3. 用火、用电、用气管理

（1）施工现场用火，应符合下列要求：

1）动火作业应办理动火许可证；动火许可证的签发人收到动火申请后，应前往现场查验并确认动火作业的防火措施落实后，方可签发动火许可证。

2）动火操作人员应具有相应资格。

3）焊接、切割、烘烤或加热等动火作业前，应对作业现场的可燃物进行清理；对于作业现场及其附近无法移走的可燃物，应采用不燃材料对其覆盖或隔离。

4）施工作业安排时，宜将动火作业安排在使用可燃建筑材料的施工作业前进行。确需在使用可燃建筑材料的施工作业之后进行动火作业，应采取可靠的防火措施。

5）裸露的可燃材料上严禁直接进行动火作业。

6）焊接、切割、烘烤或加热等动火作业，应配备灭火器材，并设动火监护人进行现场监护，每个动火作业点均应设置一个监护人。

7）五级（含五级）以上风力时，应停止焊接、切割等室外动火作业，否则应采取可靠的挡风措施。

8）动火作业后，应对现场进行检查，确认无火灾危险后，动火操作人员方可离开。

9）具有火灾、爆炸危险的场所严禁明火。

10）施工现场不应采用明火取暖。

11）厨房操作间炉灶使用完毕后，应将炉火熄灭，排油烟机及油烟管道应定期清理油垢。

（2）施工现场用电，应符合下列要求：

1）施工现场供用电设施的设计、施工、运行、维护应符合现行国家标准《建设工程施工现场供用电安全规范》GB50194 的要求。

2）电气线路应具有相应的绝缘强度和机械强度，严禁使用绝缘老化或失去绝缘性能的电气线路，严禁在电气线路上悬挂物品。破损、烧焦的插座、插头应及时更换。

3）电气设备与可燃、易燃、易爆和腐蚀性物品应保持一定的安全距离。

4）有爆炸和火灾危险的场所，按危险场所等级选用相应的电气设备。

5）配电屏上每个电气回路应设置漏电保护器、过载保护器，距配电屏 2m 范围内不应堆放可燃物，5m 范围内不应设置可能产生较多易燃、易爆气体、粉尘的作业区。

6）可燃材料库房不应使用高热灯具，易燃、易爆危险品库房内应使用防爆灯具。

7）普通灯具与易燃物距离不宜小于 300mm；聚光灯、碘钨灯等高热灯具与易燃物距离不宜小于 500mm。

8）电气设备不应超负荷运行或带故障使用。

9）禁止私自改装现场供用电设施。

10）应定期对电气设备和线路的运行及维护情况进行检查。

（3）施工现场用气，应符合下列要求：

1）储装气体的罐瓶及其附件应合格、完好和有效；严禁使用减压器及其他附件缺损的氧气瓶，严禁使用乙炔专用减压器、回火防止器及其他附件缺损的乙炔瓶。

2）气瓶运输、存放、使用时，应符合下列规定：

①气瓶应保持直立状态，并采取防倾倒措施，乙炔瓶严禁横躺卧放。

②严禁碰撞、敲打、抛掷、滚动气瓶。

③气瓶应远离火源，距火源距离不应小于 10m，并应采取避免高温和防止暴晒的措施。

④燃气储装瓶罐应设置防静电装置。

3）气瓶应分类储存，库房内通风良好；空瓶和实瓶同库存放时，应分开放置，两者间距不应小于 1.5m。

4）气瓶使用时，应符合下列规定：

① 使用前，应检查气瓶及气瓶附件的完好性，检查连接气路的气密性，并采取避免气体泄漏的措施，严禁使用已老化的橡皮气管。

② 氧气瓶与乙炔瓶的工作间距不应小于 5m，气瓶与明火作业点的距离不应小于 10m。

③ 冬季使用气瓶，如气瓶的瓶阀、减压器等发生冻结，严禁用火烘烤或用铁器敲击瓶阀，禁止猛拧减压器的调节螺丝。

④ 氧气瓶内剩余气体的压力不应小于 0.1MPa。

⑤ 气瓶用后，应及时归库。

4. 其他施工管理

（1）施工现场的重点防火部位或区域，应设置防火警示标识。

（2）施工单位应做好施工现场临时消防设施的日常维护工作，对已失效、损坏或丢失的消防设施，应及时更换、修复或补充。

（3）临时消防车道、临时疏散通道、安全出口应保持畅通，不得遮挡、挪动疏散指示标识，不得挪用消防设施。

（4）施工期间，临时消防设施及临时疏散设施不应被拆除。

（5）施工现场严禁吸烟。

十二、季节性施工安全技术要点

（一）雨期施工

1. 雨期施工的气象知识

（1）雨量

它是用积水的高度来表示的，即假定所下的雨既不流到别处，又不蒸发，也不渗到土里，其所积累的高度。一天雨量的多少称为降水强度。

（2）降水强度的划分

按照降水强度的大小划分为小雨、中雨、大雨、暴雨等 6 个等级。降雨等级见表 6-19。

2. 雨期施工的准备工作

由于雨期施工持续时间较长，而且大雨、大风等恶劣天气具有突然性，因此应认真编制好雨期施工的安全技术措施，做好雨期施工的各项准备工作。

（1）合理组织施工

根据雨期施工的特点，将不宜在雨期施工的工程提早或延后安排，对必须在雨期施工的工程制定有效的措施。晴天抓紧室外作业，雨天安排室内工作。注意天气预报，做好防汛准备。遇到大雨、大雾、雷击和 6 级以上大风等恶劣天气，应当停止进行露天高处、起重吊装和打桩等作业。暑期作业应当调整作息时间，从事高温作业的场所应当采取通风和降温措施。

降雨等级表

表 6-19

降雨等级	现 象 描 述	时段降雨量	
		半天总量	一天总量
小　雨	雨能使地面潮湿，但不泥泞	0.1～4.9	0.1～9.9
中　雨	雨降到屋面上有淅淅声，凹地积水	5.0～14.9	10.0～24.9
大　雨	降雨如倾盆，落地四溅，平地积水	15.0～29.9	25.0～49.9
暴　雨	降雨比大雨还猛，能造成山洪暴发	30.0～69.9	50.0～99.9
大暴雨	降雨比暴雨还大，或时间长，能造成洪涝灾害	70.0～140.0	100.0～250.0
特大暴雨	降雨比大暴雨还大，能造成洪涝灾害	＞140.0	＞250.0

（2）做好施工现场的排水

1）根据施工总平面图、排水总平面图，利用自然地形确定排水方向，按规定坡度挖好排水沟，确保施工工地排水畅通。

2）应严格按防汛要求，设置连续、通畅的排水设施和其他应急设施，防止泥浆、污水、废水外流或堵塞下水道和排水河沟。

3）若施工现场临近高地，应在高地的边缘（现场的上侧）挖好截水沟，防止洪水冲入现场。

4）雨期前应做好傍山的施工现场边缘的危石处理，防止滑坡、塌方威胁工地。

5）雨期应设专人负责，及时疏浚排水系统，确保施工现场排水畅通。

（3）运输道路

1）临时道路应起拱 5‰，两侧做宽 300mm、深 200mm 的排水沟。

2）对路基易受冲刷部分，应铺石块、焦渣、砾石等渗水防滑材料，或者设涵管排泄，保证路基的稳固。

3）雨期应指定专人负责维修路面，对路面不平或积水处应及时修好。

4）场区内主要道路应当硬化。

（4）临时设施及其他施工准备工作

1）施工现场的大型临时设施，在雨期前应整修加固完毕，应保证不漏、不塌、不倒，周围不积水，严防水冲入设施内。选址要合理，避开滑坡、泥石流、山洪、坍塌等灾害地段。大风和大雨后，应当检查临时设施地基和主体结构情况，发现问题及时处理。

2）雨期前应清除沟边多余的弃土，减轻坡顶压力。

3）雨后应及时对坑槽沟边坡和固壁支撑结构进行检查，深基坑应当派专人进行认真测量、观察边坡情况，如果发现边坡有裂缝、疏松、支撑结构折断、走动等危险征兆，应当立即采取措施。

4）雨期施工中遇到气候突变，发生暴雨、水位暴涨、山洪暴发或因雨发生坡道打滑等情况时应当停止土石方机械作业施工。

5) 雷雨天气不得露天进行电力爆破土石方，如中途遇到雷电时，应当迅速将雷管的脚线、电线主线两端连成短路。

6) 大风大雨后作业，应当检查起重机械设备的基础、塔身的垂直度、缆风绳和附着结构，以及安全保险装置并先试吊，确认无异常方可作业。轨道式塔机，还应对轨道基础进行全面检查，检查轨距偏差、轨顶倾斜度、轨道基础沉降、钢轨不直度和轨道通过性能等。

7) 落地式钢管脚手架底应当高于自然地坪 50mm，并夯实整平，留一定的散水坡度，在周围设置排水措施，防止雨水浸泡脚手架。

8) 遇到大雨、大雾、高温、雷击和 6 级以上大风等恶劣天气，应当停止脚手架的搭设和拆除作业。

3. 雨期施工的用电与防雷

（1）雨期施工的用电

1) 各种露天使用的电气设备应选择较高的干燥处放置。

2) 机电设备（配电盘、闸箱、电焊机、水泵等）应有可靠的防雨措施，电焊机应加防护雨罩。

3) 雨期前应检查照明和动力线有无混线、漏电，电杆有无腐蚀，埋设是否牢靠等，防止触电事故发生；雨期要检查现场电气设备的接零、接地保护措施是否牢靠，漏电保护装置是否灵敏电线绝缘接头是否良好。

（2）雨期施工的防雷

1) 防雷装置的设置范围。施工现场高出建筑物的塔式起重机、外用电梯、井字架、龙门架以及较高金属脚手架等高架设施，如果在相邻建筑物、构筑物的防雷装置保护范围以外，在表 6-20 规定的范围内，则应当按照规定设防雷装置，并经常进行检查。

施工现场内机械设备需要安装防雷装置的规定　　　　　　表 6-20

地区平均雷暴日（d）	机械设备高度（m）
d≤15	≥50
15＜d≤40	≥32
40＜d≤90	≥20
＞90 及雷灾特别严重的地区	≥12

如果最高机械设备上的避雷针，其保护范围按照 60°计算能够保护其他设备，且最后退出现场，其他设备可以不设置避雷装置。

2) 防雷装置的构成及操作要求。施工现场的防雷装置一般由避雷针、接地线和接地体三部分组成。避雷针，装在高出建筑物的塔式起重机、人货电梯、钢脚手架等的顶端。机械设备上的避雷针（接闪器）长度应当为 1～2m。接地线，可用截面积不小于 16mm² 的铝导线，或用截面积木小于 12mm² 的铜导线，或者用直径不小于 φ18 的圆钢，也可以利用该设备的金属结构体，但应当保证电气连接。接地体有棒形和带形两种。棒形接地体一般采用长度 1.5m、壁厚不小于 2.5mm 的钢管或 L5×50 的角钢。将其一端垂直打入地下，其顶端离地平面不小于 50cm，带形接地体可采用截面积不小于 50mm²，长度不小于

3m 的扁钢，平卧于地下 500mm 处。

3）施工现场所有防雷装置的冲击接地电阻值不得大于 30Ω。

（二）高温作业

宿舍应保持通风，干燥，有防蚊蝇措施，统一使用安全电压。生活办公设施要有专人管理，定期清扫、消毒，保持室内整齐清洁卫生。

1. 夏季施工防暑降温措施

（1）中暑可分为热射病、热痉挛和日射病，在临床上往往难以严格区别，而且常以混合式出现，统称为中暑。

1）先兆中暑。在高温作业一定时间后，如大量出汗、口渴、头昏、耳鸣、胸闷、心悸、恶心、软弱无力等症状，体温正常或略有升高（不超过 37.5℃），这就有发生中暑的可能性此时如能及时离开高温环境，经短时间的休息后，症状可以消失。

2）轻度中暑。除先兆中暑症状外，如有下列症候群之一，称为轻度中暑：人的体温 38℃ 以上，有面色潮红、皮肤灼热等现象；有呼吸、循环衰竭的症状，如面色苍白、恶心、呕吐、大量出汗、皮肤湿冷、血压下降、脉搏快而微弱等。轻度中暑经治疗，4～5h 内可恢复。

3）重度中暑。除有轻度中暑症状外，还出现昏倒或痉挛、皮肤干燥无汗，体温在 40℃ 以上。

（2）防暑降温应采取综合性措施

1）组织措施：合理安排作息时间，实行工间休息制度，早晚干活，中午延长休息时间等。

2）技术措施：改革工艺，减少与热源接触的机会，疏散、隔离热源。

3）通风降温：可采用自然通风、机械通风和挡阳措施等。

4）卫生保健措施：供给含盐饮料，补偿高温作业工人因大量出汗而损失的水分和盐分。

2. 夏季防疫

施工现场应供符合卫生标准的饮用水，不得多人共用一个饮水器皿。

（三）冬期施工

1. 冬期施工概念

在我国北方及寒冷地区的冬期施工中，由于长时间的持续低温、大的温差、强风、降雪和冰冻，施工条件较其他季节艰难的多，加之在严寒环境中作业人员穿戴较多，手脚亦皆不灵活，对工程进度、工程质量和施工安全产生严重的不良影响，必须采取附加或特殊的措施组织施工，才能保证工程建设顺利进行。

根据当地多年气象资料统计，当室外日平均气温连续 5d 稳定低于 5℃ 即进入冬期施工；当室外日平均气温连续 5d 高于 5℃ 时解除冬期施工。

冬期施工与冬季施工是两个不同的概念，不要混淆。例如在我国海拉尔、黑河等高纬度地区，每年有长达 200 多天需要采取冬期施工措施组织施工，而在我国南方许多低纬度地区常年不存在冬期施工问题。

2. 冬期施工特点

（1）冬期施工由于施工条件及环境不利，是各种安全事故多发季节。

（2）隐蔽性、滞后性。即工程是冬天干的，大多数在春季开始才暴露出来问题，因而给事故处理带来很大的难度，不仅给工程带来损失，而且影响工程使用寿命。

（3）冬期施工的计划性和准备工作时间性强。这是由于准备工作时间短，技术要求复杂。往往有一些安全事故的发生，都是由于这一环节跟不上，仓促施工造成的。

3. 冬期施工基本要求

（1）冬期施工前两个月即应进行冬期施工战略性安排。

（2）冬期施工前一个月即应编制好冬期施工技术措施。

（3）冬期施工前一个月做好冬期施工材料、专用设备、能源、暂设工种等施工准备工作。

（4）搞好相关人员技术培训和技术交底工作。

4. 冬期施工安全措施

（1）编制冬期施工组织设计

冬期施工组织设计，一般应在入冬前编审完毕。冬期施工组织设计，应包括下列内容：确定冬期施工的方法、工程进度计划、技术供应计划、施工劳动力供应计划、能源供应计划；冬期施工的总平面布置图（包括临建、交通、力能管线布置等）、防火安全措施、劳动用品；冬期施工安全措施；冬期施工各项安全技术经济指标和节能措施。

（2）组织好冬期施工安全教育培训

应根据冬期施工的特点，重新调整好机构和人员，并制定好岗位责任制，加强安全生产管理。主要应当加强保温、测温、冬期施工技术检验机构、热源管理等机构，并充实相应的人员。安排气象预报人员，了解近期、中长期天气，防止寒流突袭。对测温人员、保温人员、能源工（锅炉和电热运行人员）、管理人员组织专门的技术业务培训，学习相关知识，明确岗位责任，经考核合格方可上岗。

（3）物资准备

物资准备的内容如下：外加剂、保温材料；测温表计及工器具、劳保用品；现场管理和技术管理的表格、记录本；燃料及防冻油料；电热物资等。

（4）施工现场的准备

1）场地要在土方冻结前平整完工，道路应畅通，并有防止路面结冰的具体措施。

2）提前组织有关机具、外加剂、保温材料等实物进场。

3）生产上水系统应采取防冻措施，并设专人管理，生产排水系统应畅通。

4）搭设加热用的锅炉房、搅拌站，敷设管道，对锅炉房进行试压，对各种加热材料、设备进行检查，确保安全可靠；蒸汽管道应保温良好，保证管路系统不被冻坏。

5）按照规划落实职工宿舍、办公室等临时设施的取暖措施。

5. 冬期施工安全措施

（1）爆破法破碎冻土应当注意的安全事项：

1）爆破施工要离建筑物 50m 以外，距高压电线 200m 以外。

2）爆破工作应在专业人员指挥下，由受过爆破知识和安全知识教育的人员担任。

3）爆破之前应有技术安全措施，经主管部门批准。

4）现场应设立警告标志、信号、警戒哨和指挥站等防卫危险区的设施。

5）放炮后要经过 20min 才可以前往检查。

6）遇有瞎炮，严禁掏挖或在原炮眼内重装炸药，应该在距离原炮眼 60cm 以外的地方另行打眼放炮。

7）硝化甘油类炸药在低温环境下凝固成固体，当受到振动时，极易发生爆炸，酿成严重事故。因此，冬期施工不得使用硝化甘油类炸药。

（2）人工破碎冻土应当注意的安全事项：

1）注意去掉楔头打出的飞刺，以免飞出伤人。

2）掌铁楔的人与掌锤的人不能脸对着脸，应当互呈 90°。

（3）机械挖掘时应当采取措施注意行进和移动过程的防滑，在坡道和冰雪路面应当缓慢行驶，上坡时不得换挡，下坡时不得空挡滑行，冰雪路面行驶不得急刹车。发动机应当搞好防冻，防止水箱冻裂。在边坡附近使用、移动机械应注意边坡可承受的荷载，防止边坡坍塌。

（4）蒸热法融解冻土应防止管道和外溢的蒸汽、热水烫伤作业人员。

（5）电热法融解冻土时应注意的安全事项。

1）此法进行前，必须有周密的安全措施。

2）应由电气专业人员担任通电工作。

3）电源要通过有计量器、电流、电压表、保险开关的配电盘。

4）工作地点要设置危险标志，通电时严禁靠近。

5）进入警戒区内工作时，必须先切断电源。

6）通电前工作人员应退出警戒区，再行通电。

7）夜间应有足够的照明设备。

8）当含有金属夹杂物或金属矿石的冻结土时，禁止采用电热法。

（6）采用烘烤法融解冻土时，会出现明火，由于冬天风大、干燥，易引起火灾。因此，应注意安全：

1）施工作业现场周围不得有可燃物。

2）制定严格的责任制，在施工地点安排专人值班，务必做到有火就有人，不能离岗。

3）现场要准备一些砂子或其他灭火物品，以备不时之需。

（7）春融期间在冻土地基上施工。

春融期间开工前必须进行工程地质勘察，以取得地形、地貌、地物、水文及工程地质资料，确定地基的冻结深度和土的融沉类别。对有坑洼、沟槽、地物等特殊地貌的建筑场地应加点测定。开工后，对坑槽沟边坡和固壁支撑结构应当随时进行检查，深基坑应当派专人进行测量、观察边坡情况，如果发现边坡有裂缝、疏松、支撑结构折断、走动等危险征兆，应当立即采取措施。

（8）脚手架、马道要有防滑措施，及时清理积雪，外脚手架要经常检查加固。

（9）现场使用的锅炉、火炕等用焦炭时，应有通风条件，防止煤气中毒。

（10）防止亚硝酸钠中毒。

亚硝酸钠是冬期施工常用的防冻剂、阻锈剂，人体摄入 10mg 亚硝酸钠，即可导致死亡。由于外观、味道、溶解性等许多特征与食盐极为相似，很容易误作为食盐食用，导致中毒事故。要采取措施，加强使用管理，以防误食：

1）使用前应当召开培训会，让有关人员学会辨认亚硝酸钠（亚硝酸钠为微黄或无色，食盐为纯白）。

2）工地应当挂牌，明示亚硝酸钠为有毒物质。

3）设专人保管和配制，建立严格的出入库手续和配制使用程序。

（11）大雪、轨道电缆结冰和6级以上大风等恶劣天气，应当停止垂直运输作业，并将吊笼降到底层（或地面），切断电源。

（12）风雪过后作业，应当检查安全保险装置并先试吊，确认无异常方可作业。

（13）井字架、龙门架、塔机等缆风绳地锚应当埋置在冻土层以下，防止春季冻土融化，地锚锚固作用降低，地锚拔出，造成架体倒塌事故。

（14）塔机路轨不得铺设在冻胀性土层上，防止土壤冻胀或春季融化，造成路基起伏不平，影响塔机的使用，甚至发生安全事故。

6. 冬期施工防火要求

冬期施工现场使用明火处较多，管理不善很容易发生火灾，必须加强用火管理。

（1）施工现场临时用火，要建立用火证制度，由工地安全负责人审批。用火证当日有效，用后收回。

（2）明火操作地点要有专人看管。看火人的主要职责：注意清除火源附近的易燃、易爆物。不易清除时，可用水浇湿或用阻燃物覆盖。检查高层建筑物脚手架上的用火，焊接作业要有石棉防护，或用接火盘接住火花。检查消防器材的配置和工作状态情况，落实保温防冻措施。检查木工棚、库房、喷漆车间、油漆配料车间等场所，不得用火炉取暖，周围15m内不得有明火作业。施工作业完毕后，对用火地点详细检查，确保无死灰复燃，方可撤离岗位。

（3）供暖锅炉房及操作人员的防火要求：

1）供暖锅炉房。锅炉房宜建造在施工现场的下风方向，远离在建工程、易燃、可燃建筑、露天可燃材料堆场、料库等；锅炉房应不低于二级耐火等级；锅炉房的门应向外开启；锅炉正面与墙的距离应不小于3m，锅炉与锅炉之间应保持不小于1m的距离。锅炉房应有适当通风和采光；锅炉上的安全设备应有良好照明。锅炉烟道和烟囱与可燃构件应保持一定的距离，金属烟囱距可燃结构不小于100m；已做防火保护层的可燃结构不小于70m；砖砌的烟囱和烟道其内表面距可燃结构不小于50cm，其外表面不小于10cm。未采取消烟除尘措施的锅炉，其烟囱应设防火星帽。

2）司炉工。严格值班检查制度，锅炉开着火以后，司炉人员不准离开工作岗位，值班时间绝不允许睡觉或做无关的事。司炉人员下班时，须向下一班做好交接班，并记录锅炉运行情况。炉灰倒在指定地点（不能带余火倒灰），随时观察水温及水位，禁止使用易燃、可燃液体点火。

（4）炉火安装与使用的防火要求：

加热法施工与采暖应尽量用暖气，如果用火炉，必须事先提出方案和防火措施，经消防保卫部门同意后方能开火。但在油漆、喷漆、油漆调料间，木工房、料库、使用高分子装修材料的装修阶段，禁止使用火炉采暖。

1）炉火安装。各种金属与砖砌火炉，必须完整良好，不得有裂缝，各种金属火炉与可燃、易燃材料的距离不得小于1m，已做保护层的火炉距可燃物的距离不得小于70cm。各种砖砌火炉壁厚不得小于30cm。在没有烟囱的火炉上方不得有可燃物，必要时须架设铁板等非燃材料隔热，其隔热板应比炉顶外围的每一边都多出15cm以上。在木地板上安装火炉，必须设置炉盘，有脚的火炉炉盘厚度不得小于12cm，无脚的火炉炉盘厚度不得小于18cm。炉盘应伸出炉门前50cm，伸出炉后左右各15cm。各种火炉应根据需要设置高出炉身的火档。金属烟囱一节插入另一节的尺寸不得小于烟囱的半径，衔接地方要牢固。各种金属烟囱与板壁、支柱、模板等可燃物的距离不得小于30cm。距已作保护层的可燃物不得小于15cm。各种小型加热火炉的金属烟囱穿过板壁、窗户、挡风墙、暖棚等必须设铁板，从烟囱周边到铁板的尺寸，不得小于5cm。各种火炉的炉身、烟囱和烟囱出口等部分与电源线和电气设备应保持50cm以上的距离。

2）炉火使用和管理的防火要求。炉火必须由受过安全消防常识教育的专人看守，每人看管火炉的数量不应过多。移动各种加热火炉时，必须先将火熄灭后方准移动。掏出的炉灰必须随时用水浇灭后倒在指定地点。禁止用易燃、可燃液体点火。填的煤不应过多，以不超出炉口上沿为宜，防止热煤掉出引起可燃物起火。不准在火炉上熬炼油料、烘烤易燃物品。

（5）易燃、可燃材料的使用及管理：

1）使用可燃材料进行保温的工程，必须设专人进行监护、巡逻检查。人员的数量应根据使用可燃材料量的数量、保温的面积而定。

2）合理安排施工工序及网络图，一般是将用火作业安排在前，保温材料安排在后。

3）保温材料定位以后，禁止一切用火、用电作业，特别禁止下层进行保温作业，上层进行用火、用电作业。

4）照明线路、照明灯具应远离可燃的保温材料。

5）保温材料使用完以后，要随时进行清理，集中进行存放保管。

（6）冬期消防器材的保温防冻：

1）室外消火栓。冬期施工工地，应尽量安装地下消火栓，在入冬前应进行一次试水，加少量润滑油，消火栓用草帘、锯末等覆盖，做好保温工作，以防冻结。冬天下雪时，应及时扫除消火栓上的积雪，以免雪化后将消火栓井盖冻住。高层临时消防水管应进行保温或将水放空，消防水泵内应考虑采暖措施，以免冻结。

2）消防水池。入冬前，应做好消防水池的保温工作，随时进行检查，发现冻结时应进行破冻处理。一般方法是在水池上盖上木板，木板上再盖上不小于40～50cm厚的稻草、锯末等。

3）轻便消防器材。入冬前应将泡沫灭火器、清水灭火器等放入有采暖的地方，并套上保温套。

十三、组织工程项目安全检查、隐患排查和消除事故隐患

（一）安全生产检查

安全生产检查是生产经营单位安全生产管理的重要内容，其工作重点是辨识安全生产

管理工作存在的漏洞和死角，检查生产现场安全防护设施、作业环境是否存在不安全状态，现场作业人员的行为是否符合安全规范，以及设备、系统运行状况是否符合现场规程的要求等。通过安全检查，不断堵塞管理漏洞，改善劳动作业环境，规范作业人员的行为，保证设备系统的安全、可靠运行，实现安全生产的目的。

1. 安全生产检查的类型

安全生产检查分类方法有很多，习惯上分为以下六种类型。

（1）定期安全生产检查

定期安全生产检查一般是通过有计划、有组织、有目的的形式来实现，一般由生产经营单位统一组织实施。检查周期的确定，应根据生产经营单位的规模、性质以及地区气候、地理环境等确定。定期安全检查一般具有组织规模大、检查范围广、有深度，能及时发现并解决问题等特点。定期安全检查一般和重大危险源评估、现状安全评价等工作结合开展。

（2）经常性安全生产检查

经常性安全生产检查是由生产经营单位的安全生产管理部门、车间、班组或岗位组织进行的日常检查。一般来讲，包括交接班检查、班中检查、特殊检查等几种形式。

1）交接班检查是指在交接班前，岗位人员对岗位作业环境、管辖的设备及系统安全运行状况进行检查，交班人员要向接班人员说清楚，接班人员根据自己检查的情况和交班人员的交代，做好工作中可能发生问题及应急处置措施的预想。

2）班中检查包括岗位作业人员在工作过程中的安全检查，以及生产经营单位领导、安全生产管理部门和车间班组的领导或安全监督人员对作业情况的巡视或抽查等。

3）特殊检查是针对设备、系统存在的异常情况，所采取的加强监视运行的措施。

（3）季节性及节假日前后安全生产检查

由生产经营单位统一组织，检查内容和范围则根据季节变化，按事故发生的规律对易发的潜在危险，突出重点进行检查，如冬季防冻保温、防火、防煤气中毒，夏季防暑降温、防汛、防雷电等检查。

由于节假日前、后容易发生事故，因而应在节假日前后进行有针对性的安全检查。

（4）专业（项）安全生产检查

专业（项）安全生产检查是对某个专业（项）问题或在施工（生产）中存在的普遍性安全问题进行的单项定性或定量检查。

如对危险性较大的在用设备、设施，作业场所环境条件的管理性或监督性定量检测检验则属专业（项）安全检查。专业（项）检查具有较强的针对性和专业要求，用于检查难度较大的项目。

（5）综合性安全生产检查

综合性安全生产检查一般是由上级主管部门或地方政府负有安全生产监督管理职责的部门，组织对生产单位进行的安全检查。

（6）职工代表不定期对安全生产的巡查

根据《工会法》及《安全生产法》的有关规定，生产经营单位的工会应定期或不定期组织职工代表进行安全检查。重点查国家安全生产方针、法规的贯彻执行情况，各级人员安全生产责任制和规章制度的落实情况，从业人员安全生产权利的保障情况，生产现场的安全状况等。

2. 安全生产检查的内容

（1）安全生产检查的内容包括：软件系统和硬件系统。软件系统主要是查思想、查意识、查制度、查管理、查事故处理、查隐患、查整改。硬件系统主要是查生产设备、查辅助设施、查安全设施、查作业环境。

（2）安全生产检查具体内容应本着突出重点的原则进行确定。对于危险性大、易发事故、事故危害大的生产系统、部位、装置、设备等应加强检查。一般应重点检查：易造成重大损失的易燃易爆危险物品、剧毒品、锅炉、压力容器、起重设备、运输设备、冶炼设备、电气设备、冲压机械、高处作业和本企业易发生工伤、火灾、爆炸等事故的设备、工种、场所及其作业人员；易造成职业中毒或职业病的尘毒产生点及其岗位作业人员；直接管理的重要危险点和有害点的部门及其负责人。

（3）对非矿山企业，目前国家有关规定要求强制性检查的项目有：锅炉、压力容器、压力管道、高压医用氧舱、起重机、电梯、自动扶梯、施工升降机、简易升降机、防爆电器、厂内机动车辆、客运索道、游艺机及游乐设施等；作业场所的粉尘、噪声、振动、辐射、高温低温和有毒物质的浓度等。

（4）对矿山企业，目前国家有关规定要求强制性检查的项目有：矿井风量、风质、风速及井下温度、湿度、噪声；瓦斯、粉尘；矿山放射性物质及其他有毒有害物质；露天矿山边坡；尾矿坝；提升、运输、装载、通风、排水、瓦斯抽放、压缩空气和起重设备；各种防爆电器、电器安全保护装置；矿灯、钢丝绳等；瓦斯、粉尘及其他有毒有害物质检测仪器、仪表；自救器；救护设备；安全帽；防尘口罩或面罩；防护服、防护鞋；防噪声耳塞、耳罩。

3. 安全生产检查的方法

（1）常规检查

常规检查是常见的一种检查方法。通常是由安全管理人员作为检查工作的主体，到作业场所现场，通过感观或辅助一定的简单工具、仪表等，对作业人员的行为、作业场所的环境条件、生产设备设施等进行的定性检查。安全检查人员通过这一手段，及时发现现场存在的隐患并采取措施予以消除，纠正施工人员的不安全行为。

常规检查主要依靠安全检查人员的经验和能力，检查的结果直接受安全检查人员个人素质的影响。

（2）安全检查表法

为使安全检查工作更加规范，将个人的行为对检查结果的影响减少到最小，常采用安全检查表法。安全检查表一般由工作小组讨论制定。安全检查表一般包括检查项目、检查内容、检查标准、检查结果及评价等内容。

编制安全检查表应依据国家有关法律法规，生产经营单位现行有关标准、规程、管理制度，有关事故教训，生产经营单位安全管理文化、理念，反事故技术措施和安全措施计划，季节性、地理、气候特点等等。我国许多行业都编制并实施了适合行业特点的安全检查标准，如建筑、电力、机械、煤炭等。

（3）仪器检查及数据分析法

有些生产经营单位的设备、系统运行数据具有在线监视和记录的系统设计，对设备、系统的运行状况可通过对数据的变化趋势进行分析得出结论。对没有在线数据检测系统的机器、设备、系统，只能通过仪器检查法来进行定量化的检验与测量。

4. 安全生产检查的工作程序

（1）安全检查准备

1）确定检查对象、目的、任务。

2）查阅、掌握有关法规、标准、规程的要求。

3）了解检查对象的工艺流程、生产情况、可能出现危险和危害的情况。

4）制定检查计划，安排检查内容、方法、步骤。

5）编写安全检查表或检查提纲。

6）准备必要的检测工具、仪器、书写表格或记录本。

7）挑选和训练检查人员并进行必要的分工等。

（2）实施安全检查

实施安全检查就是通过访谈、查阅文件和记录、现场观察、仪器测量的方式获取信息。

1）访谈。通过与有关人员谈话来检查安全意识和规章制度执行情况等。

2）查阅文件和记录。检查设计文件、作业规程、安全措施、责任制度、操作规程等是否齐全，是否有效；查阅相应记录，判断上述文件是否被执行。

3）现场观察。对作业现场的生产设备、安全防护设施、作业环境、人员操作等进行观察，寻找不安全因素、事故隐患、事故征兆等。

4）仪器测量。利用一定的检测检验仪器设备，对在用的设施、设备、器材状况及作业环境条件等进行测量，以发现隐患。

（3）综合分析

经现场检查和数据分析后，检查人员应对检查情况进行综合分析，提出检查的结论和意见。一般来讲，生产经营单位自行组织的各类安全检查，应有安全管理部门会同有关部门对检查结果进行综合分析；上级主管部门或地方政府负有安全生产监督管理职责的部门组织的安全检查，统一研究得出检查意见或结论。

5. 提出整改要求

针对检查发现的问题，应根据问题性质的不同，提出立即整改、限期整改等措施要求。生产经营单位自行组织的安全检查，由安全管理部门会同有关部门，共同制定整改措施计划并组织实施。上级主管部门或地方政府负有安全生产监督管理职责的部门组织的安全检查，检查组应提出书面的整改要求，生产经营单位制定整改措施计划。

6. 整改落实

对安全检查发现的问题和隐患，生产经营单位应从管理的高度，举一反三，制定整改计划并积极落实整改。

7. 信息反馈及持续改进

生产经营单位自行组织的安全检查，在整改措施计划完成后，安全管理部门应组织有关人员进行验收。对于上级主管部门或地方政府负有安全生产监督管理职责的部门组织的安全检查，在整改措施完成后，应及时上报整改完成情况，申请复查或验收。

对安全检查中经常发现的问题或反复发现的问题，生产经营单位应从规章制度的健全和完善、从业人员的安全教育培训、设备系统的更新改造、加强现场检查和监督等环节入手，做到持续改进，不断提高安全生产管理水平，防范生产安全事故的发生。

（二）隐患排查治理

1. 定义及分类

《安全生产事故隐患排查治理暂行规定》（总局令第 16 号）指出，安全生产事故隐患（以下简称事故隐患），是指生产经营单位违反安全生产法律、法规、规章、标准、规程和安全生产管理制度的规定，或者因其他因素在生产经营活动中存在可能导致事故发生的物的危险状态、人的不安全行为和管理上的缺陷。

事故隐患分为一般事故隐患和重大事故隐患。一般事故隐患，是指危害和整改难度较小，发现后能够立即整改排除的隐患。重大事故隐患，是指危害和整改难度较大，应当全部或者局部停产停业，并经过一定时间整改治理方能排除的隐患，或者因外部因素影响致使生产经营单位自身难以排除的隐患。

2. 生产经营单位的主要职责

（1）生产经营单位应当依照法律、法规、规章、标准和规程的要求从事生产经营活动。严禁非法从事生产经营活动。

（2）生产经营单位是事故隐患排查、治理和防控的责任主体。

（3）生产经营单位应当建立健全事故隐患排查治理和建档监控等制度，逐级建立并落实从主要负责人到每个从业人员的隐患排查治理和监控责任制。

（4）生产经营单位应当保证事故隐患排查治理所需的资金，建立资金使用专项制度。

（5）生产经营单位应当定期组织安全生产管理人员、工程技术人员和其他相关人员排查本单位的事故隐患。对排查出的事故隐患，应当按照事故隐患的等级进行登记，建立事故隐患信息档案，并按照职责分工实施监控治理。

（6）生产经营单位应当建立事故隐患报告和举报奖励制度，鼓励、发动职工发现和排除事故隐患，鼓励社会公众举报。对发现、排除和举报事故隐患的有功人员，应当给予物质奖励和表彰。

（7）生产经营单位将生产经营项目、场所、设备发包、出租的，应当与承包、承租单位签订安全生产管理协议，并在协议中明确各方对事故隐患排查、治理和防控的管理职责。生产经营单位对承包、承租单位的事故隐患排查治理负有统一协调和监督管理的职责。

（8）安全监管监察部门和有关部门的监督检查人员依法履行事故隐患监督检查职责时，生产经营单位应当积极配合，不得拒绝和阻挠。

（9）生产经营单位应当每季、每年对本单位事故隐患排查治理情况进行统计分析，并分别于下一季度 15 日前和下一年 1 月 31 日前向安全监管监察部门和有关部门报送书面统计分析表。统计分析表应当由生产经营单位主要负责人签字。

对于重大事故隐患，生产经营单位除依照上述要求报送外，还应当及时向安全监管监察部门和有关部门报告。重大事故隐患报告内容应当包括：

1）隐患的现状及其产生原因。

2）隐患的危害程度和整改难易程度分析。

　　3）隐患的治理方案。

　　（10）对于一般事故隐患，由生产经营单位（车间、分厂、区队等）负责人或者有关人员立即组织整改。

　　对于重大事故隐患，由生产经营单位主要负责人组织制定并实施事故隐患治理方案。重大事故隐患治理方案应当包括以下内容：治理的目标和任务；采取的方法和措施；经费和物资的落实；负责治理的机构和人员；治理的时限和要求；安全措施和应急预案。

　　（11）生产经营单位在事故隐患治理过程中，应当采取相应的安全防范措施，防止事故发生。事故隐患排除前或者排除过程中无法保证安全的，应当从危险区域内撤出作业人员，并疏散可能危及的其他人员，设置警戒标志，暂时停产停业或者停止使用；对暂时难以停产或者停止使用的相关生产储存装置、设施、设备，应当加强维护和保养，防止事故发生。

　　（12）生产经营单位应当加强对自然灾害的预防。对于因自然灾害可能导致事故灾难的隐患，应当按照有关法律、法规、标准和《安全生产事故隐患排查治理暂行规定》的要求排查治理，采取可靠的预防措施，制定应急预案。在接到有关自然灾害预报时，应当及时向下属单位发出预警通知；发生自然灾害可能危及生产经营单位和人员安全的情况时，应当采取撤离人员、停止作业、加强监测等安全措施，并及时向当地人民政府及其有关部门报告。

　　（13）地方人民政府或者安全监管监察部门及有关部门挂牌督办并责令全部或者局部停产停业治理的重大事故隐患，治理工作结束后，有条件的生产经营单位应当组织本单位的技术人员和专家对重大事故隐患的治理情况进行评估；其他生产经营单位应当委托具备相应资质的安全评价机构对重大事故隐患的治理情况进行评估。

　　（14）经治理后符合安全生产条件的，生产经营单位应当向安全监管监察部门和有关部门提出恢复生产的书面申请，经安全监管监察部门和有关部门审查同意后，方可恢复生产经营。申请报告应当包括治理方案的内容、项目和安全评价机构出具的评价报告等。

第七章　事故应急救援和事故报告、调查与处理

施工现场一旦发生生产安全事故，项目负责人应依法及时向本单位或事故发生所在地政府有关部门报告事故情况，并在能力范围内组织实施抢险救援，特别是优先抢救遇险人员，全力确保其生命安全，同时采取有效措施控制事态，防止伤亡事故进一步扩大。按照"实事求是、尊重科学"的原则，积极配合政府有关部门查清事故原因，对事故发生中存在的问题及时整改，以事故教训警示项目全体人员提高安全生产意识，并对事故相关责任单位和人员依法依规追究其事故责任。

一、事故应急救援预案的编制、演练和实施

建设工程生产安全事故具有突发性、紧迫性的特点，容易导致生命、财产损失和不良的社会影响。针对可能发生事故的类别、性质、特点和范围等，事先制定当事故发生时有关应急救援组织、技术措施和其他应急措施，做好充分应急的准备工作，不但可以采用技术措施和管理手段降低事故发生的可能性，而且一旦发生事故时，还可以及时组织开展有效的应急救援行动，防止事故进一步扩大，减少人员伤亡和财产损失。因此，事故应急救援预案的编制、演练和实施已成为防范事故发生、防止事故影响扩大、降低危害程度的重要基础保障。《建设工程安全生产管理条例》（中华人民共和国国务院令第393号）第四十九条规定："施工单位应当根据建设工程施工的特点、范围，对施工现场易发生重大事故的部位环节进行监控，制定施工现场生产安全事故应急救援预案，工程总承包单位和分包单位按照应急救援预案，各自建立应急救援组织或者配备应急救援人员，配备救援器材、设备，并定期组织演练。"因此，建筑施工企业项目负责人作为施工现场安全生产第一责任人，应按照国家有关法律法规及本单位规章制度组织编制项目部应急救援预案，建立项目部应急救援组织机构，配备项目应急救援队伍和救援器材、设备，并定期组织培训演练，完善应急救援预案，强化项目全体人员应急救援技能和安全生产意识。

（一）应急救援预案的编制

1. 应急预案的种类

按照《生产安全事故应急预案管理办法》（国家安全生产监督管理总局令第88号）、《生产经营单位生产安全事故应急预案编制导则》GB/T 29639-2013等有关规定，生产经营单位的应急预案分为以下种类：

（1）综合应急预案，是指生产经营单位为应对各种生产安全事故而制定的综合性工作方案，是本单位应对生产安全事故的总体工作程序、措施和应急预案体系的总纲。主要包括生产经营单位的应急组织机构及职责、应急预案体系、事故风险描述、预警及信息报告、应急响应、保障措施、应急预案管理等内容。

（2）专项应急预案，是指生产经营单位为应对某一种或者多种类型生产安全事故，或者针对重要生产设施、重大危险源、重大活动防止生产安全事故而制定的专项性工作方案。主要包括事故风险分析、应急指挥机构及职责、处置程序和措施等内容。

（3）现场处置方案，是指生产经营单位根据不同生产安全事故类型，针对具体场所、装置或者设施所制定的应急处置措施。主要包括事故风险分析、应急工作职责、应急处置和注意事项等内容。

2. 编制基本要求

应急预案的编制应当符合下列基本要求：

（1）符合有关法律、法规、规章和标准的规定。

（2）结合本单位的安全生产实际情况。

（3）结合本单位的危险性分析情况。

（4）应急组织和人员的职责分工明确，并有具体的落实措施。

（5）有明确、具体的事故预防措施和应急程序，并与其应急能力相适应。

（6）有明确的应急保障措施，并能满足本单位的应急工作要求。

（7）预案基本要素齐全、完整，预案附件提供的信息准确。

（8）预案内容与相关应急预案相互衔接。

3. 编制基本内容

应急预案的编制应当包含下列基本内容：

（1）建筑施工中潜在的风险及其类别、危险程度。

（2）发生紧急情况时应急救援组织机构与人员职责分工、权限。

（3）应急救援设备、器材、物资的配置、选择、使用方法和调用程序。

（4）为保持其持续的适用性，对应急救援设备、器材、物资进行维护和定期检测的要求。

（5）应急救援技术措施的选择和采用。

（6）与企业内部相关职能部门以及外部（政府、消防、救险、医疗等）相关单位或部门的信息报告、联系方式。

（7）组织抢险急救、现场保护、人员撤离或疏散等活动的具体安排等。

4. 应急救援预案的评审

应急预案编制完成后，建筑施工企业项目负责人应组织评审。评审分为内部评审和外部评审，内部评审由建筑施工企业项目负责人组织项目有关部门和人员进行。外部评审由建筑施工企业项目负责人组织外部专家或报请本企业有关部门进行评审，并完善项目与工程所在地政府应急预案的衔接。应急预案评审合格后，由建筑施工企业项目负责人签发，项目总监理工程师审核后实施，并进行备案管理。

（二）应急救援预案的演练

应急救援演练是指建筑施工企业为了保证发生生产安全事故时能按救援预案有针对性地实施救援而进行的实战演习。建设工程项目部应当制定项目应急预案演练计划，根据本项目实际情况及事故风险特点，每年至少组织一次综合应急预案演练或者专项应急预案演练，每半年至少组织一次现场处置方案演练。

1. 演练目的

(1) 检验预案的实用性、可操作性。

(2) 检验救援人员是否明确自己的职责和应急行动程序，以及抢险队伍的协同反应水平和实战能力。

(3) 提高人员对危险源的辨识能力和对事故防范意识。

(4) 通过演练查找应急预案中存在的问题，进一步修订完善。

2. 演练方式

(1) 桌面演练是指由应急组织的代表或关键岗位人员参加的，按照应急预案及其标准工作程序，讨论紧急情况时应采取行动的演练活动。桌面演练的特点是对演练情景进行口头演练，一般是在会议室内举行。其主要目的是锻炼参演人员解决问题的能力，以及解决应急组织相互协作和职责划分的问题。

(2) 功能演练是指针对某项应急响应功能或其中某些应急响应行动举行的演练活动，主要目的是针对应急响应功能，检验应急人员以及应急体系的策划和响应能力。

(3) 全面演练是指针对应急预案中全部或大部分应急响应功能，检验、评价应急组织应急运行能力的演练活动。全面演练一般要求持续时间相对较长，采取交互式方式进行，演练过程要求尽量真实，调用更多的应急人员和资源，并开展人员、设备及其他资源的实战性演练，以检验相互协调的应急响应能力。

应急演练的组织者或策划者应按照国家及地方政府部门颁布的有关应急演练的规定，结合生产经营单位内部实际情况，充分考虑应急演练存在的风险及人员、资金、物资等成本支出情况，确定适当方式进行应急预案的演练。

3. 演练注意事项

(1) 前期准备工作。制定演练计划，组织好参加演练的各类人员，备齐应急救援器材、设备；对全体从业人员进行针对性的培训和交底。

(2) 应急救援实施。接到相关报告后，应及时启动预案，严格按照应急救援预案实施救援。救援人员要各负其责，相互配合。救助人员要严格执行安全操作规程，正确使用救援设备和器材。

(3) 救援人员自我保护。在救助行动前，要设置安全设施，配齐防护用具，加强自我保护，确保抢救过程中的人身安全和财产安全。

(4) 及时总结。应急预案演练结束后，应急救援演练组织单位应对应急预案演练效果进行评估，撰写应急救援预案评估报告，分析存在的问题，并对应急预案提出修订意见。

(三) 应急救援预案的实施

建筑施工企业项目负责人应该严格履行安全生产管理职责，完善项目应急管理体系建设，满足应急救援基础保障，确保应急救援预案的有效实施。应急救援基础保障包括应急队伍建设、物资保障、技术保障及资金保障等方面，它贯穿于突发事件事前的预防与准备、事发的监测与预警、事中的处置与救援以及事后的恢复与重建全流程的各个环节。

1. 应急救援组织机构建立

建设工程项目部应当成立以项目负责人为总指挥的项目应急救援组织机构，项目部工程、安全、技术、质量、物资、资金、安保、办公室等相关部门为成员单位，负责组织开展本项目生产安全事故的应急救援工作。项目应急救援组织机构可下设工作机构，负责具体实施抢险救援、物资储备、技术支持、资金计划及使用、善后处置、调查处理、信息报送、警示教育等工作。

2. 应急救援队伍建设

建设工程项目部应当根据自身的具体情况，建立或配备应急救援队伍。就建设工程项目而言，应当配备兼职人员担任应急救援人员，或者与地方应急救援组织签署救援协议，以保证应急救援方案的实施。应急救援人员应经过培训和必要的演练，使其了解建筑业事故的特点，熟悉本项目安全生产情况，掌握应急救援器材、设备的性能、使用方法以及救援、救护的方法、技能。同时可根据工程项目实际情况配备专职或兼职急救员。

3. 应急救援物资保障

建设工程项目部应当根据生产经营活动的性质和规模、工程项目的特点，有针对性地配备应急救援物资。建筑施工现场应急救援物资大致可分为以下几种：

（1）防护用品类：主要包括防护通用设备，如安全帽、安全带、防护鞋等。

（2）生命支持类：主要包括急救药品、氧气袋、防疫药品、输氧设备等。

（3）救援运载类：主要包括救护担架，运送伤员的机动车等。

（4）动力燃料类：主要包括发电设备、配电设备、燃料用品等。

（5）工程设备类：主要包括通风设备、起重设备、机械设备、牵引设备等，如汽车吊、挖掘机、推土机等设备等。

（6）器材工具类：主要包括破碎紧固工具、消防设备等。

（7）照明设备类：主要包括工作照明设备和场地照明设备，如应急灯、手电筒等。

（8）通讯广播类：主要包括无线通信设备，如电话、手机、对讲机等。

4. 应急救援技术保障

建设工程项目部应急救援技术保障主要有以下几类：

（1）建筑工程图纸（建筑施工图、结构施工图、设备施工图）、施工现场平面布置图。

（2）危险性较大的分部分项工程专项施工方案及相关技术性预防措施。

（3）项目所属施工企业内部或项目所在地住房城乡建筑主管部门公布的建筑施工安全生产专家库。

5. 重大危险源监控

"安全第一、预防为主、综合治理"是我国开展安全生产管理工作总的指导方针。强化施工现场重大危险源监控是从根本上防止和减少建筑施工生产安全事故发生的重要手段。项目负责人应建立健全项目隐患排查治理工作机制，定期组织项目安全、质量、工程、技术等有关部门及分包单位排查施工现场重大安全隐患，在对排查出的各类事故隐患，应及时组织整改并进行登记存档，并应明确责任、措施、资金、时限和人员，确保隐患整改到位，实现闭环管理。同时在土方开挖和支护、建筑施工起重机械的安装和拆除、模板支撑系统及脚手架的搭设和拆除等危险性较大的分部分项工程施工期间，项目负责人必须要履行现场带班制度。

二、事故发生的组织救援和救护

事故发生工程的项目负责人接到事故报告后，应当立即启动事故相应应急预案，或者采取有效措施，组织抢救，防止事故扩大，减少人员伤亡和财产损失。同时，还应当妥善保护事故现场以及相关证据。《建筑施工企业主要负责人、项目负责人和专职安全生产管理人员安全生产管理规定》（中华人民共和国住房和城乡建设部令　第17号）进一步规定了在发生事故时，项目负责人应当按规定及时报告并开展现场救援。《建筑施工项目经理质量安全责任事项规定（试行）》（建质〔2014〕123号）文件进一步规定，项目经理必须按规定报告质量安全事故，立即启动应急预案，保护事故现场，开展应急救援。

（一）事故应急救援的定义

急救主要是指现场救护，即在危重急症以及意外伤害发生时，在专业医务人员未赶到之前，抢救者利用现场能够提供的人力、物力，为事故中的伤病者采取及时有效的初步救助措施。对于事故易发、高发的建筑施工行业来说，如果在施工现场发生事故后项目负责人立即组织应急救援，采取正确有效的急救措施，可以最大限度降低人员伤亡数量。项目部在接到施工现场及其他与有关的工作场所发生人身伤亡的报告后，应根据伤者情况及时向本单位及政府有关部门汇报事故发生的原因、地点、伤亡情况。并及时拨打急救电话向当地医疗机构进行求救，在应急队伍或医疗队伍未到达施工现场前，项目负责人应根据突发事件的严重程度、发展趋势、可能后果和应急处理的需要，启动应急预案，对事故现场被困、受伤人员进行先期急救，并组织其他无关人员进行撤离，保护好事故现场。

（二）事故应急救援的基本任务

事故应急救援的总目标是通过有效的应急救援行动，尽可能地降低事故后果，包括人员伤亡、财产损失和环境破坏等。事故应急救援的基本任务包括下述几个方面：

抢救受害人员是应急救援的首要任务。在应急救援行动中，迅速、有序、有效地实施现场急救与安全转送伤员，是降低伤亡率、减少事故损失的关键。由于事故发生突然、扩散迅速、涉及范围广、危害大，应及时指导和组织危害区域内施工人员采取各种措施进行自身防护，必要时迅速撤离出危险区或可能受到危害的区域。在撤离过程中，应积极组织施工人员开展自救和互救工作。

迅速控制事态并对事故造成的危害进行检测、监测，测定事故的危害区域，利害性质及危害程度。及时控制住造成事故的危险源是应急救援工作的重要任务。只有及时地控制住危险源，防止事故的继续扩展，才能及时有效地进行救援。特别对发生在城市或人口稠密地区的施工安全事故，应尽快组织工程抢险队与事故单位技术人员一起及时控制防止继续扩展。

消除危害后果，做好现场恢复。针对事故现场存在的重大危险源，迅速采取封闭、隔离、监测等措施，防止对人员或周边原有建筑物造成二次影响，经确认无衍生危害后及时清理废墟和恢复基本设施，将事故现场恢复至相对稳定的状态。

查清事故原因，评估危害程度。事故发生后应及时调查事故的发生原因和事故性质，评估出事故的危害范围和危险程度，查明人员伤亡情况，做好事故原因调查，并总结救援工作中的经验和教训。

（三）常见现场急救方式

1. 紧急救护

紧急救护的基本原则是在现场采取积极措施保护伤员生命，减少痛苦，并根据伤情需要，迅速联系当地120急救中心或医疗部门救治，急救的成功条件是动作快，操作正确，任何拖延和操作错误都会导致伤员伤情加重或死亡，现场急救人员要认真观察伤员全身情况，防止伤情恶化。发现呼吸、心跳停止时，应立即在现场就地抢救，用心肺复苏法支持呼吸和循环，对脑、心重要脏器供氧。

2. 创伤急救

创伤急救原则上是先抢救，后固定，再搬运，并注意采取措施，防止伤情加重或感染。需要送医院救治的，应立即做好保护伤员措施后送医院救治，抢救前先使伤员安静躺平，判断全身情况和受伤程度，如有无出血、骨折和休克等。外部出血立即采取止血措施，防止失血过多而休克。外观无伤，但呈现休克状态，神志不清或昏迷者，要考虑胸腹部内脏或脑部受伤的可能性。为防止伤口感染，应用清洁布片覆盖。救护人员不得用手直接接触伤口，更不得在伤口内填塞任何东西或随便用药，搬运时应使伤员平躺在担架上，腰部束在担架上，防止跌下。平地搬运时伤员头部在后，上楼、下楼、下坡时头部在上。搬运中应严密观察伤员，防止伤情突变。若伤势较重或伤势不明，为防止二次伤害，应对伤者受伤部位进行简单止血处理后等待医护人员救护。

（四）常见事故救援要点

1. 坍塌事故现场应急救援

当土方或建筑物发生坍塌后，造成人员被埋、被压的情况下，现场应急救援领导小组应立即组织疏散危险区域的施工人员，组织人员抢救伤者和被困员工。

（1）土方坍塌救援要点：①现场抢救组专业救援人员要用铁锹进行撮土挖掘，并注意不要伤及被埋人员；快接触到人身时应采用手刨。②应挖掘出整体人身后抬出，不得在不明被压人情况下盲目采取拖拽受困人肢体。③抢救中不得采用掏挖，防止再次坍塌造成二次伤害。④被抢救出来的伤员，应采取现场临时处置（检查伤情、清理呼吸道、止血包扎）后，送往当地医院急救中心救治。

（2）楼体坍塌救援要点：①采用呼救的方法判断被困和受伤人员位置。②利用现场铁锹、撬杠等工具开辟或扩大受困人员逃生通道，必要时可采用吊车、挖掘机进行抢救，现场要有指挥并监护，防止机械伤及被埋或被压人员。③抢救中可以采用掏挖式掘进，但应有防止再次坍塌的措施。④被抢救出来的伤员，应采取现场临时处置（检查伤情、止血包扎）后，送往当地医院急救中心救治。

2. 触电事故现场应急救援

发生触电事故后，首先要使触电者迅速脱离电源，越快越好。在脱离电源中，救护人员既要救人，也要注意保护自己，触电者未脱离电源前，救护人员不准直接用手触及伤员，因为有触电的危险；如触电者处于高处，解脱电源后会自高处坠落，因此要采取可靠的预防措施，触电伤员如神志清醒者，应使其就地躺平，严密观察，暂时不要站立或走动。触电伤员如神志不清者，应就地仰面躺平，且确保气道通畅，并呼叫伤员或轻拍其肩

部，以判断伤员是否意识丧失。禁止摇动伤员头部呼叫伤员。需要抢救的伤员，应立即就地坚持正确抢救，并设法联系医疗部门或医护人员接替救治。其急救要点：①迅速关闭开关，切断电源。②用绝缘物品挑开或切断触电者身上的电线、灯、插座等带电物品。③保持呼吸道畅通。④选择呼叫120急救服务。⑤呼吸、心跳停止，立即进行心肺复苏，并坚持长时间进行。⑥妥善处理局部电烧伤的伤口。

3. 机械伤害事故现场应急救援

发生机械伤害事故后，现场第一发现人应立即切断设备电源。若伤者伤情较轻，可对伤者进行临时包扎和止血等操作后送往就近医院。若伤势较重或伤势不明，为防止二次伤害，应对伤者受伤部位进行简单止血处理后等待医护人员救护。

4. 火灾事故现场救援

施工现场发生火灾事故后，如火势不大且没有蔓延迹象，项目负责人应立即组织现场人员使用本部位消防设施灭火。如火势有发展趋势，现场应急救援小组组长在组织进行火灾扑救的同时，应及时向当地公安消防机构报警（报警电话119报警要点：火灾地点、火势情况、燃烧物及大约数量、报警人姓名及电话）并派人迎接，同时将火灾情况向本公司及建设单位汇报。

（五）事故现场保护

从事故发生到事故调查组赶赴现场，往往需要一段时间，在这段时间里，许多外界因素，如对伤员救护、险情控制、周围群众围观等都会给事故现场造成不同程度的破坏，甚至还有故意破坏事故现场的情况。如果事故现场保护不好，一些与事故有关的证据难以找到，将直接影响到事故现场的勘察，不便于查明事故原因。《建设工程安全生产管理条例》第五十一条规定："发生生产安全事故后，施工单位应当采取措施防止事故扩大，保护事故现场。需要移动现场物品时，应当做出标记和书面记录，妥善保管有关证物。"事故发生工程项目有关单位及人员应当妥善保护事故现场以及相关证据，必要时要将事故现场封锁起来，维持现场的原始状态，既不要减少任何痕迹、物品，也不能增加任何痕迹、物品，即使是保护现场的人员，也不要无故进入，更不能擅自进行勘察，或者随意触摸、移动事故现场的任何物品。《生产安全事故报告和调查处理条例》（中华人民共和国国务院令第493号）第十六条规定："任何单位和个人不得破坏事故现场、毁灭相关证据。因抢救人员、防止事故扩大以及疏通交通等原因，需要移动事故现场物件的，应当做出标志，绘制现场简图并做出书面记录，妥善保存现场重要痕迹、物证，有条件的可以拍照或录像。"因抢救人员、防止事故扩大等原因需要移动事故现场物件的，须同时满足以下条件：

抢救人员、防止事故扩大以及疏通交通的需要；经事故单位负责人或者组织事故调查的安全生产监督管理部门和负有安全生产监督管理职责的有关部门同意；做出标志，绘制现场简图拍摄现场照片，对被移动物件贴上标签，并做出书面记录；尽量使现场少受破坏。

（六）善后处理

应急救援结束后，项目部应对照应急预案分工组织有关部门或分包单位进行善后处置工作，确保后续工作有序进行。

核查死伤人员信息，并及时联系其家属告知有关情况；安抚死伤人员家属，按照伤亡情况进行人道主义赔偿；对受伤或患病人员继续进行治疗和救助；对事故造成的损失进行评估；配合政府部门开展事故调查。

三、事故报告和事故调查处理

事故报告和事故查处是安全生产事故管理中的两项重要制度。前者要求发生事故的单位及其地方政府，在规定的时间内，按照规定的程序和要求，分别采取口头、书面方式，将事故发生的有关情况，报送上级政府安全生产监管部门和相关部门。后者要求政府组织或委托相关部门，依照法定职权和程序，对事故进行调查，搞清楚发生事故的原因（包括直接原因和间接原因），认定事故的性质（是否责任事故）和责任，并落实地方政府关于事故调查报告的批复要求，依据事实和法律法规对事故责任单位和人员进行处罚。

（一）事故等级划分

《生产安全事故报告和调查处理条例》规定，根据生产安全事故（以下简称事故）造成的人员伤亡或者直接经济损失，事故一般分为以下等级：

（1）特别重大事故，是指造成 30 人以上死亡，或者 100 人以上重伤（包括急性工业中毒，下同），或者 1 亿元以上直接经济损失的事故。

（2）重大事故，是指造成 10 人以上 30 人以下死亡，或者 50 人以上 100 人以下重伤，或者 5000 万元以上 1 亿元以下直接经济损失的事故。

（3）较大事故，是指造成 3 人以上 10 人以下死亡，或者 10 人以上 50 人以下重伤，或者 1000 万元以上 5000 万元以下直接经济损失的事故。

（4）一般事故，是指造成 3 人以下死亡，或者 10 人以下重伤，或者 100 万元以上 1000 万元以下直接经济损失的事故。

上述等级划分所称的"以上"包括本数，所称的"以下"不包括本数。

（二）事故类型划分

1. 按伤害程度分类

依据《企业职工伤亡事故分类标准》GB 6441-1986 的规定，根据事故给受伤者带来的伤害程度及其劳动能力丧失的程度可将事故伤害程度分为轻伤、重伤、和死亡三种类型：

（1）轻伤事故：指损失工作日低于 105 日的失能伤害。

（2）重伤事故：指造成职工肢体残缺或视觉、听觉等器官受到严重损伤，一般能导致人体功能障碍长期存在的，或损失工作日等于和超过 105 日的失能伤害。

（3）死亡事故：指事故发生后当即死亡或负伤后在 30 天内死亡的事故，或损失工作日为 6000 工作日以上（含 6000 工作日）的失能伤害。

2. 按事故类别分类

依据《企业职工伤亡事故分类标准》GB 6441-1986 的规定，事故类别按照致害原因可划分为高处坠落、物体打击、坍塌、起重伤害、机械伤害、车辆伤害、触电、中毒与窒息、火灾、淹溺、灼烫、冒顶片帮、透水、放炮、瓦斯爆炸、火药爆炸、锅炉爆炸、容器爆炸、其他爆炸、其他伤害等20类。其中前9类为建筑施工领域常见事故类型：

（1）高处坠落，指出于危险重力势能差引起的伤害事故。适用于脚手架、平台、陡壁施工等高于地面的坠落，也适用于山地面踏空失足坠入洞、坑、沟、升降口、漏斗等情况。但排除以其他类别为诱发条件的坠落。如高处作业时，因触电失足坠落应定为触电事故，不能按高处坠落划分。

（2）物体打击，指失控物体的惯性力造成的人身伤害事故。如落物、滚石、锤击、碎裂、崩块、砸伤等造成的伤害，不包括爆炸、主体机械设备、车辆、起重机械、坍塌等引发的物体打击。

（3）坍塌，指建筑物、构筑、堆置物的等倒塌以及土石塌方引起的事故。适用于因设计或施工不合理而造成的倒塌，以及土方、岩石发生的塌陷事故。如建筑物倒塌，脚手架倒塌，挖掘沟、坑、洞时土石的塌方等情况。不适用于矿山冒顶片帮事故，或因爆炸、爆破引起的坍塌事故。

（4）起重伤害，指从事起重作业时引起的机械伤害事故。包括各种起重作业引起的机械伤害，但不包括触电，检修时制动失灵引起的伤害，上下驾驶室时引起的坠落式跌倒。

起重伤害事故是指在进行各种起重作业（包括吊运、安装、检修、试验）中发生的重物（包括吊具、吊重或吊臂）坠落、夹挤、物体打击、起重机倾翻、触电等事故。常见起重伤害事故形式有：

1）重物坠落，吊具或吊装容器损坏、物件捆绑不牢、挂钩不当、电磁吸盘突然失电、起升机构的零件故障（特别是制动器失灵，钢丝绳断裂）等都会引发重物坠落。处于高位置的物体具有势能，当坠落时，势能迅速转化为动能，上吨重的吊载意外坠落，或起重机的金属结构件破坏、坠落，都可能造成严重后果。

2）起重机失稳倾翻，起重机失稳有两种类型：一是由于操作不当（例如超载、臂架变幅或旋转过快等）、支腿未找平或地基沉陷等原因使倾翻力矩增大，导致起重机倾翻；二是由于坡度或风载荷作用，使起重机沿路面或轨道滑动，导致脱轨翻倒。

3）挤压，起重机轨道两侧缺乏良好的安全通道或与建筑结构之间缺少足够的安全距离，使运行或回转的金属结构机体对人员造成夹挤伤害；运行机构的操作失误或制动器失灵引起溜车，造成碾压伤害等。

4）高处跌落，人员在离地面大于2m的高度进行起重机的安装、拆卸、检查、维修或操作等作业时，从高处跌落造成的伤害。

5）触电，起重机在输电线附近作业时，其任何组成部分或吊物与高压带电体距离过近，感应带电或触碰带电物体，都可以引发触电伤害。

6）其他伤害，其他伤害是指人体与运动零部件接触引起的绞、碾、戳等伤害；液压起重机的液压元件破坏造成高压液体的喷射伤害；飞出物件的打击伤害；装卸高温液体金属、易燃易爆、有毒、腐蚀等危险品，由于坠落或包装捆绑不牢破损引起的伤害等。

（5）机械伤害，指机械设备与工具引起的绞、辗、碰、割戳、切等伤害。如工件或刀具飞出伤人，切屑伤人，手或身体被卷入，手或其他部位被刀具碰伤，被转动的机构缠压住等。常见伤害人体的机械设备有：皮带运输机、球磨机、行车、卷扬机、干燥车、气锤、车床、辊筒机、混砂机、螺旋输送机、泵、压模机、灌肠机、破碎机、推焦机、榨油机、硫化机、卸车机、离心机、搅拌机、轮碾机、制毡撒料机、滚筒筛等。但属于车辆、起重设备的情况除外。

（6）车辆伤害，指本企业机动车辆引起的机械伤害事故。如机动车辆在行驶中的挤、压、撞车或倾覆等事故，在行驶中上下车、搭乘矿车或放飞车所引起的事故，以及车辆运输挂钩、跑车事故。

（7）触电，指电流流经人体，造成生理伤害的事故。适用于触电、雷击伤害。如人体接触带电的设备金属外壳或裸露的临时线，漏电的手持电动手工工具；起重设备误触高压线或感应带电；雷击伤害；触电坠落等事故。

（8）中毒和窒息，指人接触有毒物质，如误食有毒食物或呼吸有毒气体引起的人体急性中毒事故，或在废弃的坑道、暗井、涵洞、地下管道等不通风的地方工作，因为氧气缺乏，有时会发生突然晕倒，甚至死亡的事故称为窒息。两种现象合为一体称为中毒和窒息事故。不适用于病理变化导致的中毒和窒息的事故，也不适用于慢性中毒的职业病导致的死亡。

（9）火灾，指造成人身伤亡的企业火灾事故。不适用于非企业原因造成的火灾，比如，居民火灾蔓延到企业。此类事故居于消防部门统计的事故。

按照住房城乡建设部近年来对房屋市政工程生产安全事故情况统计分析所示，造成人员死亡的生产安全事故中发生频次最高的事故类型为高处坠落，如2013年发生的528起事故中，高处坠落事故294起，占事故总量55.68%；2014年发生的522起事故中，高处坠落事故276起，占事故总量52.87%；2015年发生的442起事故中，高处坠落事故235起，占事故总量53.17%；2016年发生的634起事故中，高处坠落事故333起，占事故总量52.52%。另外，在造成人员群死群伤的事故中，坍塌事故（包括模板支撑体系坍塌、基坑坍塌、脚手架坍塌）和起重伤害事故（塔式起重机倾覆、施工升降机坠落）为主要事故类型。

（三）事故报告

生产经营单位发生生产安全事故后，事故现场有关人员应当立即报告本单位负责人。并按照国家有关规定立即如实报告当地负有安全生产监督管理职责的部门，不得隐瞒不报、谎报或者迟报。

1. 事故报告要求

（1）事故企业报告时限

《生产安全事故报告和调查处理条例》第九条规定："事故发生后，事故现场有关人员应当立即向本单位负责人报告；单位负责人接到报告后，应当于1小时内向事故发生地县级以上人民政府安全生产监督管理部门和负有安全生产监督管理职责的有关部门报告。情况紧急时，事故现场有关人员可以直接向事故发生地县级以上人民政府安全生产监督管理部门和负有安全生产监督管理职责的有关部门报告。"对于建筑施工企业及建设工程项目来说，上述"负有安全生产监督管理职责的有关部门"一般指住房城乡建设主管部门。

（2）政府部门报告时限

《生产安全事故报告和调查处理条例》规定，安全生产监督管理部门和负有安全生产监督管理职责的有关部门接到事故报告后，应当依照下列规定上报事故情况，并通知公安机关、劳动保障行政部门、工会和人民检察院：

1）特别重大事故、重大事故逐级上报至国务院安全生产监督管理部门和负有安全生产监督管理职责的有关部门。

2）较大事故逐级上报至省、自治区、直辖市人民政府安全生产监督管理部门和负有安全生产监督管理职责的有关部门。

3）一般事故上报至设区的市级人民政府安全生产监督管理部门和负有安全生产监督管理职责的有关部门。

安全生产监督管理部门和负有安全生产监督管理职责的有关部门逐级上报事故情况，每级上报的时间不得超过2小时。另外根据事故等级高低，行业主管部门也对上报时限提出不同要求，如：2013年1月14日，住房城乡建设部印发了《房屋市政工程生产安全事故报告和查处工作规程》（建质〔2013〕4号），文件规定省级住房城乡建设主管部门应当在特别重大、重大事故或者可能演化为特别重大、重大的事故发生后3小时内，向国务院住房城乡建设主管部门上报事故情况，进一步强化了各地对生产安全重大及以上事故报告的时限要求。

2. 事故报告内容

生产安全事故报告一般应当包括下列内容：

1）事故发生的时间、地点和工程项目、有关单位名称。

2）事故的简要经过。

3）事故已经造成或者可能造成的伤亡人数（包括下落不明的人数）和初步估计的直接经济损失。

4）事故的初步原因。

5）事故发生后采取的措施及事故控制情况。

6）事故报告单位或报告人员。

7）其他应当报告的情况。

事故报告应当及时、准确、完整，任何单位和个人对事故不得迟报、漏报、谎报或者瞒报。事故报告后出现新情况或自事故发生之日起30日内（火灾事故自发生之日内），事故造成伤亡人数发生变化的，应当及时补报。

（四）事故调查

事故报告应当及时、准确、完整，任何单位和个人对事故不得迟报、漏报、谎报或者瞒报。事故调查处理应当坚持科学严谨、依法依规、实事求是、注重实效的原则，及时准确地查清事故经过、事故原因和事故损失，查明事故性质，认定事故责任，总结事故教训，提出整改措施，并对事故责任者依法追究责任。

1. 事故调查组的组成

当前，事故调查组由有关人民政府、安全生产监督管理部门、负有安全生产监督管理职责的有关部门、监察机关、公安机关以及工会派人组成，并应当邀请人民检察院派人参加。另外，事故调查组的组成还与生产安全事故等级有关，《生产安全事故报告和调查处理条例》规定特别重大事故由国务院或者国务院授权有关部门组织事故调查组进行调查；重大事故、较大事故、一般事故分别由事故发生地省级、设区的市级人民政府、县级人民政府负责调查。省级人民政府、设区的市级人民政府、县级人民政府可以直接组织事故调查组进行调查，也可以授权或者委托有关部门组织事故调查组进行调查；未造成人员伤亡的一般事故，县级人民政府也可以委托事故发生单位组织事故调查组进行调查。

2. 事故调查组的职责

对于建筑施工生产安全事故，事故调查组应当履行下列职责：

（1）核实事故项目基本情况，包括项目履行法定建设程序情况、参与项目建设活动各方主体履行职责的情况。

（2）查明事故发生的经过、原因、人员伤亡及直接经济损失，并依据国家有关法律法规和技术标准分析事故的直接原因和间接原因。

（3）认定事故的性质，明确事故责任单位和责任人员在事故中的责任。

（4）依照国家有关法律法规对事故的责任单位和责任人员提出处理建议。

（5）总结事故教训，提出防范和整改措施。

（6）提交事故调查报告。

事故调查组有权向有关单位和个人了解与事故有关的情况，并要求其提供相关文件、资料，有关单位和个人不得拒绝。事故发生单位的负责人和有关人员在事故调查期间不得擅离职守，并应当随时接受事故调查组的询问，如实提供有关情况。事故调查中发现涉嫌犯罪的，事故调查组应当及时将有关材料或者其复印件移交司法机关处理；故调查中需要进行技术鉴定的，事故调查组应当委托具有国家规定资质的单位进行技术鉴定。必要时，事故调查组可以直接组织专家进行技术鉴定。

3. 事故调查报告

1）事故发生单位概况。

2）事故发生经过和事故救援情况。

3）事故造成的人员伤亡和直接经济损失。

4）事故发生的原因和事故性质。

5）事故责任的认定以及对事故责任者的处理建议。

6）事故防范和整改措施。

事故调查报告应当附具有关证据材料。事故调查组成员应当在事故调查报告上签名。

4. 事故调查时限

事故调查组应当自事故发生之日起 60 日内提交事故调查报告；特殊情况下，经负责事故调查的人民政府批准，提交事故调查报告的期限可以适当延长，但延长的期限最长不超过 60 日。事故调查中需要进行技术鉴定的，技术鉴定所需时间不计入事故调查期限。

事故调查报告报送负责事故调查的人民政府后，事故调查工作即告结束。事故调查的有关资料应当归档保存。

5. 配合事故调查

配合事故调查组开展事故调查是每位公民应尽的义务，《中华人民共和国安全生产法》第八十五条规定："任何单位和个人不得阻挠和干涉对事故的依法调查处理。"《生产安全事故报告和调查处理条例》进一步明确："事故发生单位的负责人和有关人员在事故调查期间不得擅离职守，并应当随时接受事故调查组的询问，如实提供有关情况。"积极配合开展事故调查有助于查明事故原因，使事故责任企业及人员早日受到应有的处罚。

（五）事故处理

1. 事故处理时限和落实批复

《生产安全事故报告和调查处理条例》规定，重大事故、较大事故、一般事故，负责事故调查的人民政府应当自收到事故调查报告之日起 15 日内做出批复；特别重大事故，30 日内做出批复，特殊情况下，批复时间可以适当延长，但延长的时间最长不超过 30 日。有关部门应当按照人民政府的批复，依照法律、行政法规的权限和程序，对事故发生单位和人员进行处罚，对负有事故责任的国家工作人员进行处分。负有事故责任的人员涉嫌犯罪的，依法追究刑事责任。

对于发生的建筑施工生产安全事故，《房屋市政工程生产安全事故报告和查处工作规程》（建质〔2013〕4 号）规定了住房城乡建设主管部门应当按照有关人民政府对事故调查报告的批复，依照法律法规，对事故责任企业实施吊销资质证书或者降低资质等级、吊销或者暂扣安全生产许可证、责令停业整顿、罚款等处罚，对事故责任人员实施吊销执业资格注册证书或者责令停止执业、吊销或者暂扣安全生产考核合格证书、罚款等处罚。

2. 相关处罚依据

按照我国现行安全生产及建筑施工相关的法律法规文件要求，有关部门应对事故发生负有责任的建筑施工企业及人员进行行政处罚，对涉及犯罪的，依法追究其刑事责任。除常见的采取经济处罚的方式以外，无论是被吊销资质或资质降级，还是被暂扣、吊销安全生产许可证，这些对于一个建筑施工企业来说无疑是非常致命的，直接影响了其从事相关生产经营活动及建筑市场的准入，同时企业的信誉也将会因为发生生产安全事故受到极大影响。而对于事故责任人员的处罚最严重的将会直接影响其在建筑行业内从事相关工作。

政府有关部门对事故责任企业及人员的主要处罚依据有：

（1）法律

1）《中华人民共和国建筑法》第七十一条规定："建筑施工企业的管理人员违章指挥、强令职工冒险作业，因而发生重大伤亡事故或者造成其他严重后果的，依法追究刑事责任。"

2）《中华人民共和国安全生产法》第九十三条规定："生产经营单位的安全生产管理人员未履行本法规定的安全生产管理职责的，责令限期改正；导致发生生产安全事故的，暂停或者撤销其与安全生产有关的资格；构成犯罪的，依照刑法有关规定追究刑事责任。"

第一百零九条规定："发生生产安全事故，对负有责任的生产经营单位除要求其依法承担相应的赔偿等责任外，由安全生产监督管理部门依照下列规定处以罚款：

① 发生一般事故的，处二十万元以上五十万元以下的罚款；

② 发生较大事故的，处五十万元以上一百万元以下的罚款；

③ 发生重大事故的，处一百万元以上五百万元以下的罚款；

④ 发生特别重大事故的，处五百万元以上一千万元以下的罚款；情节特别严重的，处一千万元以上二千万元以下的罚款。"

3）《中华人民共和国刑法》第一百三十四条规定："在生产、作业中违反有关安全管理的规定，因而发生重大伤亡事故或者造成其他严重后果的，处三年以下有期徒刑或者拘役；情节特别恶劣的，处三年以上七年以下有期徒刑。强令他人违章冒险作业，因而发生重大伤亡事故或者造成其他严重后果的，处五年以下有期徒刑或者拘役；情节特别恶劣的，处五年以上有期徒刑。"

第一百三十九条之一规定："在安全事故发生后，负有报告职责的人员不报或者谎报事故情况，贻误事故抢救，情节严重的，处三年以下有期徒刑或者拘役；情节特别严重的，处三年以上七年以下有期徒刑。"

（2）行政法规

1）《建设工程安全生产管理条例》（国务院令第 393 号）第五十八条规定："注册执业人员未执行法律、法规和工程建设强制性标准的，责令停止执业 3 个月以上 1 年以下；情节严重的，吊销执业资格证书，5 年内不予注册；造成重大安全事故的，终身不予注册；构成犯罪的，依照刑法有关规定追究刑事责任。"

第六十六条规定："违反本条例的规定，施工单位的主要负责人、项目负责人未履行安全生产管理职责的，责令限期改正；逾期未改正的，责令施工单位停业整顿；造成重大安全事故、重大伤亡事故或者其他严重后果，构成犯罪的，依照刑法有关规定追究刑事责任。"

2）《生产安全事故报告和调查处理条例》（国务院令第 493 号）第四十条规定："事故发生单位对事故发生负有责任的，由有关部门依法暂扣或者吊销其有关证照；对事故发生单位负有事故责任的有关人员，依法暂停或者撤销其与安全生产有关的执业资格、岗位证书；事故发生单位主要负责人受到刑事处罚或者撤职处分的，自刑罚执行完毕或者受处分之日起，5 年内不得担任任何生产经营单位的主要负责人。"

（3）部门规章

1）《建筑施工企业主要负责人、项目负责人和专职安全生产管理人员安全生产管理规定》（住房城乡建设第 17 号部令）第三十二条进一步规定："主要负责人、项目负责人未按规定履行安全生管理职责的，由县级以上人民政府住房城乡建设主管部门责令期改正；逾期未改正的，责令建筑施工企业停业整顿；造成生产安全事故或者其他严重后果的，按照《生产安全事故报告和调查处理条例》的有关规定，依法暂扣或者吊销安全生产考核合格证书；构成犯罪的，依法追究刑事责任。主要负责人、项目负责人有前款违法行为，尚不够刑事处罚的，处 2 万元以上 20 万元以下的罚款或者按照管理权限给予撤职处分；自刑罚执行完毕或者受处分之日起，5 年内不得担任建筑施工企业的主要负责人、项目负责人。"

2）《建筑施工企业安全生产许可证管理规定》（原建设第 128 号部令）第十五条规定："建筑施工企业取得安全生产许可证后，不得降低安全生产条件，并应当加强日常安全生产管理，接受建设主管部门的监督检查。安全生产许可证颁发管理机关发现企业不再具备安全生产条件的，应当暂扣或者吊销安全生产许可证。"

（4）其他规范性文件

1）《建设施工企业安全生产许可证管理规定实施意见》（建质〔2004〕148 号）第二十四条规定："安全生产许可证颁发管理机关或市、县级人民政府建设主管部门发现取得安全生产许可证的建筑施工企业不再具备《规定》第四条规定安全生产条件的，责令限期改正；经整改仍未达到规定安全生产条件的，处以暂扣安全生产许可证 7 至 30 日的处罚；安全生产许可证暂扣期间，拒不整改或经整改仍未达到规定安全生产条件的，处以延长暂扣期 7 至 15 天直至吊销安全生产许可证的处罚。"

第二十五条规定："企业发生死亡事故的，安全生产许可证颁发管理机关应当立即对企业安全生产条件进行复查，发现企业不再具备《规定》第四条规定安全生产条件的，处以暂扣安全生产许可证 30 日至 90 日的处罚；安全生产许可证暂扣期间，拒不整改或经整改仍未达到规定安全生产条件的，处以延长暂扣期 30 日至 60 日直至吊销安全生产许可证的处罚。"

2)《建筑施工企业安全生产许可证动态监管暂行办法》（建质〔2008〕121 号）第十四条还明确了住房城乡建设主管部门在发生事故的施工企业安全生产条件复查中关于暂扣安全生产许可证处罚的执行标准：①发生一般事故的，暂扣安全生产许可证 30 至 60 日；②发生较大事故的，暂扣安全生产许可证 60 至 90 日；③发生重大事故的，暂扣安全生产许可证 90 至 120 日。

对于建筑施工企业在 12 个月内第二次发生生产安全事故的，对企业安全生产许可证的处罚标准：①发生一般事故的，暂扣时限为在上一次暂扣时限的基础上再增加 30 日；②发生较大事故的，暂扣时限为在上一次暂扣时限的基础上再增加 60 日；③发生重大事故的按照上述两条处罚暂扣时限超过 120 日的，吊销安全生产许可证；④12 个月内同一企业连续发生三次生产安全事故的，吊销安全生产许可证。

对于建筑施工企业瞒报、谎报、迟报或漏报事故的，将在以上处罚的基础上，再处延长暂扣期 30 日至 60 日的处罚。暂扣时限超过 120 日的，吊销安全生产许可证。

3. 事故调查报告中防范和整改措施的落实及其监督

事故调查处理的最终目的是预防和减少事故。事故调查组在调查事故中要查清事故经过、查明事故原因和事故性质，总结事故教训。并在事故调查报告中提出防范和整改措施。事故发生单位应当认真吸取事故教训，落实防范和整改措施，防止事故再次发生。防范和整改措施的落实情况应当接受工会和职工的监督。安全生产监督管理部门和负有安全生产监督管理职责的有关部门。应当对事故发生单位负责落实防范和整改措施的情况进行监督检查。事故处理的情况由负责事故调查的人民政府或者其授权的有关部门、机构向社会公布，依法应当保密的除外。

附录一：有关国家建筑施工安全生产管理介绍

一、英国重大事故危害控制

英国是西方最早实现工业化的国家。在长期的工业活动中，人们逐步认识到涉及危险物质的工业活动极有可能导致事故的发生。一些事故不仅对工人，而且对周边环境甚至对远离事故现场的地方都会构成不同程度的危害。

英国又是最早制定和颁布安全卫生法规的国家。1974 年的《劳动安全卫生法》形成了英国现行的安全卫生立法框架。根据这个框架，英国建立了两个机构——安全卫生委员会和安全卫生执行局，以保证安全卫生法规和各项条例的实施。

1974 年 Flixborough 一家化学厂发生爆炸事故，揭开了英国预防重大事故的序幕。这起事故使该工厂被夷为平地，28 名工人死亡，工厂周围的设施遭受了极大破坏。安全卫生委员会指派重大事故预防专家全面调查事故发生的原因，并提出三项预防事故的策略：（1）确定危害作业场所；（2）为预防重大事故而采取的控制措施；（3）为降低事故的破坏性而采取的减缓措施。今天，为了预防此类重大事故的发生，英国于 1999 年制定了《重大事故危害控制（COMAH）》等一系列法规。

（一）预防重大事故危害的要点

《重大事故危害控制（COMAH）》法规是针对企业制定的，内容既简单，又实用。它包括 170 种指定的危害物质，而且按照工艺和贮存进行了分类。重大事故危害控制分为两个水平控制标准——下限标准和上限标准。一个企业实行什么水平的控制标准，取决于该企业的有害物质数量。

下限标准的职责。如果一个企业实行的是下限控制标准，则经营者必须通报主管当局。这是 COMAH 的一个最新特点。按照过去的法规，只有实行上限控制标准的企业才需要进行此类通报。而现在，无论实行哪个级别的控制标准，企业都应向当地安全卫生执行局通报，再由该局将详细情况抄报有关机构。同时，实行下限控制标准的经营者必须采取所有措施以预防重大事故的发生，并且报告所有发生的事故。按照现行的《重大事故危害控制法规》，对于实行下限标准的经营者，最重要和新的职责是建立重大事故预防方针。这一职责反映了在事故预防中管理体系的核心作用。

上限标准的职责。如果一个企业实行的是上限控制标准，则经营者必须遵守法规第7～14 条。第 7 条要求经营者提交书面安全报告。如果经营者计划建立实行上限标准的新企业，他们必须在施工前提交有关资料，并且在企业开始建立安全指标前等待主管当局的批复。这能够保证在设计阶段就已充分考虑到生产的安全性。法规第 9～13 条是应急计划的要求，其中包括测试现场应急计划和场外应急计划的必要性；上述条规还包括由地方政府负责建立和测试场外应急计划的安排。法规第 14 条包括经营者必须向公众披露的信息。同时，主管当局应在年鉴上向公众发布安全报告。

（二）对违法处罚的规定

一旦企业违反法规而导致工伤事故，执法当局需要判断非故意杀人罪名是否成立。英格兰和威尔士的执法当局与警察当局建立了联系，如果发现非故意杀人罪名证据确凿，则执法当局将事故案件移交警察当局。如果警察当局决定不再以非故意杀人罪起诉，则执法当局应以安全卫生事故案件起诉或建议起诉。

法院将根据安全卫生法律来处罚违法者。不封顶罚金和监禁只能由高等法院来判决。安全卫生委员会将继续加强法院对违反安全卫生法规的案件的重视程度，并鼓励他们充分使用手中的权力。

二、欧美对剧毒化学品的安全管理办法

（一）欧美对剧毒化学品的管理综述

美国是目前世界上对各类化学品（包括剧毒化学品）管理最为严格的国家。它主要是按照已经正式颁布的几十个法律及有关行政法规，由 4 个主要管理机构，即职业安全与健康管理局（OSHA）、食品和药品管理局（FDA）、消费产品安全委员会（CPSC）、环境保护总局（EPA）来全面管理药品、食品、化妆品、农药、工业和日用化学物质，以及它们的潜在危害，保障这些产品和空气、水、土壤、生态、生产场所与消费者的安全。

1970 年颁布的《职业安全与健康法》，授权 OSHA 制定强制性的安全与健康标准，包括有毒化学物质的安全接触标准。CPSC 的《有害物质法》，与同类的其他法律相比，有两个明显的特点：其一是把确定毒性的标准规定得比较具体，把"高毒类"定义为对啮齿类动物有急性毒性，而有慢性毒性的物质则被定义为"有毒类"；其二是特别提到试验动物和人类急性毒性作为证据的权重，提出在两种材料不同的情况下，要优先考虑使用人类毒性资料。按照 1976 年颁布的《有毒物质控制法》授权，CPSC 规定了若干有急性毒物质的标签内容，同时禁止了数种可构成致癌危害的物质，包括石棉、氯乙烯燃料、苯、TRIS、甲醛等。该法规定：①EPA 有权限制或禁止有害化学物质的生产制造、加工、销售、使用以及排放；②EPA 有权要求生产厂家补充资料或补充试验，以建立必需的数据资料库；③授权 EPA 可在人类接触发生前，就对新化学物质进行安全评价。

（二）欧美对剧毒化学品的主要管理办法

1. 物质申报和持续报告义务

不管是在欧盟，还是在美国，新化学物质（包括剧毒化学物质）在进入所在国市场之前，都要向其主管机构进行申报。这些主管机构一般是各国负责化学品安全的政府主管部门或下设组织。各国都制定了现有化学物质名录，在名录中的物质可以免予申报，但不能免除分类、包装和标注的责任要求。申报的内容，依据物质投放到市场的量的不同而不同，如果投放量超过一定标准（欧盟的界定量是 1 吨），则需要进行完全申报，否则可进行部分申报。

在向所在国主管机构提交了申报资料后，申报人（化学品制造商和进口商）还有持续报告的义务，需报告物质进入市场的年投放量和总量的变化，物质对健康和环境影响的新的认知信息，物质新的用途，物质组成的任何变化，制造商或进口商角色的任何变化等。

2. 物质的危险性评估

对化学物质（包括新物质和现有物质）的危险性评估，美国和欧盟都要求有关主管机构或生产使用企业就物质对人类和环境的潜在危害性进行评估。欧美都已经建立了一套化学品危险性评估体系，并公布了配套的技术文档。按照欧盟《白皮书》的建议，化学品"风险评估"的责任将由主管机构负责向化学品的生产企业和下游用户转移。

3. 限制和禁止剧毒物质的生产、销售或使用

对剧毒化学品，各国通过不同的方式加以控制。例如，限制或禁止它们的生产、销售、使用或排放，限制它们的使用量，或通过"职业接触限值"的形式来限制它们在作业场所中出现的最大浓度。

在欧盟或其成员国内部，有单独的法规，限制或禁止某些单个化学品，或一类危险物质或制剂的销售和使用。如 1997 年 8 月 7 日发布的指令，禁止了广泛类别的致癌物质、致突变物质和致生殖毒害物质（CMR）的商业形式的销售。德国规定，22 类物质（如石棉和镉）禁止在德国境内制造和销售，对特定的危险物质的制造和使用，包括二噁英和呋喃、DDT、一些芳香胺和甲醛，提出了更严格的限制。

4. 危害信息交流

对危险化学品，尤其是剧毒物质，推行安全技术说明书（MSDS）和安全标签制度，进行危害信息传递，同时要求这些危害信息语言和格式本地化。值得注意的是，随着新指令的实施，欧盟对安全技术说明书的规定有了新的变化，即对不属危险化学品，但含有 1% 或更多的对健康和环境有害因素的物质，或作业场所接触限值涉及的物质，都要提供安全技术说明书。在德国，所有安全技术说明书上还应有应急联系电话、欧洲废弃物索引号等内容。

5. 社区知情权

在美国，按照应急预案和社区知情权法的规定，公众和社区享有知情权，要求工业界报告社区和州政府规定的有毒化学品的泄漏，要求企业报告化学品或杀虫剂对设施所在社区存在的可能的危害，要求企业报告极度危险物质（包括剧毒物质）在社区内存放的量，并建立了极度危险物质列表，列表内容包括物质的 CAS 号、商品名称、泄漏报告量和阈限计划量等信息。

三、国际公约的规定

（一）《鹿特丹公约》

《鹿特丹公约》又叫《关于在国际贸易中对某些危险化学品和农药采用事先知情同意程序的公约》，简称《PIC 公约》。它是由联合国粮食及农业组织（FAO）、联合国环境规划署（UNEP）、95 个参与国及一些非政府组织的共同努力下，经过两年的谈判工作，于

1998 年 9 月在荷兰鹿特丹召开的第五届政府间谈判委员会全权代表会议上讨论定稿的。公约要求各缔约方对某些极度危险的化学品和农药的进出口实行一套决策程序，即事先知情同意（PIC）程序。《鹿特丹公约》还建立了开放的 PIC 清单，规定了向 PIC 清单中增加化学品和删除化学品的程序。现阶段的 PIC 清单有 27 种化学品，其中 22 种是农药或农药制剂，另外 5 种为工业化学品。

（二）《POPs 公约》

《POPs 公约》又叫《关于持久性有机污染物的斯德哥尔摩公约》，简称《斯德哥尔摩公约》。它旨在减少或消除持久性有机污染物（POPs）的排放，保护人类健康和环境免受其危害。根据公约的规定，将采取国际行动的最初 12 种持续有机污染物包括如下 3 类：①农药，如艾氏剂、氯丹、DDT、狄氏剂、异狄氏剂、七氯、来蚁灵、毒刹酚和六氯苯（HCB）等；②工业化学品，如六氯苯（HCB）和多环芳烃和多氯联苯（PCBs）；③副产物，如二噁英（PCDD）和呋喃（PCDF）。

（三）《禁止化学武器公约》

《禁止化学武器公约》，全称叫《关于禁止发展、生产、储存和使用化学武器及销毁此种武器的公约》。公约的主要内容是：①禁止缔约各国发展、生产、获取、拥有、转让和使用各类化学武器；②缔约国在公约生效后 30 天内递交是否拥有、转让或接受化学武器及其生产设施的详细情况报告，90 天内关闭化学武器生产设施，1～2 年内开始销毁所有化学武器及其生产设施，10～15 年内销毁完毕；③缔约国须在每年度销毁开始前 60 天提交化学武器销毁计划，销毁结束后 60 天报告销毁执行情况，国际核查组织在销毁后 30 天核查销毁情况；④公约生效后 30 天内，缔约各国必须申报其用于研究医疗、药物和防护目的或其他公约未禁止之目的的生产、转让或获取公约规定数量的各类有毒化学品的情况；各类有毒化学品合计数量不得超过一吨，并须每年申报一次；不得将除莠剂、防爆剂等化学物质用于战争目的；⑤在别国遗留有化学武器的国家须承担销毁其遗留化学武器的责任；⑥在荷兰海牙设立指导、监督和促进公约实施的国际机构，包括由所有成员国组成的国际会议、由 41 个成员国组成的执行理事会和技术秘书处。

四、日本的安全管理简介

（一）日本安全卫生管理绩效

日本全国自 1928 年开始推行国家安全周，到 2002 年已进行了 74 年，是加强预防职业灾害发生的志愿性活动，由于长期性的努力，以致职业灾害已逐渐下降并颇具成效，例如死亡与受伤的人数（工伤假 4 日或 4 日以上者）的统计，1999 年比 1998 年减少 18148 人，减少 12.24%；自 1995 年至 1999 年 5 年之间死亡与受伤人数自 167316 人降至 130100，减少 37216 人，减少 22.24%，颇具成效。下表为 1995 年至 1999 年的职业灾害的统计和 1995 年至 1999 年的职业灾害发生频率。

1995 年至 1999 年的职业灾害的统计（人）

年度	死亡人数	死亡与受伤人数	领取劳工保险津贴的人数
1995	2414	167316	613003
1996	2363	162862	607125
1997	2078	156726	600006
1998	1844	148248	576664
1999	1992	130100	

1995 年至 1999 年的职业灾害发生频率（千人率）

年度	矿业	林业	港湾运送业	运输业	建筑业	制造业
1995	2.14	9.99	3.45	4.52	2.25	1.19
1996	2.57	6.90	3.88	3.79	1.25	1.18
1997	1.74	7.61	3.50	3.30	1.11	1.10
1998	1.13	5.47	2.73	3.25	1.32	1.00
1999	1.37	2.47	2.72	3.67	1.44	1.02

（二）安全与企业管理

日本在全国努力配合之下，虽然职业灾害率比以前降低，但是，在一些作业场所的事故仍然在发生，为了有效地控制职业灾害的发生，不仅在作业场所积极推行零灾害运动，而且亦积极消除作业场所的风险，因而建立下列安全控制系统及相关的激励活动，并应用规划、执行、评估和改善的 PDCA 安全卫生管理模式，激励各项活动。

1. 安全控制系统的建立

安全控制系统做法须视行业类别、企业规模大小和作业场所的需求有所不同，此系统应给予组织成员充分地授权，以适用于作业场所，它亦需要一些安全控制活动，以密切与企业活动的结合，并且也必须考虑此系统的现场人员和安全控制部门的人员之间的密切合作。例如安全控制部门的人员所提出的安全控制方案须与现场的人员合作，当现场人员去执行这个方案时，现场的干部须去检查和评估现场人员的安全活动，并且相互反馈相关的信息。

尤其在工作场所内具有各种不同作业的劳工，在同一时间混杂在同一工作场所，例如在同一场所及同一时间内多重承包的承包人的劳工一起作业，此时雇主必须与各承包人共同协议建立一个整合的安全控制系统和建立相关的安全控制活动。

2. 劳动安全卫生管理系统

为促使安全活动，以便增进规划、执行、评估、改善，它需要系统化及持续性。

（1）高层主管表明安全卫生政策，使劳工知晓安全卫生政策并涵盖下列事项：

1）在劳工知晓及协助下，实施各项安全卫生活动。

2）必须遵守劳工安全卫生相关法令及企业单位所制订的安全卫生工作守则及相关规定。

3）切实实施、运用职业安全卫生管理系统。

（2）在企业单位制定与表明安全卫生政策，须考虑下列促进方法：

1）企业单位有关安全卫生现状的掌握。

2）雇主和高层主管须定期审查、检讨安全卫生规划、执行、稽核文件，并确实掌握安全卫生现状。

3）雇主的责任及有关安全卫生政策的决定。

4）所需安全卫生文件。

5）告知劳工。

（三）设定安全卫生目标

安全卫生目标的设定，除了针对特定危险或有害因素之外，还应考虑过去所订的安全卫生计划事项及实施与运作情况、安全卫生目标完成状况、职业灾害等状况。

根据安全卫生政策，设定安全卫生目标，并在预定时间内完成所定的目标，其目的是"确保完全零灾害"或"实现安全、健康、舒适的作业环境"。

职业安全卫生管理系统，是一种 PDCA 的循环模式，持续不断地改善与提高安全卫生管理的水平。实际循环期间所设定的安全卫生目标的完成率，须要客观地评估，尽可能以数字显示其目标，甚至为了完全完成安全卫生目标，可以一定的比率划分阶段逐一完成，以提高安全卫生水平。

（四）安全卫生计划的制定

1. 安全卫生目标

为完成企业单位安全卫生目标，须根据劳工安全卫生法令及企业单位所订的安全卫生工作守则及相关规定，为消除或减低其特定危险或有害因素，所计划的实施事项及特定的作业程序，即风险评估的结果，列为安全卫生计划事项。

（1）消除或减低特定危险或有害因素应注意的事项如下：

1）劳工安全卫生相关法令规定措施的实施。

2）机械、设备等安全装置的设置。

3）采用无害或有害性较低的化学物质。

4）局部排气装置的设置。

5）作业方法及作业程序的改善。

6）安全卫生教育的实施。

（2）所谓危险与有害因素，不仅指机械、设备或化学物质引起的，亦指作业方法、作业行为所引起的危险，有害的因素及特别注意事项如下：

1）机械、器具及其他设备所引起的危险因素。

2）爆炸性物质、易燃物质、自燃物质等引起的危险因素。

3）电气、热能及其他能源引起的危险因素。

4）作业方法产生的危险因素。

5）作业场所相关的危险因素。

6）原料、气体、蒸汽、粉尘、缺氧、病原体等引起的有害因素。

7）放射线、高温、低温、超音波、噪声、振动、异常气压等引起的有害因素。

8）仪器监视、精密工作等作业引起的有害因素。

9）废弃物、废液或残留物引起的有害因素。

10）换气、照明等作业场所相关的有害因素。

11）作业行为产生的危险或有害因素。

2. 安全计划实施

安全卫生计划实施事项如下：

（1）危险、有害因素消除、减低目的的实施事项。

（2）劳工安全卫生相关法令及企业单位制订的安全卫生工作守则与规定实施事项。

（3）日常安全卫生活动事项。

（4）前次 PDCA 审查、探讨所需改善事项。

（五）安全卫生管理实施与运作

雇主对于所制订的安全卫生规划事项，必须切实继续实施及依所订程序运作，对于运作必要的事项，必须告知劳工、承包人及利害相关者。而且企业单位对于机械、设备、化学物质等的转让与提供时，必须将其危险及有害因素的特定资料与处理相关事项，以书面资料提供，使劳工周知。有关安全卫生管理计划事项的实施与运作简述如下：

1. 各级管理者的职务、责任及权限

明确划分及指派各级管理者，包括雇主、各部门主管、单位主管所担任安全卫生管理的职务、责任及权限，并告知劳工、相关承包人及其他相关人员周知。

2. 教育训练

安全卫生管理系统有关的人力资源及经费，须编制计划与确保，若是企业单位必要的安全卫生知识、技能不足时，可请厂外的专家协助及训练。

对于劳工教育训练，必须根据规划事项需求，拟订教育训练实施计划。对于承包人的劳工，为配合实施安全卫生系统所需教育训练，企业单位亦须指导及协助。

3. 文件化及文件管理

雇主对于下列事项必须文件化处理

（1）安全卫生政策

（2）安全卫生目标

（3）安全卫生计划

（4）各级主管的职务、责任及权限

（5）特定危险或有害因素风险评估、劳工咨询与沟通、安全卫生实施与运作、日常点检与改善、稽核等的作业程序

（6）前项各项文件，应制订文件管理程序书

文件化及文件管理的意义，是增进安全卫生管理者在人事变动时，能使接任者确实了解其内容不至于中断，而使安全卫生管理系统切实地实施与运作，而且还能使文件标准化。

（7）紧急事件应变

企业单位应事先针对可能产生紧急事件的可能性进行评估，并且对于紧急事件发生时，制定为防止职业灾害所需采取的对应措施。

紧急事件发生时，防止职业灾害的措施包括灭火与避难方法、伤害救助方法、消防设

备、避难设备及抢救器材、消防编组、指挥系统、紧急通报单位、消防与避难训练等的实施。

(六) 评估 (查核与矫正措施)

评估事项，包括安全卫生日常的点检与改善等安全卫生管理系统的监督、测量、稽核及记录。

1. 日常点检与改善

雇主应为安全卫生计划实施状况等日常点检及改善，制定程序书，并根据其程序书实施安全卫生计划的日常点检及改善。

职业灾害事故等发生时，应进行原因调查，并根据其原因实施改善。并且根据其程序书实施事故调查及改善。

日常点检及改善结果，其矫正与预防措施，是系统监督及安全卫生管理系统所考查的PDCA 的评估及改善结果，提交高层主管审查，其审查结果再作为下次安全卫生计划项目的修正，促使 PDCA 持续循环。

2. 系统监督 (稽核)

雇主应完成安全卫生管理定期系统监督 (稽核) 的计划，并且根据实施系统监督程序书，实施系统监督。

系统监督与评估安全卫生管理系统在企业单位是不可或缺的，认为有必要时，需要进行安全卫生管理系统的实施与运作的改善。

实施系统监督 (稽核)，基本上由企业单位内部的人员实施内部稽核，或是委托企业单位外部人员实施外部稽核。实施稽核的人员，必须具备稽核能力，必须具有公平、客观的立场。

3. 记录及记录管理

雇主对于安全卫生计划的实施与运作状况、系统监督稽核结果等安全卫生管理系统实施与运作相关必要的事项，实施记录及管理。

安全卫生计划的实施与运作状况、系统监督稽核的结果，须涵盖特定危险或有害因素、教育训练实施状况、职业灾害、事故等发生状况。

(七) 重新评估 (高层主管审查)

雇主对于系统监督、稽核结果，必须定期由高层主管实施审查及重新评估、检讨，确保安全卫生管理系统的适应性及有效性，并且判断改善的必要性。

高层主管进行安全卫生管理系统重新评估，应考虑事业单位安全卫生水平提高状况及社会形势变化等。

所谓安全卫生管理系统的适应性，是指安全卫生政策及其安全卫生目标、安全卫生计划、各项程序书是否达到。

附录二：管理人员安全考核表格

项目经理安全生产考核表

项目部：

序号	考核项目	考核情况	标准分值	评定分值
1	是工程项目安全生产的第一责任人，对工程项目安全施工负有全面领导责任		10	
2	贯彻落实安全生产相关法律法规、上级有关安全生产规定及公司各项规章制度		10	
3	结合工程项目特点及施工性质，制定有针对性的安全生产管理制度、办法和实施细则，并组织实施		10	
4	在组织项目施工、聘用业务人员时，根据工程特点、工程规模及施工专业等情况，按规定足额配置专职安全生产管理人员		10	
5	建立项目安全生产监督管理体系		10	
6	建立项目安全责任目标体系，明确各级人员、各个部门和分承包方的安全责任和考核指标，并制定考核办法		10	
7	组织制定并落实项目安全管理方案和安全技术措施方案		10	
8	保证项目文明安全生产费用投入		10	
9	组织制定并落实项目生产安全事故应急救援预案，建立应急救援体系		10	
10	及时、如实报告各类事故和事件，指挥项目应急救援，保护现场，配合调查，组织制定整改及预防措施		10	

应得分　　　　　　　　实得分　　　　　　　　得分率

折合标准分

考核部门（章）：　　　　　　　　　　　　　　　年　　月　　日

项目生产经理安全生产考核表

项目部：

序号	考核项目	考核情况	标准分值	评定分值
1	对工程项目的安全生产负直接领导责任，协助项目经理落实项目安全生产各项工作		10	
2	组织编制施工计划的同时，编制安全生产措施计划，并确保安全防护措施的落实、措施经费的及时投入和专款专用		10	
3	组织开展安全宣传教育活动		10	
4	对各级各类人员、分包队伍安全生产责任制的落实情况进行考核		10	
5	定期（每旬）组织项目文明安全生产大检查和特殊时期的专项检查，查处违章和隐患，组织隐患的整改与落实		10	
6	组织开展重大安全活动		10	
7	组织施工现场大、中型机械设备的检查和验收工作		10	
8	组织重要、重点安全防护设施的检查和验收		10	
9	落实项目应急救援预案，落实应急救援设备和设施，组织应急演练		10	
10	发生事故及时、如实上报，组织应急抢救，保护现场，配合调查		10	

应得分　　　　　　　　实得分　　　　　　　　得分率

折合标准分

考核部门（章）：　　　　　　　　　　　　　　　　　年　　月　　日

项目安全总监安全生产考核表

项目部：

序号	考核项目	考核情况	标准分值	评定分值
1	在现场经理的直接领导下履行项目安全生产的监督、管理职责		10	
2	参加工程项目危害因素辨识和风险评价		5	
3	监督项目安全管理制度、办法的执行情况。监督项目安全投入计划的落实		10	
4	参加项目前期策划，参与安全技术措施和专项施工方案的审核		10	
5	督促、参加施工现场机械设备、设施、安全防护设施的检查验收		10	
6	负责安全设备、防护器材、重要劳动防护用品、急救设备和器具的验收和监管		10	
7	协助项目现场经理组织开展安全宣传教育活动。负责各类人员安全培训考核		10	
8	指导分包队伍开展施工队和班组级安全教育活动，监督各级管理人员、操作人员（尤其是特种作业人员）持证上岗		10	
9	组织项目总、分包安全员开展安全日检查，及时制止和查处违章指挥、违章操作、违反劳动纪律的行为和人员；及时发现和处理各种事故隐患，必要时可采取局部停工直至全面停工整顿的非常措施		10	
10	收集分析各类安全信息，并结合项目绩效监测结果，定期开展安全分析评价活动		10	
11	参加事故的调查与处理，监督整改预防措施的落实		5	

应得分　　　　　　　　实得分　　　　　　　　得分率

折合标准分

考核部门（章）：　　　　　　　　　　　　　　　　　　年　　　月　　　日

项目总工程师安全生产考核表

项目部：

序号	考核项目	考核情况	标准分值	评定分值
1	主持项目安全技术管理工作，对项目安全生产负技术领导责任		10	
2	组织编制或审核、审批施工组织设计、专项施工方案时，保证其可行性和针对性，并对执行情况进行监督检查		15	
3	组织开展工程项目危害因素辨识和风险评价工作		10	
4	根据建设单位提供的现场及毗邻区域地下管线及设施交底资料，组织制定保护措施		10	
5	组织制定施工组织设计及安全技术方案总交底		15	
6	对修改或变更的施工组织设计、安全技术方案及采用新技术、新材料、新工艺进行重新审批与把关。并针对所采用的新技术、新材料、新工艺对作业人员组织专门培训和交底		10	
7	针对所采用的新技术、新材料、新工艺对作业人员组织专门培训和交底		10	
8	参加大型机械设备设施、安全防护设施的检查验收		10	
9	参加生产安全事故的调查、分析与处理。组织制定重大隐患整改方案，并指导实施		10	

应得分　　　　　　　实得分　　　　　　　得分率

折合标准分

考核部门（章）：　　　　　　　　　　　　　　　　年　　月　　日

项目商务经理安全生产责任考核表

项目部：

序号	考核项目	考核情况	标准分值	评定分值
1	负责审核项目分包方、分供方企业资质和合法文件		25	
2	组织签订总分包安全生产管理协议书，对相关方通过合约、文函等形式施加职业安全健康影响		25	
3	在经济合同中明确总、分包安全技术措施费用，明确安全责任目标		25	
4	负责安全违章和违约处罚的核算和结算		25	

应得分　　　　　　　　实得分　　　　　　　　得分率

折合标准分

考核部门（章）：　　　　　　　　　　　　　　　　年　　月　　日

项目工程部相关人员安全生产考核表

项目部：

序号	考核项目	考核情况	标准分值	评定分值
1	是所管辖区域内安全生产的第一责任人，对所管辖范围内的安全生产负直接责任		10	
2	组织分包方和分供方认真贯彻执行上级有关安全生产的规定、指令，落实施工组织设计及各项安全技术方案、措施		15	
3	针对生产任务特点，进行书面安全技术交底，履行签字手续		15	
4	对规程、措施、交底要求的执行情况经常检查，随时纠正违章作业		10	
5	参加对工程防护设施及重点防护设施的安全验收		10	
6	经常检查所管辖区域的作业环境、设备和安全防护设施的安全状况、作业工人劳动防护用品佩戴情况，发现问题及时纠正解决		10	
7	对重点、特殊部位施工，必须做到旁站检查		10	
8	接受并服从安全监管，对提出的隐患，立即组织整改和落实		10	
9	第一时间做好所辖区域事故现场的保护工作，落实整改措施，接受并配合事故的调查、分析和处理		10	

应得分　　　　　　　　　实得分　　　　　　　　得分率

折合标准分

考核部门（章）：　　　　　　　　　　　　　　　　　　　年　　月　　日

项目技术部相关人员安全生产考核表

项目部：

序号	考核项目	考核情况	标准分值	评定分值
1	贯彻执行安全技术规范和安全操作规程，落实项目安全技术管理制度		10	
2	在编制和审查施工组织设计和施工方案的过程中，应在每个环节都贯穿安全技术措施，并检查方案的实施。方案变更时，应同时修订安全技术措施		15	
3	组织编制、审查专项安全施工方案，组织较大危险性工程专项施工方案的专家论证		15	
4	根据建设单位提供的现场及毗邻区域地下管线及设施交底资料，编制保护措施		15	
5	参加重要设备、安全防护设施的安全验收，从技术角度进行把关		20	
6	积极推进改善劳动条件、保障劳动者安全和健康的技术进步，对新技术、新工艺、新材料、新设备，制定相应的安全技术措施和安全操作规程，并组织对作业人员进行相应的安全生产教育培训		15	
7	参加生产安全事故的调查和分析，分析事故原因，从技术上提出防范措施		10	

应得分　　　　　　　　实得分　　　　　　　　　　得分率

折合标准分

考核部门（章）：　　　　　　　　　　　　　　　　　　　　　年　　　月　　　日

项目物资部相关人员安全生产考核表

项目部：

序号	考核项目	考核情况	标准分值	评定分值
1	负责采购（租赁）的各类材料、机械设备、架设工具及劳动防护用品等，必须具有生产许可证、产品合格证，并且所附各项技术资料齐全有效，其安全可靠性能符合国家或有关行业的技术标准、规范的要求，以及集团的管理要求。必要时进行抽样试验，回收后进行检修		25	
2	按规定制定易燃、易爆、剧毒物品的采购、发放、使用、管理制度，并严格执行		25	
3	施工现场购置和堆放的各类建筑材料应符合文明施工和环境保护要求		25	
4	负责在用机具及防护用品的管理，对架设工具及重要劳动防护用品要定期组织检查、试验和鉴定，对不合格的要及时报废、更新，确保使用安全		25	
应得分　　　　　　　实得分　　　　　　　得分率				
折合标准分				

考核部门（章）：　　　　　　　　　　　　　　　年　　月　　日

项目商务部相关人员安全生产考核表

项目部：

序号	考核项目	考核情况	标准分值	评定分值
1	在合同评审时负责辨识甲方安全需求，评判安全风险		15	
2	在编制分部分项工程及物资采购招标文件时，明确对分包方的安全要求		20	
3	会同有关部门审核分承包方的安全资质和安全履约能力		25	
4	在与分承包方签订经济合同时，要签订安全生产管理协议，明确安全责任目标和双方安全管理职责		25	
5	对分包单位的工程款进行结算清时，应扣除分包由于违规、违章的罚款款项		15	
应得分	实得分	得分率		
折合标准分				

考核部门（章）：　　　　　　　　　　　　　　　　　　　　　年　　　月　　　日

项目财务部相关人员安全生产考核表

项目部：

序号	考核项目	考核情况	标准分值	评定分值
1	根据工程项目实际情况及安全技术措施经费的需要，在资金安排上优先考虑安全技术措施经费、劳动保护经费及其他安全生产所需费用		50	
2	按规定审查享受劳保待遇和购置劳动防护用品的合法性		30	
3	按规定办理安全奖、罚款手续		20	
应得分　　　　　　　　实得分　　　　　　　　得分率 折合标准分				

考核部门（章）：　　　　　　　　　　　　　　　　　　　　　　年　　月　　日

项目劳务管理人员安全生产考核表

项目部：

序号	考核项目	考核情况	标准分值	评定分值
1	严格审查外施队伍的工资制和各项手续，定期对分包商进行安全评审		30	
2	负责新进厂作业人员的资格审查和入场教育的组织工作，保证选定的劳务人员具有基本的安全技能		20	
3	严格执行特种作业人员安全管理规定，督促、检查特种作业人员进行安全培训，并持证上岗		20	
4	监督、检查作业人员劳动保护待遇的落实和实施		15	
5	参与安全生产事故的调查、处理，从用工方面分析事故原因，提出防范措施		15	

应得分　　　　　　　　实得分　　　　　　　　得分率

折合标准分

考核部门（章）：　　　　　　　　　　　　　　　　　　　年　　　月　　　日

项目消防保卫相关人员安全生产考核表

项目部：

序号	考核项目	考核情况	标准分值	评定分值
1	贯彻落实消防保卫法规、规程，制定工作计划和消防安全管理制度		15	
2	对消防保卫工作计划和消防安全管理制度执行情况进行监督检查		15	
3	经常对职工进行消防安全教育		15	
4	会同有关部门对有关特种作业人员进行消防安全考核		10	
5	组织消防安全检查，督促有关部门对火灾隐患进行整改		15	
6	负责调查火灾事故的原因，提出处理意见		15	
7	负责施工现场的保卫工作		15	
应得分	实得分		得分率	
折合标准分				

考核部门（章）：　　　　　　　　　　　　　　　　　　　　年　　　月　　　日

项目安全员安全生产考核表

项目部：

序号	考核项目	考核情况	标准分值	评定分值
1	认真贯彻上级安全生产的指示和规定，检查督促执行		15	
2	参与制定项目有关安全生产管理制度、安全技术措施计划和安全技术操作规程，督促落实并检查执行情况		15	
3	负责纠正和查处违章指挥、违章操作、违反安全生产纪律的行为和人员		15	
4	正确分析、判断和处理各种事故隐患，负责组织编制事故安全隐患整改方案，并及时检查整改方案的落实情况		20	
5	对施工现场存在重大安全隐患，及时下达整改通知单，情节严重的告知项目安全总监下达停工整改决定		15	
6	负责组织项目人员安全教育与考核（包括三级安全教育）工作		10	
7	如发生事故，要正确处理，及时、如实地向上级报告，并保护现场，做好详细记录，参与安全事故的调查和处理		10	

应得分　　　　　　　实得分　　　　　　　　　得分率

折合标准分

考核部门（章）：　　　　　　　　　　　　　　　　年　　　月　　　日

项目机械管理相关人员安全生产考核表

项目部：

序号	考核项目	考核情况	标准分值	评定分值
1	制定工程项目机械安全管理的各项制度、办法，并监督落实		25	
2	对现场机械设备的安全运行负责，按照安全技术规范进行经常性检查，并监督各种设备、设施的维修和保养		25	
3	对大型设备设施、中小型机械操作人员定期进行培训，监督其持证上岗		25	
4	参加大型设备设施及中小型机械的验收		25	
应得分　　　　　　实得分　　　　　　得分率 折合标准分				

考核部门（章）：　　　　　　　　　　　　　　　　年　　月　　日

项目职业健康管理人员安全生产考核表

项目部：

序号	考核项目	考核情况	标准分值	评定分值
1	依照法律法规规定，负责有毒有害作业人员的健康检查。配合有关部门，负责对职工进行健康普查，组织、监督对特种作业人员及有毒有害工种作业人员的健康检查，提出处理意见		15	
2	监督有毒有害作业场所有关防护措施的落实，做好职业病预防工作，负责施工现场防暑降温工作		15	
3	负责食堂的管理工作，对施工现场生活卫生设施进行监督管理，预防疾病、食物中毒的发生		15	
4	根据施工现场具体情况，组建现场救护队，管理现场急救器械，并组织救护队成员的业务培训工作		15	
5	根据有关规定，负责施工现场外来务工人员的卫生防疫和"健康凭证"办证情况的监督检查工作		10	
6	发生急性职业中毒、食物中毒时，要及时上报项目经理，并立即组织应急抢救		15	
7	参加急性职业中毒和食物中毒事故的调查与处理，并提出防范措施		15	

应得分　　　　　　　　　实得分　　　　　　　　　得分率

折合标准分

考核部门（章）：　　　　　　　　　　　　　　　　　　　年　　　月　　　日

附录三：建筑施工安全检查表格

建筑施工安全检查评分汇总表

企业名称：

资质等级：

单位工程（施工现场）名称	建筑面积（m²）	结构类型	总计得分（满分100分）	项目名称及分值									
				安全管理（满分10分）	文明施工（满分20分）	脚手架（满分10分）	基坑工程（满分10分）	模板支架（满分10分）	高处作业（满分10分）	施工用电（满分10分）	物料提升机与施工升降机（满分10分）	塔式起重机与起重吊装（满分10分）	施工机具（满分5分）

评语：

检查单位	负责人	受检项目	项目经理

年　月　日

安全管理检查评分表

序号	检查项目		扣 分 标 准	应得分数	扣减分数	实得分数
1	保证项目	安全生产责任制	未建立安全责任制，扣10分 安全生产责任制未经责任人签字确认，扣3分 未备有各工种安全技术操作规程，扣2～10分 未按规定配备专职安全员，扣2～10分 工程项目部承包合同中未明确安全生产考核指标，扣5分 未制定安全生产资金保障制定，扣5分 未编制安全资金使用计划或未按计划实施，扣2～5分 未制定伤亡控制、安全达标，文明施工等管理目标，扣5分 未进行安全责任目标分解，扣5分 未建立对安全生产责任制和责任目标的考核制定，扣5分 未按考核制度对管理人员定期考核，扣2～5分	10		
2		施工组织设计及专项施工方案	施工组织设计中未制定安全技术措施，扣10分 危险性较大的分部分项工程未编制安全专项施工方案，扣10分 未按规定对超过一定规模危险性较大的分部分项工程专项施工方案进行专家论证，扣10分 施工组织设计、专项施工方案未经审批，扣10分 安全技术措施、专项施工方案无针对性或缺少设计计算，扣2～8分 未按施工组织设计、专项施工方案组织实施，扣2～10分	10		
3		安全技术交底	未进行书面安全技术交底，扣10分 未按分部分项进行交底，扣5分 交底内容不全面或针对性不强，扣2～5分 交底未履行签字手续，扣4分	10		
4		安全检查	未建立安全检查制度，扣10分 未有安全检查记录，扣5分 事故隐患整改未做到定人、定时间、定措施，扣2～6分 对重大事故隐患整改通知书所列项目未按期整改和复查，扣5～10分	10		
5		安全教育	未建立安全教育培训制度，扣10分 施工人员未进行三级安全教育培训和考核，扣5分 未明确具体安全教育培训内容，扣2～8分 变换工种或采用新技术、新工艺、新设备，新材料施工时未进行安全教育，扣5分 施工管理人员、专职安全员未按规定进行年度教育培训和考核，扣2分	10		

续表

序号	检查项目		扣 分 标 准	应得分数	扣减分数	实得分数
6	保证项目	应急救援	未制定安全生产应急救援预案，扣10分 未建立应急救援组织或未按规定配备救援人员，扣2～6分 未定期进行应急救援演练，扣5分 未配备应急救援器材和设备，扣5分	10		
		小计		60		
7	一般项目	分包单位安全管理	分包单位资质、资格、分包手续不全或失效，扣10分 未签订安全生产协议书，扣5分 分包合同、安全生产协议书，签字盖章手续不全，扣2～6分 分包单位未按规定建立安全机构或未配备专职安全员，扣2～6分	10		
8		持证上岗	未经培训从事施工、安全管理和特种作业，每人扣5分 项目经理、专职安全员和特种作业人员未持证上岗，扣2分	10		
9		生产安全事故处理	生产安全事故未按规定报告，扣10分 生产安全事故未按规定进行调查分析、制定防范措施，扣10分 未依法为施工作业人员办理保险，扣5分	10		
10		安全标志	主要施工区域、危险部位未按规定悬挂安全标志，扣2～6分 未绘制现场安全标志布置图，扣3分 未按部位和现场设施的变化调整安全标志设置，扣2～6分 未设置重大危险源公示牌，扣5分	10		
		小计		40		
	检查项目合计			100		

文明施工检查评分表

序号	检查项目		扣 分 标 准	应得分数	扣减分数	实得分数
1	保证项目	现场围挡	市区主要路段工地未设置封闭围挡或围挡高度小于2.5m，扣5～10分 一般路段的工地未设置封闭围挡或围挡高度小于1.8m，扣5～10分 围挡未达到坚固、稳定、整洁、美观，扣5～10分	10		

续表

序号	检查项目		扣 分 标 准	应得分数	扣减分数	实得分数
2	保证项目	封闭管理	施工现场进出口未设置大门，扣3分 未设置门卫室，扣5分 未建立门卫值守管理制度或未配备门卫值守人员，扣2~6分 施工人员进入施工现场未佩戴工作卡，扣2分 施工现场出入口未标有企业名称或标识，扣2分 未设置车辆冲洗设施，扣3分	10		
3		施工场地	施工现场主要道路及材料加工区地面未进行硬化处理，扣5分 施工现场道路不畅通、路面不平整坚实，扣5分 施工现场未采取防尘措施，扣5分 施工现场未设置排水设施或排水不通畅、有积水，扣5分 未采取防止泥浆、污水、废水污染环境措施，扣2~10分 未设置吸烟处、随意吸烟，扣5分 温暖季节无绿化布置，扣3分	10		
4		材料管理	建筑材料、构件、料具未按总平面布局码放，扣4分 材料码放不整齐，未标明名称、规格，扣2分 施工现场材料存放未采取防火、防锈蚀、防雨措施，扣3~10分 建筑物内施工垃圾的清运未使用器具或管道运输，扣5分 易燃易爆物品未分类储藏在专用库房、未采取防火措施，扣5~10分	10		
5		现场办公与住宿	施工作业区材料存放区与办公、生活区未采取隔离措施，扣6分 宿舍、办公用房防火等级不符合有关消防安全技术规范要求，扣10分 在施工程伙房、库房兼作住宿，扣10分 宿舍未设置可开启式窗户，扣4分 宿舍未设置床铺、床铺超过2层或通道宽度小于0.9m，扣2~6分 宿舍人均面积或人员数量不符合规范要求，扣5分 冬季宿舍内未采取采暖和防一氧化碳中毒措施，扣5分 夏季宿舍内未采取防暑降温和防蚊蝇措施，扣5分 生活用品摆放混乱、环境卫生部符合要求，扣3分	10		
6		现场防火	施工现场未制定消防安全管理制定、消防措施，扣10分 施工现场临时用房和作业场所的防火设计不符合规范要求，扣10分 施工现场消防通道、消防水源的设置不符合规范要求，扣5~10分 施工现场灭火器材布局、配置不合理或灭火器材失效，扣5分 未办理动火审批手续或未指定动火监护人员，扣5~10分	10		
		小计		60		

续表

序号	检查项目		扣 分 标 准	应得分数	扣减分数	实得分数
7	一般项目	综合治理	生活区未设置供作业人员学习和娱乐场所，扣2分 施工现场未建立治安保卫制度的或责任未分解到人，扣3～5分 施工现场未制定治安防范措施，扣5分	10		
8		公示标牌	大门口处设置的公示标牌内容不全，扣2～8分 标牌不规范、不整齐，扣3分 未设置安全标语，扣3分 未设置宣传栏、读报栏、黑板报，扣2～4分	10		
9		生活设施	未建立卫生责任制度，扣5分 食堂与厕所、垃圾站、有毒有害场所的距离不符合规范要求，扣2～6分 食堂未办理卫生许可证或未办理炊事人员健康证，扣5分 食堂使用的燃气罐未单独设存放间或存放间通风条件不良，扣2～4分 食堂未配备排风、冷藏、消毒、防鼠、防蚊蝇等设施，扣4分 厕所内的设施数量和布局不符合规范要求，扣2～6分 厕所卫生未达到规定要求，扣4分 不能保证现场人员卫生饮水，扣5分 未设置淋浴室或淋浴室不能满足现场人员需求，扣4分 生活垃圾未装容器或及时清理，扣3～5分	10		
10		社区服务	夜间未经许可施工，扣8分 施工现场焚烧各类废弃物，扣8分 施工现场未制定防粉尘、防噪声防光污染等措施，扣5分 未制定施工不扰民措施，扣5分	10		
		小计		40		
	检查项目合计			100		

扣件式钢管脚手架查评分表

序号	检查项目		扣 分 标 准	应得分数	扣减分数	实得分数
1	保证项目	施工方案	架体搭设未编制专项施工方案或未按规定审核、审批，扣10分 架体结构设计未进行设计计算，扣10分 架体搭设超过规范允许高度，专项施工方案未按规定组织专家论证，扣10分	10		

序号	检查项目		扣　分　标　准	应得分数	扣减分数	实得分数
2	保证项目	立杆基础	立杆基础不平、不实、不符合方案设计要求，扣5～10分 立杆底部缺少底座、垫板或垫板的规格不符合规范要求，每处扣2～5分 未按规范要求设置纵、横向扫地杆，扣5～10分 扫地杆的设置和固定不符合规范要求，扣5分 未采取排水措施，扣8分	10		
3		架体与建筑结构拉结	架体与建筑结构拉结方式或间距不符合规范要求，每处扣2分 架体底层第一步纵向水平杆处未按规定设置连墙件或未采用其他可靠措施固定，每处扣2分 搭设高度超过24m的双排脚手架，未采用刚性连墙件与建筑结构可靠连接，扣10分	10		
4		杆件间距与剪刀撑	立杆、纵向水平杆、横向水平杆间距超过设计或规范要求，每处扣2分 未按规定设置纵向剪刀撑或横向斜撑，每处扣5分 剪刀撑未沿脚手架高度连续设置或角度不符合要求，扣5分 剪刀撑斜杆的接长或剪刀撑斜杆与架体杆件固定不符合规范要求，每处扣2分	10		
5		脚手板与防护栏杆	脚手板未满铺或铺设不牢、不稳，扣5～10分 脚手板规格或材质不符合要求，扣5～10分 架体外侧未设置密目式安全网封闭或网间连接不严，扣5～10分 作业层防护栏杆不符合规范要求，扣5分 作业层未设置高度不小于180mm的挡脚板，扣3分	10		
6		交底与验收	架体搭设前未进行交底或交底未有文字记录，扣5～10分 架体分段搭设、分段使用未进行分段验收，扣5分 架体搭设完毕未办理验收手续，扣10分 验收内容未进行量化，或未经责任人签字确认，扣5分	10		
		小计		60		
7	一般项目	架体防护	未在立杆与纵向水平杆交点处设置横向水平杆，每处扣2分 未按脚手架铺设的需要增加设置横向水平杆，每处扣2分 双排脚手架横向水平杆只固定一端，每处扣2分 单排脚手架横向水平杆插入墙内小于180mm，每处扣2分	10		

序号	检查项目		扣 分 标 准	应得分数	扣减分数	实得分数
8	一般项目	杆件连接	纵向水平杆搭接长度小于1m或固定不符合要求，每处扣2分 立杆除顶层顶步外采用搭接，每处扣4分 杆件对接扣件的布置不符合规范要求，扣2分 扣件紧固力矩小于40N·m或大于65N·m，每处扣2分	10		
9		层间防护	作业层脚手板下未采用安全平网兜底或作业层以下每隔10m未用安全平网封闭，扣5分 作业层与建筑物之间未按规定进行封闭，扣5分	10		
10		构配件材质	钢管直径、壁厚、材质不符合要求，扣4～5分 钢管弯曲、变形、锈蚀严重，扣5分 扣件未进行复试或技术性能不符合标准，扣5分	5		
11		通道	未设置人员上下专用通道，扣5分 通道设置不符合要求，扣2分	5		
		小计		40		
检查项目合计				100		

门式钢管脚手架检查评分表

序号	检查项目		扣 分 标 准	应得分数	扣减分数	实得分数
1	保证项目	施工方案	未编制专项施工方案或未进行设计计算，扣10分 专项施工方案未按规定审核、审批，扣10分 架体搭设超过规范允许高度，专项施工方案未组织专家论证，扣10分	10		
2		架体基础	架体基础不平、不实、不符合专项施工方案要求，扣5～10分 架体底部未设置垫板或垫板规格不符合要求，扣2～5分 架体底部未按规范要求设置底座，每处扣2分 架体底部未按规范要求设置扫地杆，扣5分 未采取排水措施，扣8分	10		
3		架体稳定	架体与建筑结构拉结方式或间距不符合规范要求，每处扣2分 未按规范要求设置剪刀撑，扣10分 门架立杆垂直偏差超过规范要求，扣5分 交叉支撑的设置不符合规范要求，每处扣2分	10		
4		杆件锁臂	未按规定组装或漏装杆件、锁臂，扣2～6分 未按规范要求设置纵向水平加固杆，扣10分 扣件与连接的杆件参数不匹配，每处扣2分	10		

序号	检查项目		扣 分 标 准	应得分数	扣减分数	实得分数
5	保证项目	脚手板	脚手板未满铺或铺设不牢、不稳，扣5～10分 脚手板规格或材质不符合要求，扣5～10分 采用挂扣式钢脚手板时挂钩未挂扣在横向水平杆上或挂钩未处于锁住状态，每处扣2分	10		
6		交底与验收	架体搭设前未进行交底或交底未有文字记录，扣5～10分 架体分段搭设、分段使用未进行分段验收，扣6分 架体搭设完毕未办理验收手续，扣10分 验收内容未进行量化或未经责任人签字确认，扣5分	10		
		小计		60		
7	一般项目	架体防护	作业层防护栏杆不符合规范要求，扣5分 作业层未设置高度不小于180mm的挡脚板，扣3分 架体外侧未设置密目式安全网封闭或网间连接不严，扣5～10分 作业层脚手板下未采用安全平网兜底或作业层以下每个10m未采用安全平网封闭，扣5分	10		
8		构配件材质	杆件变形、锈蚀严重，扣10分 门架局部开焊，扣10分 构配件的规格、型号、材质或产品质量不符合规范要求，扣5～10分	10		
9		荷载	施工荷载超过设计规定，扣10分 荷载堆放不均匀，每处扣5分	10		
10		通道	未设置人员上下专用通道，扣10分 通道设置不符合要求，扣5分	10		
		小计		40		
	检查项目合计			100		

碗扣式钢管脚手架检查评分表

序号	检查项目		扣 分 标 准	应得分数	扣减分数	实得分数
1	保证项目	施工方案	未编制专项施工方案或未进行设计计算，扣10分 专项施工方案未按规定审核、审批，扣10分 架体搭设超过规范允许高度，专项施工方案未组织专家论证，扣10分	10		
2		架体基础	架体基础不平、不实、不符合专项施工方案要求，扣5～10分 架体底部未设置垫板或垫板规格不符合要求，扣2～5分 架体底部未按规范要求设置底座，每处扣2分 架体底部未按规范要求设置扫地杆，扣5分 未采取排水措施，扣8分	10		

序号	检查项目		扣 分 标 准	应得分数	扣减分数	实得分数
3	保证项目	架体稳定	架体与建筑结构未按规范要求拉结，每处扣2分 架体底层第一步水平杆处未按规范要求设置连墙件或未采用其他可靠措施固定，每处扣2分 连墙件未采用刚性杆件，扣10分 未按规范要求设置专用斜杆或八字形斜撑，扣5分 专用斜杆两端未固定在纵、横向水平杆与立杆汇交的碗口节点处，每处扣2分 专用斜杆或八字斜撑未沿脚手架高度连续设置或角度不符合要求，扣5分	10		
4		杆件锁件	立杆间距、水平杆步距超过设计或规范要求，每处扣2分 未按专项施工方案设计的步距在立杆连接碗扣节点处设置纵、横向水平杆，每处扣2分 架体搭设高度超过24m时，顶部24m以下的连墙件层未按规定设置水平斜杆，扣10分 架体组装不牢或上碗扣紧固不符合要求，每处扣2分	10		
5		脚手板	脚手板未满铺或铺设不牢、不稳，扣5~10分 脚手板规格或材质不符合要求，扣5~10分 采用挂扣式钢脚手板时挂钩未挂扣在横向水平杆上或挂钩未处于锁住状态，每处扣2分	10		
6		交底与验收	架体搭设前未进行交底或交底未有文字记录，扣5~10分 架体分段搭设、分段使用未进行分段验收，扣5分 架体搭设完毕未办理验收手续，扣10分 验收内容未进行量化，或未经责任人签字确认，扣5分	10		
		小计		60		
7	一般项目	架体防护	架体外侧未设置密目式安全网封闭或网间连接不严，扣5~10分 作业层防护栏杆不符合规范要求，扣5分 作业层未设置高度不小于180mm的挡脚板，扣3分 作业层脚手板下未采用安全平网兜底或作业层以下每个10m未采用安全平网封闭，扣5分	10		
8		构配件材质	杆件变形、锈蚀严重，扣10分 钢管、构配件的规格、型号、材质或产品质量不符合规范要求，扣5~10分	10		
9		荷载	施工荷载超过设计规定，扣10分 荷载堆放不均匀，每处扣5分	10		
10		通道	未设置人员上下专用通道，扣10分 通道设置不符合要求，扣5分	10		
		小计		40		
检查项目合计				100		

承插型盘扣式钢管脚手架检查评分表

序号	检查项目		扣 分 标 准	应得分数	扣减分数	实得分数
1	保证项目	施工方案	未编制专项施工方案或未进行设计计算，扣10分 专项施工方案未按规定审核、审批，扣10分	10		
2		架体基础	架体基础不平、不实、不符合专项施工方案要求，扣5～10分 架体立杆底部缺少垫板或垫板规格不符合规范要求，每处扣2分 架体立杆底部未按规范要求设置可调底座，每处扣2分 未按规范要求设置纵、横向扫地杆，扣5～10分 未采取排水措施，扣8分	10		
3		架体稳定	架体与建筑结构未按规范要求拉结，每处扣2分 架体底层第一步水平杆处未按规范要求设置连墙件或未采用其他可靠措施固定，每处扣2分 连墙件未采用刚性杆件，扣10分 未按规范要求设置竖向斜杆剪刀撑，扣5分 竖向斜杆两端未固定在纵、横向水平杆与立杆汇交的碗口节点处，每处扣2分 斜杆或剪刀撑未沿脚手架高度连续设置或角度不符合要求，扣5分	10		
4		杆件设置	架体立杆间距、水平杆步距超过设计或规范要求，每处扣2分 未按专项施工方案设计的步距在立杆连接插盘处设置纵、横向水平杆，每处扣2分 双排脚手架的每步水平杆，当无挂扣钢脚手板时未按规范要求设置水平斜杆，扣5～10分	10		
5		脚手板	脚手板未满铺或铺设不牢、不稳，扣5～10分 脚手板规格或材质不符合要求，扣5～10分 采用挂扣式钢脚手板时挂钩未挂扣在水平杆上或挂钩未处于锁住状态，每处扣2分	10		
6		交底与验收	架体搭设前未进行交底或交底未有文字记录，扣5～10分 架体分段搭设、分段使用未进行分段验收，扣5分 架体搭设完毕未办理验收手续，扣10分 验收内容未进行量化，或未经责任人签字确认，扣5分	10		
		小计		60		

序号	检查项目		扣 分 标 准	应得分数	扣减分数	实得分数
7	一般项目	架体防护	架体外侧未采用密目式安全网封闭或网间连接不严，扣5～10分 作业层防护栏杆不符合规范要求，扣5分 作业层外侧未设置高度不小于180mm的挡脚板，扣3分 作业层脚手板下未采用安全平网兜底或作业层以下每个10m未采用安全平网封闭，扣5分	10		
8		杆件连接	立杆竖向接长位置不符合要求，每处扣2分 剪刀撑的斜杆接长不符合要求，扣8分	10		
9		构配件材质	钢管、构配件的规格、型号、材质或产品质量不符合规范要求，扣5～10分 杆件变形、锈蚀严重，扣10分	10		
10		通道	未设置人员上下专用通道，扣10分 通道设置不符合要求，扣5分	10		
		小计		40		
检查项目合计				100		

满堂脚手架检查评分表

序号	检查项目		扣 分 标 准	应得分数	扣减分数	实得分数
1	保证项目	施工方案	未编制专项施工方案或未进行设计计算，扣10分 专项施工方案未按规定审核、审批，扣10分	10		
2		架体基础	架体基础不平、不实、不符合专项施工方案要求，扣5～10分 架体底部未设置垫板或垫板规格不符合规范要求，每处扣2分 架体底部未按规范要求设置底座，每处扣2分 架体底部未按规范要求设置扫地杆，扣5分 未采取排水措施，扣8分	10		
3		架体稳定	架体四周与中间未按规范要求设置竖向剪刀撑或专业斜杆，扣10分 未按规范要求设置水平剪刀撑或专用水平斜杆，扣10分 架体高宽比超过规范要求时未采取与结构拉结或其他可靠的稳定措施，扣10分	10		
4		杆件锁件	架体立杆间距、水平杆步距超过设计或规范要求，每处扣2分 杆件接长不符合要求，每处扣2分 架体搭设不牢或杆件节点紧固不符合要求，每处扣2分	10		

续表

序号	检查项目		扣　分　标　准	应得分数	扣减分数	实得分数
5	保证项目	脚手板	脚手板未满铺或铺设不牢、不稳，扣5～10分 脚手板规格或材质不符合要求，扣5～10分 采用挂扣式钢脚手板时挂钩未挂扣在水平杆上或挂钩未处于锁住状态，每处扣2分	10		
6		交底与验收	架体搭设前未进行交底或交底未有文字记录，扣5～10分 架体分段搭设、分段使用未进行分段验收，扣5分 架体搭设完毕未办理验收手续，扣10分 验收内容未进行量化或未经责任人签字确认，扣5分	10		
		小计		60		
7	一般项目	架体防护	作业层防护栏杆不符合规范要求，扣5分 作业层外侧未设置高度不小于180mm的挡脚板，扣3分 作业层脚手板下未采用安全平网兜底或作业层以下每个10m未采用安全平网封闭，扣5分	10		
8		构配件材质	钢管、构配件的规格、型号、材质或产品质量不符合规范要求，扣5～10分 杆件弯曲、变形、锈蚀严重，扣10分	10		
9		荷载	架体的施工荷载超过设计和规范要求，扣10分 荷载堆放不均匀，每处扣5分	10		
10		通道	未设置人员上下专用通道，扣10分 通道设置不符合要求，扣5分	10		
		小计		40		
	检查项目合计			100		

悬挑式脚手架检查评分表

序号	检查项目		扣　分　标　准	应得分数	扣减分数	实得分数
1	保证项目	施工方案	未编制专项施工方案或未进行设计计算，扣10分 专项施工方案未按规定审核、审批，扣10分 架体搭设超过规范允许高度，专项施工方案未按规定组织专家论证，扣10分	10		
2		悬挑钢梁	钢梁截面高度未按设计确定或截面形式不符合设计和规范要求，扣10分 钢梁固定段长度小于悬挑段长度的1.25倍，扣5分 钢梁外端未设置钢丝绳或钢拉杆与上一层建筑结构拉结，每处扣2分 钢梁与建筑结构锚固处结构强度、锚固措施不符合设计和规范要求，扣5～10分 钢梁间距未按悬挑架体立杆纵距设置，扣5分	10		

续表

序号	检查项目		扣 分 标 准	应得分数	扣减分数	实得分数
3	保证项目	架体稳定	立杆底部与悬挑钢梁连接处未采取可靠固定措施，每处扣2分 承插式立杆接长未采取螺栓或稍钉固定，每处扣2分 纵横向扫地杆的设置不符合规范要求，扣5~10分 未在架体外侧设置连续式剪刀撑，扣10分 架体未按规定与建筑结构拉结，每处扣5分	10		
4		脚手板	脚手板规格或材质不符合要求，扣5~10分 脚手板未满铺或铺设不严、不牢、不稳，扣5~10分	10		
5		荷载	脚手架施工荷载超过设计规定，扣10分 荷载堆放不均匀，每处扣5分	10		
6		交底与验收	架体搭设前未进行交底或交底未有文字记录，扣5~10分 架体分段搭设、分段使用未进行分段验收，扣5分 架体搭设完毕未办理验收手续，扣10分 验收内容未进行量化或未经责任人签字确认，扣5分	10		
		小计		60		
7	一般项目	杆件间距	立杆间距、纵向水平杆步距超过设计或规范要求，每处扣2分 未在立杆与纵向水平杆交点处设置横向水平杆，每处扣2分 未按脚手架铺设的需要增加设置横向水平杆，每处扣2分	10		
8		架体防护	作业层防护栏杆不符合规范要求，扣5分 作业层架体外侧未设置高度不小于180mm的挡脚板，扣3分 架体外侧未采用密目式安全网封闭或网间不严，扣5~10分	10		
9		层间防护	作业层脚手架下未采用安全平网兜底或作业层以下每个10m未采用安全平网封闭，扣5分 作业层与建筑物之间未进行封闭，扣5分 架体底层沿建筑结构边缘，悬挑钢梁与悬挑钢梁之间未采取封闭措施或封闭不严，扣2~8分 架体底层未进行封闭或封闭不严，扣2~10分	10		
10		构配件材质	型钢、钢管、构配件的规格及材质不符合规范要求，扣5~10分 型钢、钢管、构配件弯曲、变形、锈蚀严重，扣10分	10		
		小计		40		
	检查项目合计			100		

附着式升降脚手架检查评分表

序号	检查项目		扣 分 标 准	应得分数	扣减分数	实得分数
1	保证项目	施工方案	未编制专项施工方案或未进行设计计算，扣10分 专项施工方案未按规定审核、审批，扣10分 脚手架提升超过规定允许高度，专项施工方案未按规定组织专家论证，扣10分	10		
2		安全装置	未采用防坠落装置或技术性能不符合规范要求，扣10分 防坠落装置与升降设备未分别独立固定在建筑结构上，扣10分 防坠落装置未设置在竖向主框架处并与建筑结构附着，扣10分 未安装防倾覆装置或防倾覆装置不符合规范要求，扣5~10分 升降或使用工况，最上和最下两个防倾装置之间的最小间距不符合规范要求，扣8分 未安装同步控制装置或技术性能不符合规范要求，扣5~8分	10		
3		架体构造	架体高度大于5倍楼层高，扣10分 架体宽度大于1.2m，扣5分 直线布置的架体支承跨度大于7m或折线、曲线布置的架体支承跨度大于5.4m，扣8分 架体的水平悬挑长度大于2m或大于跨度1/2，扣10分 架体悬臂高度大于架体高度2/5或大于6m，扣10分 架体全高与支撑跨度的乘积大于110m²，扣10分	10		
4		附着支座	未按竖向主框架所覆盖的每个楼层设置一道附着支座，扣10分 使用工况未将竖向主框架与附着支座固定，扣10分 升降工况未将防倾、导向装置设置在附着支座上，扣10分 附着支座与建筑结构连接固定方式不符合规范要求，扣5~10分			
5		架体安装	主框架及水平支承桁架的节点未采用焊接或螺栓连接，扣10分 各杆件轴线未汇交于节点，扣3分 水平支承桁架的上弦及下弦之间设置的水平支撑杆件未采用焊接或螺栓连接，扣5分 架体立杆底端未设置在水平支承桁架上弦杆件节点处，扣10分 竖向主框架组装高度低于架体高度，扣5分 架体外立面设置的连续剪刀撑未将竖向主框架、水平支承桁架和架体构架连成一体，扣8分			
6		架体升降	两跨以上架体升降采用手动升降设备，扣10分 升降工况附着支座与建筑结构连接处混凝土强度未达到设计和规范要求，扣10分 升降工况架体上有施工荷载或有人员停留，扣10分	10		
		小计		60		

序号	检查项目		扣 分 标 准	应得分数	扣减分数	实得分数
7	一般项目	检查验收	主要构配件进场未进行验收，扣6分 分区段安装、分区段使用未进行分区段验收，扣8分 架体搭设完毕未办理验收手续，扣10分 架体提升前未有检查记录，扣6分 架体提升后、使用前未履行验收手续或资料不全，扣2～8分	10		
8		脚手板	脚手板未满铺或铺设不严、不牢，扣3～5分 作业层与建筑结构之间空隙封闭不严，扣3～5分 脚手板规格或材质不符合要求，扣5～10分	10		
9		架体防护	架体外侧未采用密目式安全网封闭或网间不严，扣5～10分 作业层防护栏杆不符合规范要求，扣5分 作业层架体外侧未设置高度不小于180mm的挡脚板，扣3分	10		
10		安全作业	操作前未向有关技术人员和作业人员进行安全技术交底或交底未有文字记录，扣5～10分 作业人员未经培训或未定岗定责，扣5～10分 安装拆除单位资质不符合要求或特种作业人员未持证上岗，扣5～10分 安装、升降、拆除时未设置安全警戒区及专监护，扣10分 荷载不均匀或超载，扣5～10分	10		
		小计		40		
检查项目合计				100		

高处作业吊篮检查评分表

序号	检查项目		扣 分 标 准	应得分数	扣减分数	实得分数
1	保证项目	施工方案	未编制专项施工方案或未对吊篮支架支撑处结构的承载力进行验算，扣10分 专项施工方案未按规定审核、审批，扣10分	10		
2		安全装置	未安装防坠安全锁或安全锁失灵，扣10分 防坠安全锁超过标定期限仍在使用，扣10分 未设置挂设安全带专用安全绳及安全锁扣或安全绳未固定在建筑物可靠位置，扣10分 吊篮未安装上限位装置或限位装置失灵，扣10分	10		
3		悬挂机构	悬挂机构前支架支撑在建筑物女儿墙上或挑檐边缘，扣10分 前梁外伸长度不符合产品说明书规定，扣10分 前支架与支撑面不垂直或脚轮受力，扣10分 上支架未固定在前支架调节杆与悬挑梁连接的节点处，扣5分 使用破损的配重块或采用其他替代物，扣10分 配重块未固定或重量不符合设计规定，扣10分	10		

序号	检查项目		扣　分　标　准	应得分数	扣减分数	实得分数
4	保证项目	钢丝绳	钢丝绳有断丝、送股、硬弯、锈蚀或有油污，扣 10 分 安全钢丝绳规格、型号与工作钢丝绳不相同或未独立悬挂，扣 10 分 安全钢丝绳不悬垂，扣 5 分 电焊作业时未对钢丝绳采取保护措施，扣 5～10 分			
5		安装作业	吊篮平台组装长度不符合产品说明书和规范要求，扣 10 分 吊篮组装的构配件不是同一生产厂家的产品，扣 5～10 分			
6		升降作业	操作升降人员未经培训合格，扣 10 分 吊篮内作业人员数量超过 2 人，扣 10 分 吊篮内作业人员未将安全带用安全锁扣挂置在独立设置的专用安全绳上，扣 10 分 作业人员未从地面进出吊篮，扣 5 分	10		
		小计		60		
7	一般项目	交底与验收	未履行验收程序，验收表未经责任人签字确认，扣 5～10 分 验收内容未进行量化，扣 5 分 每天班前班后未进行检查，扣 5 分 吊篮安装使用前未进行交底或交底未留有文字记录，扣 5～10 分	10		
8		安全防护	吊篮平台周边的防护栏杆或挡脚板的设置不符合规范要求，扣 5～10 分 多层或立体交叉作业未设置防护顶板，扣 8 分	10		
9		吊篮稳定	吊篮作业未采取防摆动措施，扣 5 分 吊篮钢丝绳不垂直或吊篮距建筑物空隙过大，扣 5 分	10		
10		荷载	施工荷载超过设计规定，扣 10 分 荷载堆放不均匀，扣 5 分	10		
		小计		40		
	检查项目合计			100		

基坑工程检查评分表

序号	检查项目		扣　分　标　准	应得分数	扣减分数	实得分数
1	保证项目	施工方案	基坑工程未编制专项施工方案，扣 10 分 专项施工方案未按规定审核、审批，扣 10 分 超过一定规模条件的基坑工程专项施工方案未按规定组织专家论证，扣 10 分 基坑周边环境或施工条件发生变化，专项施工方案未重新进行审核、审批，扣 10 分	10		

序号	检查项目		扣　分　标　准	应得分数	扣减分数	实得分数
2	保证项目	基坑支护	人工开挖的狭窄基槽，开挖深度较大或存在边坡塌方危险未采取支护措施，扣10分 自然边坡的坡率不符合专项施工方案和规范要求，扣10分 基坑支护结构不符合设计要求，扣10分 支护结构水平位移达到设计报警值未采取有效控制措施，扣10分	10		
3		降排水	基坑开挖深度范围内有地下水未采取有效的降排水措施，扣10分 基坑边沿周围地面未设排水沟或排水沟设置不符合规范要求，扣5分 放坡开挖对坡顶、坡面、坡脚未采取降排水措施，扣5～10分 基坑底四周未设排水沟和集水井或排除积水不及时，扣5～8分	10		
4		基坑开挖	支护结构未达到设计要求的强度提前开挖下层土方，扣10分 未按设计和施工方案的要求分层、分段开挖或开挖不均衡，扣10分 基坑开挖过程中未采取防止碰撞支护结构或工程桩的有效措施，扣10分 机械在软土场地作业，未采取铺设渣土、砂石等硬化措施，扣10分	10		
5		坑边荷载	基坑边堆置土、料具等荷载超过基坑支护设计允许要求，扣10分 施工机械与基坑边沿的安全距离不符合设计要求，扣10分	10		
6		安全防护	开挖深度2m及以上的基坑周边未按规范要求设置防护栏杆或栏杆设置不符合规范要求，扣5～10分 基坑内未设置供施工人员上下的专用梯道或梯道设置不符合规范要求，扣5～10分 降水井口未设置防护盖板或围栏，扣10分	10		
		小计		60		
7	一般项目	基坑监测	未按要求进行基坑工程监测，扣10分 基坑监测项目不符合设计规范要求，扣5～10分 监测的时间间隔不符合监测方案要求或监测结果变化速率较大未加密观测次数，扣5～8分 未按设计要求提交监测报告或监测报告内容不完整，扣5～8分	10		
8		支撑拆除	基坑支撑结构的拆除方式、拆除顺序不符合专项施工方案要求，扣5～10分 机械拆除作业时，施工荷载大于支撑结构承载能力，扣10分 人工拆除作业时，未按规定设置防护设施，扣8分 采用非常规拆除方式不符合国家现行相关规范要求，扣10分	10		

序号	检查项目		扣 分 标 准	应得分数	扣减分数	实得分数
9	一般项目	作业环境	基坑内土方机械、施工人员的安全距离不符合规范要求，扣10分 上下垂直作业未采取防护措施，扣5分 在各种管线范围内挖土作业未设专人监护，扣5分 作业区光线不良，扣5分	10		
10		应急预案	未按要求编制基坑工程应急预案或应急预案内人不完整，扣5~10分 应急组织机构不健全或应急物资、材料、工具机具储备不符合应急预案要求，扣2~6分	10		
		小计		40		
检查项目合计				100		

模板支架检查评分表

序号	检查项目		扣 分 标 准	应得分数	扣减分数	实得分数
1	保证项目	施工方案	未编制专项施工方案或结构设计未经计算，扣10分 专项施工方案未按规定审核、审批，扣10分 超规模模板支架专项施工方案未按规定组织专家论证，扣10分	10		
2		支架基础	基础不坚实平整，承载力不符合专项施工方案要求，扣5~10分 支架底部未设置垫板或垫板的规格不符合规范要求，扣5~10分 支架底部未按规范要求设置底座，每处扣2分 未按规范要求设置扫地杆，扣5分 未采取排水措施，扣5分 支架设在楼面结构上时，未对楼面结构的承载力进行验算或楼面结构下方未采取加固措施，扣10分	10		
3		支架构造	立杆纵、横间距大于设计和规范要求，每处扣2分 水平杆步距大于设计和规范要求，每处扣2分 水平杆未连续设置，扣5分 未按规范要求设置竖向剪刀撑或专用斜杆，扣10分 未按规范要求设置水平剪刀撑或专用水平斜杆，扣10分 剪刀撑或斜杆设置不符合规范要求，扣5分	10		
4		支架稳定	支架高宽比超过规范要求未采取与建筑结构刚性连接或增加架体宽度等措施，扣10分 立杆伸出顶层水平杆的长度超过规范要求，每处扣2分 浇筑混凝土未对支架的基础沉降、架体变形采取监测措施，扣8分	10		

序号	检查项目		扣 分 标 准	应得分数	扣减分数	实得分数
5	保证项目	施工荷载	荷载堆放不均匀，每处扣5分 施工荷载超过设计规定，扣10分 浇筑混凝土对混凝土堆积高度进行控制，扣8分	10		
6		交底与验收	支架搭设、拆除前未进行交底或无文字记录，扣5~10分 架体搭设完毕未办理验收手续，扣10分 验收内容未进行量化或未经责任人签字确认，扣5分	10		
		小计		60		
7	一般项目	杆件连接	立杆连接不符合规范要求，扣3分 水平杆连接不符合规范要求，扣3分 剪刀撑斜杆接长不符合规范要求，每处扣3分 杆件各连接点的紧固不符合规范要求，每处扣2分	10		
8		底座与托撑	螺杆直径与立杆内径不匹配，每处扣3分 螺杆旋入螺母内的长度或外伸长度不符合规范要求，每处扣3分	10		
9		构配件材质	钢管、构配件的规格、型号、材质不符合规范要求，扣5~10分 杆件弯曲、变形、锈蚀严重，扣10分	10		
10		支架拆除	支架拆除前未确认混凝土强度达到设计要求，扣10分 未按规定设置警戒区或未设置专人监护，扣5~10分	10		
		小计		40		
	检查项目合计			100		

高处作业检查评分表

序号	检查项目	扣 分 标 准	应得分数	扣减分数	实得分数
1	安全帽	施工现场人员未佩戴安全帽，每人扣5分 未按标准佩戴安全帽，每人扣2分 安全帽质量不符合现行国家相关标准的要求，扣5分	10		
2	安全网	在建工程外脚手架架体外侧未采用密目式安全网封闭或网间连接不严，扣2~10分 安全网质量不符合现行国家相关标准的要求，扣10分	10		
3	安全带	高处作业人员未按规定系挂安全带，每人扣5分 安全带系挂不符合要求，每人扣5分 安全带质量不符合现行国家相关标准的要求，扣10分	10		

续表

序号	检查项目	扣　分　标　准	应得分数	扣减分数	实得分数
4	临边防护	工作面边沿无临边防护，扣10分 临边防护设施的构造、强度不符合规范要求，扣5分 防护设施未形成定型化、工具式，扣3分	10		
5	洞口防护	在建工程的孔、洞未采取防护措施，每处扣5分 防护措施、设施不符合要求或不严密，每处扣3分 防护设施未形成定型化、工具式，扣3分 电梯井内未按每隔两层且不大于10m设置安全平网，扣5分	10		
6	通道口防护	未搭设防护棚或防护不严、不牢固，扣5～10分 防护棚两侧未进行封闭，扣4分 防护棚宽度小于通道口宽度，扣4分 防护棚长度不符合要求，扣4分 建筑物高度超过24m，防护棚顶未采用双层防护，扣4分 防护棚的材质不符合规范要求，扣5分	10		
7	攀登作业	移动式梯子的梯脚底部垫高使用，扣3分 折梯未使用可靠拉撑装置，扣5分 梯子的材质或制作质量不符合规范要求，扣10分	10		
8	悬空作业	悬空作业处未设置防护栏杆或其他可靠地安全设施，扣5～10分 悬空作业所用的索具、吊具等未经验收，扣5分 悬空作业人员未系挂安全带或佩戴工具袋，扣2～10分	10		
9	移动式操作平台	操作平台未按规定进行设计计算，扣8分 移动式操作平台，轮子与平台的连接不牢固可靠或立柱底端距离地面超过80mm，扣5分 操作平台的组装不符合设计和规范要求，扣10分 平台台面铺板不严，扣5分 操作平台四周未按规定设置防护栏杆或未设置登高附体，扣10分 操作平台的材质不符合规范要求，扣10分	10		
10	悬挑式物料钢平台	未编制专项施工方案或未经设计计算，扣10分 悬挑式钢平台的下部支撑系统或上部拉结点，未设置在建筑结构上，扣10分 斜拉杆或钢丝绳未按要求在平台两侧各设置两道，扣10分 钢平台未按要求设置固定的防护栏杆或挡脚板，扣3～10分 钢平台台面铺板不严或钢平台与建筑结构之间铺板不严，扣5分 未在平台明显处设置荷载限定标牌，扣5分	10		
检查项目合计			100		

施工用电检查评分表

序号	检查项目		扣 分 标 准	应得分数	扣减分数	实得分数
1	保证项目	外电防护	外电线路与在建工程机脚手架、起重机械、场内机动车道之间的安全距离不符合规范要求且未采取防护措施，扣10分 防护设施未设置明显的警示标志，扣5分 防护设施与外电线路的安全距离及搭设方式不符合规范要求，扣5～10分 在外电架空线路正下方施工、建造临时设施或堆放材料物品，扣10分	10		
2		接地与接零保护系统	施工现场专用的电源中性点直接接地的低压配电系统未采用TN-S接零保护系统，扣20分 配电系统未采用同一保护系统，扣20分 保护零线引出的位置不符合规范要求，扣5～10分 电气设备未接保护零线，每处扣2分 保护零线装设开关、熔断器或通过工作电流，扣20分 保护零线材质规格及颜色标记不符合规范要求，每处扣2分 工作接地与重复接地的设置。安装及接地装置的材料不符合规范要求，扣10～20分 工作接地电阻大于4Ω，重复接地电阻大于10Ω，扣20分 施工现场起重机、物料提升机、施工升降机、脚手架防雷措施不符合规范要求，扣5～10分 做防雷接地机械上的电气设备，保护零线未做重复接地，扣10分	20		
3		配电线路	线路及接头不能保证机械强度和绝缘强度，扣5～10分 线路未设短路、过载保护，扣5～10分 线路截面不能满足负荷电流，每处扣2分 线路的设施、材料及相序排列、挡距、与邻近线路或固定物的距离不符合规范要求，扣5～10分 电缆沿地面明设，沿脚手架、树木等敷设或敷设不符合规范要求，扣5～10分 线路敷设的电缆不符合规范要求，扣5～10分 室内明敷主干线距地面高度小于2.5m，每处扣2分	10		
4		配电箱与开关箱	配电系统未采用三级配电、二级漏电保护系统，扣10～20分 用电设备未有各自专用的开关箱，每处扣2分 箱体结构、箱内电器设置不符合规范要求，扣10～20分 配电箱零线端子板的设置、连接不符合规范要求，扣5～10分 漏电保护器参数不匹配或检测不灵敏，每处扣2分 配电箱与开关箱电器损坏或进出线路混乱，每处扣2分 箱体未设置门。锁，未采取防雨措施，每处扣2分 箱体安装位置、高度及周边通道不符合规范要求，每处扣2分 分配电箱与开关箱、开关箱与用电设备的距离不符合规范要求，每处扣2分	20		
		小计		60		

续表

序号	检查项目		扣 分 标 准	应得分数	扣减分数	实得分数
5		配电室与配电装置	配电室建筑耐火等级未达到三级，扣15分 未配置适用于电气火灾的灭火器材，扣3分 配电室、配电装置布设不符合规范要求，扣5~10分 配电装置中的仪表、电气元件设置不符合规范要求或仪表、电气元件损坏，扣5~10分 备用发电机组未与外电线路进行连锁，扣15分 配电室未采取防雨雪和小动物侵入的措施，扣10分 配电室未设警示标志、工地供电平面图和系统图，扣3~5分	15		
6	一般项目	现场照明	照明用电与动力用电混用，每处扣2分 特殊场所未使用36V及以下安全电压，扣15分 手持照明灯未使用36V以下电源供电，扣10分 照明变压器未使用双绕组安全隔离变压器，扣15分 灯具金属外壳未接保护零线，每处扣2分 灯具与地面、易燃物之间小于安全距离，每处扣2分 照明线路和安全电压线路的架势不符合规范要求，扣10分 施工现场为按规范要求配备应急照明，每处扣2分	15		
7		用电档案	总包单位与分包单位未订立临时用电管理协议，扣10分 未制定专项用电施工组织设计、外电防护专项方案或设计、方案缺乏针对性，扣5~10分 专项用电施工组织设计、外电防护专项方案未履行审批程序，实施后相关部门未组织验收，扣5~10分 接地电阻、绝缘电阻和漏电保护器检测记录未填写或填写不真实，扣3分 安全技术交底、设备设施验收记录未填写或填写不真实，扣3分 定期巡视检查、隐患整改记录未填写或填写不真实，扣3分 档案资料不齐全，未设专人管理，扣3分	10		
检查项目合计				100		

物料提升机检查评分表

序号	检查项目		扣 分 标 准	应得分数	扣减分数	实得分数
1	保证项目	安全装置	未安装起重限制器、防坠安全器，扣15分 起重量限制器、防坠安全器不灵敏，扣15分 安全停层装置不符合规范要求或未达到定型化，扣5~10分 未安装上行程限位，扣15分 上行程限位不灵敏，安全越程不符合规范要求，扣10分 物料提升机安装高度超过30m，未安装渐进式防坠安全器、自动停层、语音及影像信号监控装置，每项扣5分	15		

序号	检查项目		扣 分 标 准	应得分数	扣减分数	实得分数
2	保证项目	防护设施	未设置防护围栏或设置不符合规范要求，扣5～15分 未设置进料口防护棚或设置不符合规范要求，扣5～15分 停层平台两侧未设置防护栏杆、挡脚板，每处扣2分 停层平台脚手板铺设不严、不牢，每处扣2分 未安装平台门或平台门不起作用，扣5～15分 平台门未达到定型化，每处扣2分 吊笼门不符合规范要求，扣10分	15		
3		附墙架与缆风绳	附墙架结构、材质间距不符合产品说明书要求，扣10分 附墙架未与建筑结构可靠连接，扣10分 缆风绳设置数量、位置不符合规范要求，扣5分 缆风绳未使用钢丝绳或未与地锚连接，扣10分 钢丝绳直径小于8mm或角度不符合45°～60°要求，扣5～10分 安装高度超过30mm的物料提升机使用缆风绳，扣10分 地锚设置不符合规范要求，每处扣5分	10		
4		钢丝绳	钢丝绳磨损、变形、锈蚀达到报废标准，扣10分 钢丝绳绳夹设置不符合规范要求，每处扣2分 吊笼处于最低位置，卷筒上钢丝绳少于3圈，扣10分 未设置钢丝绳过路保护措施或钢丝绳拖地，扣5分	10		
5		安拆、验收与使用	安装、拆卸单位未取得专业承包资质和安全生产许可证，扣10分 未制定专项施工方案或未经审核、审批，扣10分 未履行验收程序或验收未经责任人签字，扣5～10分 安装、拆除人员及司机未持证上岗，扣10分 物料提升机作业前未按规定进行例行检查或未填写检查记录，扣4分 实行多班作业未按规定填写交接班记录，扣3分	10		
		小计		60		
6	一般项目	基础与导轨架	基础的承载力、平整度不符合规范要求，扣5～10分 基础周边未设排水设施，扣5分 导轨架垂直度偏差大于导轨架高度0.15%，扣5分 井架停层平台通道处的结构未采取加强措施，扣8分	10		
7		动力与传动	卷扬机、拽引机安装不牢固，扣10分 卷筒与导轨架底部导向轮的距离小于20倍卷筒宽度未设置排绳器，扣5分 钢丝绳在卷筒上排列不整齐，扣5分 滑轮与导轨架、吊笼未采用刚性连接，扣10分 滑轮与钢丝绳不匹配，扣10分 卷筒、滑轮未设置防止钢丝绳脱出装置，扣5分 拽引钢丝绳为2根及以上时，未设置拽引力平衡装置，扣5分	10		

序号	检查项目		扣 分 标 准	应得分数	扣减分数	实得分数
8	一般项目	通信装置	未按规范要求设置通信装置，扣5分 通信装置信号显示不清晰，扣3分	5		
9		卷扬机操作棚	未设置卷扬机操作棚，扣10分 操作棚搭设不符合规范要求，扣5～10分	10		
10		避雷装置	物料提升机在其他防雷保护范围以外未设置避雷装置，扣5分 避雷装置不符合规范要求，扣3分	5		
		小计		40		
检查项目合计				100		

施工升降机检查评分表

序号	检查项目		扣 分 标 准	应得分数	扣减分数	实得分数
1	保证项目	安全装置	未安装起重限制器或起重量限制器不灵敏，扣10分 未安装渐进式防坠安全器或防坠安全器不灵敏，扣10分 防坠安全器超过有效标定期限，扣10分 对重钢丝绳未安装防松绳装置或防松绳装置不灵敏，扣5分 未安装急停开关或急停开关不符合规范要求，扣5分 未安装吊笼和对重缓冲器或缓冲器不符合规范要求，扣5分 SC型施工升降机未安装安全钩，扣10分	10		
2		限位装置	未安装极限开关或极限开关不灵敏，扣10分 未安装上限位开关或上限位开关不灵敏，扣10分 未安装下限位开关或下限位开关不灵敏，扣5分 极限开关与上限位开关安全越程不符合规范要求，扣5分 极限开关与上、下限位开关共用一个触发元件，扣5分 未安装吊笼门机电连锁装置或不灵敏，扣10分 未安装吊笼顶窗电气安全开关或不灵敏，扣5分	10		
3		防护设施	未设置地面防护围栏或设置不符合规范要求，扣5～10分 未安装地面防护围栏门连锁保护装置或连锁保护装置不灵敏，扣5～8分 未设置出入口防护棚或设置不符合规范要求，扣5～10分 停层平台搭设不符合规范要求，扣5～8分 未安装层门或层门不起作用，扣5～10分 层门不符合规范要求、未达到定型化，每处扣2分	10		
4		附墙架	附墙架采用非配套标准产品未进行设计计算，扣10分 附墙架与建筑结构连接方式、角度不符合产品说明书要求，扣5～10分 附墙架间距、最高附着点以上导轨架的自由高度超过产品说明书要求，扣10分	10		

续表

序号	检查项目		扣　分　标　准	应得分数	扣减分数	实得分数
5	保证项目	钢丝绳、滑轮与对重	对重钢丝绳绳数少于2根或未相对独立，扣5分 钢丝绳磨损、变形、锈蚀达到报废标准，扣10分 钢丝绳的规格、固定不符合产品说明书及规范要求，扣10分 滑轮未安装钢丝绳防脱装置或不符合规范要求，扣4分 对重重量、固定不符合产品说明书及规范要求，扣10分 对重未安装防脱轨保护装置，扣5分	10		
6		安拆、验收与使用	安装、拆卸单位未取得专业承包资质和安全生产许可证，扣10分 未制定专项施工方案或未经审核、审批，扣10分 未履行验收程序或验收未经责任人签字，扣5～10分 安装、拆除人员及司机未持证上岗，扣10分 施工升降机作业前未按规定进行例行检查或未填写检查记录，扣4分 实行多班作业未按规定填写交接班记录，扣3分	10		
		小计		60		
7	一般项目	导轨架	导轨架垂直度不符合规范要求，扣10分 标准节质量部符合产品说明书及规范要求，扣10分 对重导轨不符合规范要求，扣5分 标准节连接螺栓使用不符合产品说明书及规范要求，扣5～8分	10		
8		基础	基础制作、验收不符合产品说明书及规范要求，扣5～10分 基础设置在地下室顶板或楼面结构上，未对其支承结构进行承载力验算，扣10分 基础未设置排水设施，扣4分	10		
9		电气安全	施工升降机与架空线路距离不符合规范要求，未采取防护措施，扣10分 防护措施不符合规范要求，扣5分 未设置电缆导向架或设置不符合规范要求，扣5分 施工升降机在防雷保护范围以外未设置避雷装置，扣10分 避雷装置不符合规范要求，扣5分	10		
10		通信装置	未安装楼层信号联络装置，扣10分 楼层联络信号不清晰，扣5分	10		
		小计		40		
检查项目合计				100		

塔式起重机检查评分表

序号	检查项目		扣　分　标　准	应得分数	扣减分数	实得分数
1	保证项目	载荷限制装置	未安装起重限制器或不灵敏，扣10分 未安装力矩限制器或不灵敏，扣10分	10		
2		行程限位装置	未安装起升高度限位器或不灵敏，扣10分 起升高度限位器安全越程不符合规范要求，扣6分 未安装幅度限位器或不灵敏，扣10分 回转不设集电器的塔式起重机未安装回转限位器或不灵敏，扣6分 行走式塔式起重机未安装行走限位器或不灵敏，扣10分	10		
3		保护装置	小车变幅的塔式起重机未安装断绳保护剂断轴保护装置，扣8分 行走及小车变幅的轨道行程末端未安装缓冲器及止挡装置或不符合规范要求，扣4～8分 起重臂根部绞点高度大于50m的塔式起重机未安装风速仪或不灵敏，扣4分 塔式起重机顶部高度大于30m且高于周围建筑物未安装障碍指示灯，扣4分	10		
4		吊钩、滑轮、卷筒与钢丝绳	吊钩未安装钢丝绳防脱钩装置或不符合规范要求，扣10分 吊钩磨损、变形达到报废标准，扣10分 滑轮、卷筒未安装钢丝绳防脱装置或不符合规范要求，扣4分 滑轮及卷筒磨损达到报废标准，扣10分 钢丝绳磨损、变形、锈蚀达到报废标准，扣10分 钢丝绳的规格、固定、缠绕不符合产品说明书及规范要求，扣10分	10		
5		多塔作业	多塔作业未制定专项施工方案或施工方案未经审批，扣10分 任意两台塔式起重机之间的最小架设距离不符合规范要求，扣10分	10		
6		安拆、验收与使用	安装、拆卸单位未取得专业承包资质和安全生产许可证，扣10分 未制定专项施工方案或未经审核、审批，扣10分 未履行验收程序或验收未经责任人签字，扣5～10分 安装、拆除人员及司机未持证上岗，扣10分 塔式起重机作业前未按规定进行例行检查或未填写检查记录，扣4分 实行多班作业未按规定填写交接班记录，扣3分	10		
		小计		60		

续表

序号	检查项目		扣 分 标 准	应得分数	扣减分数	实得分数
7	一般项目	附着	塔式起重机高度超过规定未安装附着装置，扣10分 附着装置水平距离不满足产品说明书要求，未进行设计计算和审批，扣8分 安装内爬式塔式起重机的建筑承载结构未进行承载力验算，扣8分 附着装置安装不符合产品说明书及规范要求，扣5～10分 附着前和附着后塔身垂直度不符合规范要求，扣10分	10		
8		基础与轨道	塔式起重机基础未按产品说明书及有关规定设计、检测、验收，扣5～10分 基础未设置排水设施，扣4分 路基箱或枕木铺设不符合产品说明书及规范要求，扣6分 轨道铺设不符合产品说明书及规范要求，扣6分	10		
9		结构设施	主要结构件的变形、锈蚀不符合规范要求，扣10分 平台、走道、梯子、护栏的设置不符合规范要求，扣4～8分 高强螺栓、销轴、紧固件的紧固、连接不符合规范要求，扣5～10分	10		
10		电气安全	未采用TN-S接零保护系统供电，扣10分 塔式起重机与架空线路距离不符合规范要求，未采取防护措施，扣10分 防护措施不符合规范要求，扣5分 未安装避雷接地装置，扣10分 避雷接地装置不符合规范要求，扣5分 电缆使用及固定不符合规范要求，扣5分	10		
		小计		40		
检查项目合计				100		

起重吊装检查评分表

序号	检查项目		扣 分 标 准	应得分数	扣减分数	实得分数
1	保证项目	施工方案	未编制专项施工方案或专项施工方案未经审核、审批，扣10分 超规模的起重吊装专项施工方案未按规定组织专家论证，扣10分	10		
2		起重机械	未安装荷载限制装置或不灵敏，扣10分 未安装行程限位装置或不灵敏，扣10分 起重拨杆组装不符合设计要求，扣10分 起重拨杆组装后未履行验收程序或验收表无责任人签字，扣5～10分	10		

续表

序号	检查项目		扣 分 标 准	应得分数	扣减分数	实得分数
3	保证项目	钢丝绳与地锚	钢丝绳磨损、变形、锈蚀达到报废标准，扣10分 钢丝绳的规格不符合产品说明书及规范要求，扣10分 吊钩、卷筒、滑轮磨损达到报废标准，扣10分 吊钩、卷筒、滑轮未安装钢丝绳防脱装置，扣5～10分 起重拔杆的缆风绳、地锚设置不符合设计要求，扣8分	10		
4		索具	索具采用编结连接时，编结部分的长度不符合规范要求，扣10分 索具采用绳夹连接时，绳夹的规格、数量及绳夹间距不符合规范要求，扣5～10分 索具安全系数不符合规范要求，扣10分 吊索规格不匹配或机械性能不符合设计要求，扣5～10分	10		
5		作业环境	起重机行走作业处地面承载能力不符合产品说明书要求或未采用有效加固措施，扣10分 起重机与架空线路安全距离不符合规范要求，扣10分	10		
6		作业人员	起重机司机无证操作或操作证与操作机械不符，扣5～10分 未设置专职信号指挥和司索人员，扣10分 作业前未按规定进行安全技术交底或交底未形成文字记录，扣5～10分	10		
		小计		60		
7	一般项目	起重吊装	多台起重机同时起吊一个构件时，单台起重机所承受的荷载不符合专项施工方案要求，扣10分 吊索系挂点不符合专项施工方案要求，扣5分 起重机作业时起重臂下有人停留或吊运重物从人的正上方通过，扣10分 起重机吊具载运人员，扣10分 吊运易散落物件不适用吊笼，扣6分	10		
8		高处作业	未按规定设置高处作业平台，扣10分 高处作业平台设置不符合规范要求，扣5～10分 未按规定设置爬梯或爬梯的强度、构造不符合规范要求，扣5～8分 未按规定设置安全带悬挂点，扣8分	10		
9		构件码放	构件码放荷载超过作业面承载能力，扣10分 构件码放高度超过规定要求，扣4分 大型构件码放无稳定措施，扣8分	10		
10		警戒监护	未按规定设置作业区警戒，扣10分 警戒区未设专人监护，扣5分	10		
		小计		40		
检查项目合计				100		

施工机具检查评分表

序号	检查项目	扣 分 标 准	应得分数	扣减分数	实得分数
1	平刨	平刨安装后未履行验收程序，扣5分 未设置护手安全装置，扣5分 转动部位未设置防护罩，扣5分 未作保护接零或未设置漏电保护器，扣10分 未设置安全作业棚，扣6分 使用多功能木工机具，扣10分	10		
2	圆盘锯	圆盘锯安装后未履行验收程序，扣5分 未设置锯盘护罩、分料器、防护挡板安全装置和传动部位未设置防护罩，每处扣3分 未做保护接零或未设置漏电保护器，扣10分 未设置安全作业棚，扣6分 使用多功能木工机具，扣10分	10		
3	手持电动工具	Ⅰ类手持电动工具未采取保护接零或未设置漏电保护器，扣8分 使用Ⅰ类手持电动工具不按规定穿戴绝缘用品，扣6分 手持电动工具随意接长电源线，扣4分	8		
4	钢筋机械	机械安装后未履行验收程序，扣5分 未做保护接零或漏电保护器，扣10分 钢筋加工区未设置作业棚，钢筋对焊作业区未采取防止火花飞溅措施或冷拉作业区未设置防护栏板，每处扣5分 传动部位未设置防护罩，扣5分	10		
5	电焊机	电焊机安装后未履行验收程序，扣5分 未做保护接零或漏电保护器，扣10分 未设置二次空载降压保护器，扣10分 一次线长度超过规定或未进行穿管保护，扣3分 二次线未采用防水橡皮护套铜芯软电缆，扣10分 二次线长度超过规定或绝缘层老化，扣3分 电焊机未设置防雨罩或接线柱未设置防护罩，扣5分	10		
6	搅拌机	搅拌机安装后未履行验收程序，扣5分 未做保护接零或未设置漏电保护器，扣10分 离合器、制动器、钢丝绳达不到规定要求，每项扣5分 上料斗未设置安全挂钩或止挡装置，扣5分 传动部位未设置防护罩，扣4分 未设置安全作业棚，扣6分	10		
7	气瓶	气瓶未安装减压器，扣8分 乙炔瓶未安装回火防止器，扣8分 气瓶间距小于5m或与明火距离小于10m未采取隔离措施，扣8分 气瓶未设置防震圈和防护帽，扣2分 气瓶存放不符合要求，扣4分	8		

续表

序号	检查项目	扣 分 标 准	应得分数	扣减分数	实得分数
8	翻斗车	翻斗车制动、转向装置不灵敏，扣5分 驾驶员无证操作，扣8分 行车载人或违章行车，扣8分	8		
9	潜水泵	未做保护接零或设置漏电保护器，扣6分 负荷线未使用专用防水橡皮电缆，扣6分 负荷线有接头，扣3分	6		
10	振捣器	未做保护接零或未设置漏电保护器，扣8分 未使用移动式配电箱，扣4分 电缆线长度超过30m，扣4分 操作人员未穿戴绝缘防护用品，扣8分	8		
11	桩工机械	机械安装后未履行验收程序，扣10分 作业前未编制专项施工方案或未按规定进行安全技术交底，扣10分 安全装置不齐全或不灵敏，扣10分 机械作业区域地面承载力不符合规定要求或未采取有效硬化措施，扣12分 机械与输电线路安全距离不符合规范要求，扣12分	12		
	检查项目合计		100		

施工升降机每月检查表

设备型号		备案登记号	
工程名称		工程地址	
设备生产厂		出厂编号	
出厂日期		安装高度	
安装负责人		安装日期	

检查结果代号说明	√=合格　○=整改后合格　×=不合格　无=无此项

检查项目	序号	检查项目	要　　求	检查结果	备注
标志	1	统一编号牌	应设置在规定位置		
	2	警示标志	吊笼内应有安全操作规程，操纵按钮及其他危险处应有醒目的警示标志，施工升降机应设限载和楼层标志		
基础和维护设施	3	地面防护围栏门机电联锁保护装置	应装机电联锁装置，吊笼位于底部规定位置地面防护门才能打开，地面防护围栏门开启后吊笼不能启动		
	4	地面防护围栏	基础上吊笼和对重升降通道周围应设置防护围栏，地面防护围栏高≥1.8m		
	5	安全防护区	当施工升降机基础下方有施工作业区时，应加设防对重坠落伤人的安全防护区及其安全防护措施		

续表

检查项目	序号	检查项目	要　　求	检查结果	备注
基础和维护设施	6	电缆收集筒	固定可靠电缆能正确导入		
	7	缓冲弹簧	应完好		
金属结构件	8	金属结构件外观	无明显变形、脱焊、开裂和锈蚀		
	9	螺栓连接	紧固件安装准确、紧固可靠		
	10	销轴连接	销轴连接定位可靠		
	11	导轨架垂直度	架设高度 h（m）　　垂直度偏差（mm） $H\leqslant70$　　　　$\leqslant(1/1000)h$ $70<h\leqslant100$　　　$\leqslant70$ $100<h\leqslant150$　　$h\leqslant90$ $150<h\leqslant200$　　$h\leqslant110$ $h>200$　　　　$h\leqslant130$ 对钢丝绳式施工升降机， 垂直度偏差应$\leqslant(1.5/1000)h$		
吊笼及层门	12	紧急逃离门	应完好		
	13	吊笼顶部护栏	应完好		
	14	吊笼门	开启正常，机电联锁有效		
	15	层门	应完好		
传动及导向	16	防护装置	转动零部件的外露部分应有防护罩等防护装置		
	17	制动器	制动性能良好，手动松闸功能正常		
	18	齿轮齿条啮合	齿条应有90%以上的计算宽度参与啮合，且与齿轮的啮合侧隙应为0.2~0.5mm		
	19	导向轮及背轮	连接及润滑应良好，导向灵活、无明显倾侧现象		
	20	润滑	无漏油现象		
附着装置	21	附墙架	应采用配套标准产品		
	22	附着间距	应符合使用说明书要求		
	23	自由端高度	应符合使用说明书要求		
	24	与构筑物连接	应牢固可靠		
安全装置	25	防坠安全器	应在有效标定期限内使用		
	26	放松绳开关	应有效		
	27	安全钩	应完好有效		
	28	上限位	安装位置：提升速度 $v<0.8$（m/s）时，留有上部安全距离应$\geqslant1.8$（M），$v\geqslant0.8$（m/s）时，留有上部安全距离应$\geqslant1.8+0.1v^2$（M）		
	29	上极限开关	极限开关应为非自动复位型，动作时能切断总电源，动作后须手动复位才能使吊笼启动		

检查项目	序号	检查项目	要　　　求	检查结果	备注
安全装置	30	下限位	应完好有效		
	31	越程距离	上限位和上极限开关之间的越程距离应≥0.15m		
	32	下极限开关	应完好有效		
	33	紧急逃离门安全开关	应有效		
	34	急停开关	应有效		
电气系统	35	绝缘电阻	电动机及电气元件（电子元器件部分除外）的对地绝缘电阻应≥0.5MΩ；电气线路的对地绝缘电阻应≥1MΩ		
	36	接地保护	电动机和电气设备金属外壳均应接地，接地电阻应≤4Ω		
	37	失压、零位保护	应有效		
	38	电气线路	排列整齐，接地，零线分开		
	39	相序保护装置	应有效		
	40	通信联络装置	应有效		
	41	电缆与电缆导向	电缆应完好无破损，电缆导向架按规定设置		
对重和钢丝绳	42	钢丝绳	应规格正确，且未达到报废标准		
	43	对重导轨	接缝平整，导向良好		
	44	钢丝绳端部固结	应固结可靠，绳卡规格应与绳径匹配，其数量不得少于3个，间距不小于绳径的6倍，滑鞍应放在受力一侧		

检查结论：

租赁单位检查人签字：

使用单位检查人签字：

日期：　　　　年　　　月　　　日

注：对于不符合要求的项目应在备注栏具体说明，对要求量化的参数应填实测值。

塔式起重机周期检查表

工程名称							
塔式起重机	型号		设备编号		起重高度		
	幅度		起重力矩		最大起重量		塔高
与建筑物水平附着距离				各道附着间距		附着倒数	

验收部位	验收要求	结果
塔式起重机结构	部件、附件、连接件安装齐全，位置正确	
	螺栓拧紧力矩达到技术要求，开口销完全撬开	
	结构无变形、开焊、疲劳裂纹	
	压重、配重的重量与位置符合使用说明书要求	
基础与轨道	地基坚平、平整，地基或基础隐蔽工程资料齐全、准确	
	地基周围有排水措施	
	路基箱或枕木铺设符合要求、夹板、道钉使用正确	
	钢轨顶面纵、横方向上的倾斜度不大于 $1/1000$	
	塔式起重机底架平整符合使用说明书要求	
	止挡装置距钢轨两端距离 $\geqslant 1m$	
	行走限位装置止挡装置距离 $\geqslant 1m$	
	轨接头间距不大于 4mm，接头高低差不大于 2mm	
机构及零部件	钢丝绳在卷筒上面缠绕整齐、润滑良好	
	钢丝绳规格正确、断丝和磨损未达到报废标准	
	钢丝绳固定和编插符合国家及行业标准	
	各部位滑轮转动灵活、可靠，无卡塞现象	
	吊钩磨损未达到报废标准、保险装置可靠	
	各机构运转平稳、无异常响声	
	各润滑点润滑良好、润滑油牌号正确	
	制动器动作灵活可靠、联轴节连接良好，无异常	
附着锚固	锚固框架安装位置符合规定要求	
	塔身与锚固框架固定牢靠	
	附着框、锚杆、附着装置等几处螺栓、销轴齐全、正确、可靠	
	垫铁、锲块等零部件齐全可靠	
	最高附着点下塔身轴线对支承面垂直度不得大于相应高度的 $2/1000$	
	独立状态和附着状态下最高附着点以下塔身轴线支承面垂直度不得大于相 $4/1000$	
	附着点以上的塔式起重机悬臂高度不得大于规定要求	
电气系统	供电系统电压稳定、正常工作、电压（$380\pm10\%$）V	
	仪表、照明、报警系统完好、可靠	
	控制、操纵装置动作灵活、可靠	
	电气按要求设置短路和电流、失压及零位保护，切断总电源的紧急开关符合要求	
	电气系统对地的绝缘电阻不大于 $0.5M\Omega$	

续表

验收部位	验收要求	结果
安全限位与保险装置	起重量限制器灵敏可靠，其综合误差不大于额定值的±0.5%	
	力矩限制器灵敏可靠，其综合误差不大于额定值的±0.5%	
	回转限位器灵敏可靠	
	行走限位器灵敏可靠	
	变幅限位器灵敏可靠	
	超高限位器灵敏可靠	
	顶升横梁防脱装置完好可靠	
	吊钩上的钢丝绳钩装置完好可靠	
	滑轮、卷筒上的钢丝绳防脱装置完好可靠	
	小车断绳保护装置灵敏可靠	
	小车断轴保护装置灵敏可靠	
	升降驾驶室乘人梯笼限位器灵敏可靠	
	驾驶室防坠保险装置和避雷器齐全可靠	
环境	与架空线最小距离符合规定	
	塔式起重机的尾部与周围建（构）筑物及其外围施工设施之间的安全距离不小于0.6m	
其他	已落实持证专职司机	
	有专人指挥并持有上岗证书	
	操作、指挥人员上岗挂牌已落实	
	机械性能挂牌已落实	
	塔式起重机夹轨钳齐全有效	
	驾驶室能密闭、门窗玻璃完好，门能上锁	
	塔式起重机油漆无起壳、脱皮，保养良好	

出租单位验收意见：		出租单位人员签名	
		设备部门	
		安全部门	
	日期：	机长	

结论	同意继续使用	限制使用	不准使用，整改后二次验收

使用单位验收意见：		工地验收人员签字	
		机管部门	
	日期：	安全部门	

结论	同意继续使用	限制使用	不准使用，整改后二次验收

注：验收栏目内有数据的，必须在验收栏内填写实测数据，无数据用文字说明。

塔式起重机周期检查表（JGJ 196－2010）

工程名称					龙溪湾·壹号二期 20 号楼			
塔式起重机	型号	QTZ80	设备编号	12101140 赣 C-T00267	起重高度	55m		
	幅度	56m	起重力矩	880kN·m	最大起重量	6T	塔高	65m
与建筑物水平附着距离				3.3m	各道附着间距	18m	附着倒数	
验收部位	验收要求							结果
塔式起重机结构	部件、附件、连接件安装齐全，位置正确							
	螺栓拧紧力矩达到技术要求，开口销完全撬开							
	结构无变形、开焊、疲劳裂纹							
	压重、配重的重量与位置符合使用说明书要求							
基础与轨道	地基坚平、平整，地基或基础隐蔽工程资料齐全、准确							
	地基周围有排水措施							
	路基箱或枕木铺设符合要求、夹板、道钉使用正确							
	钢轨顶面纵、横方向上的倾斜度不大于 1/1000							
	塔式起重机底架平整符合使用说明书要求							
	止挡装置距钢轨两端距离≥1m							
	行走限位装置止挡装置距离≥1m							
	轨接头间距不大于 4mm，接头高低差不大于 2mm							
机构及零部件	钢丝绳在卷筒上面缠绕整齐、润滑良好							
	钢丝绳规格正确、断丝和磨损未达到报废标准							
	钢丝绳固定和编插符合国家及行业标准							
	各部位滑轮转动灵活、可靠，无卡塞现象							
	吊钩磨损未达到报废标准、保险装置可靠							
	各机构运转平稳、无异常响声							
	各润滑点润滑良好、润滑油牌号正确							
	制动器动作灵活可靠、联轴节连接良好，无异常							
附着锚固	锚固框架安装位置符合规定要求							
	塔身与锚固框架固定牢靠							
	附着框、锚杆、附着装置等几处螺栓、销轴齐全、正确、可靠							
	垫铁、锲块等零部件齐全可靠							
	最高附着点下塔身轴线对支承面垂直度不得大于相应高度的 2/1000							
	独立状态和附着状态下最高附着点以下塔身轴线支承面垂直度不得大于相 4/1000							
	附着点以上的塔式起重机悬臂高度不得大于规定要求							
电气系统	供电系统电压稳定、正常工作、电压（380±10%）V							
	仪表、照明、报警系统完好、可靠							
	控制、操纵装置动作灵活、可靠							
	电气按要求设置短路和电流、失压及零位保护，切断总电源的紧急开关符合要求							
	电气系统对地的绝缘电阻不大于 0.5MΩ							

续表

验收部位	验收要求	结果
安全限位与保险装置	起重量限制器灵敏可靠，其综合误差不大于额定值的±0.5%	
	力矩限制器灵敏可靠，其综合误差不大于额定值的±0.5%	
	回转限位器灵敏可靠	
	行走限位器灵敏可靠	
	变幅限位器灵敏可靠	
	超高限位器灵敏可靠	
	顶升横梁防脱装置完好可靠	
	吊钩上的钢丝绳钩装置完好可靠	
	滑轮、卷筒上的钢丝绳防脱装置完好可靠	
	小车断绳保护装置灵敏可靠	
	小车断轴保护装置灵敏可靠	
	升降驾驶室乘人梯笼限位器灵敏可靠	
	驾驶室防坠保险装置和避雷器齐全可靠	
环境	与架空线最小距离符合规定	
	塔式起重机的尾部与周围建（构）筑物及其外围施工设施之间的安全距离不小于0.6m	
其他	已落实持证专职司机	
	有专人指挥并持有上岗证书	
	操作、指挥人员上岗挂牌已落实	
	机械性能挂牌已落实	
	塔式起重机夹轨钳齐全有效	
	驾驶室能密闭、门窗玻璃完好，门能上锁	
	塔式起重机油漆无起壳、脱皮，保养良好	

出租单位验收意见：		出租单位人员签名	
	（盖章） 日期：	设备部门	
		安全部门	
		机长	

结论	同意继续使用	限制使用	不准使用，整改后二次验收

使用单位验收意见：		工地验收人员签字	
	（盖章） 日期：	机管部门	
		安全部门	

结论	同意继续使用	限制使用	不准使用，整改后二次验收

注：验收栏目内有数据的，必须在验收栏内填写实测数据，无数据用文字说明。

项目部安全管理检查考核表

工程名称：

序号	检查项目	检查内容	标准分值	评分标准	检查情况	评定分值
1	安全计划（12分）	安全管理目标、安全生产责任制、管理制度	3	未制定安全管理目标或目标出现重大错误、主要人员未签订安全生产责任书、未制定项目安全管理制度得0分；安全管理目标未分解到人、安全生产责任书抽查样本不符合率大于20%、未开展安全责任考核、项目安全管理制度缺项扣50%（安全生产责任书每年签订，覆盖面100%，新调入人员要及时补签）；无目录扣10%		
		安全机构设置、人员配备	2	未建立项目安全领导小组、未设置项目安全总监或安全负责人、项目未独立设置安全部得0分；安全领导小组未开展活动、安全管理人员配置不满足要求或无证上岗、分包未纳入安全管理体系扣50%		
		安全生产费用投入计划、统计台账	2	无费用投入计划、统计台账得0分；未按照公司标准格式扣50%		
		重要危险因素，专项安全施工方案	3	未编制安全生产策划书（包括未经公司审批）、未进行项目重大危险因素辨识、未制定重大危险源应对措施、超过一定规模的危险性较大工程未进行专家论证、危险性较大工程未编制专项方案、方案审批不符合规定得0分；内容存在较大错误扣50%；（方案应有针对性，与现场实际相符）无台账扣10%		
		安全生产应急与事故处理	2	未编制安全生产应急预案、安全生产事故未按规定处理、无事故台账的得0分；未进行安全生产预案演练、应急预案无针对性扣50%；（安全生产应急预案分为总体预案和分项预案）		

序号	检查项目	检查内容	标准分值	评分标准	检查情况	评定分值
2	安全控制（28分）	领导带班记录	2	无领导带班记录得 0 分；带班记录抽查样本不符合率大于 20％扣 50％；（领导带班签字应与实际相符）		
		分包资质、总包与分包安全管理协议	3	分包资质不符合规定、无安全生产许可证或过期、未签订总分包安全管理协议和临电管理协议得 0 分；管理协议抽查样本不符合率大于 20％扣 50％；无台账扣 10％；（分包签字人应为法人或法人授权人）		
		安全教育与安全例会	2	未开展安全教育（包括项目管理人员教育、工人入场三级教育、专项教育等）得 0 分；教育覆盖面未达到 100％扣 50％；应开展组合式安全教育的项目未按照要求实施的扣 30％~50％；无安全教育台账的扣 10％		
		安全技术交底	3	危险性较大工程无安全技术交底（方案编制人员直接交底到操作工人）得 0 分；安全技术交底不全、内容存在错误、未交底到每个工人、代签字的，抽查样本不符合率大于 20％扣 50％；无台账扣 10％		
		危险性较大工程及安全设施验收	3	各类危险性较大工程和安全设施未按规定验收得 0 分；验收内容和频次，抽查样本不符合率大于 20％扣 50％；无台账扣 10％		
		特种作业上岗证书、危险作业许可	3	无各类特殊工种操作证、现场发现 2 人以上未持证上岗得 0 分；特殊工种操作证过期抽查样本不符合率大于 20％、现场发现 1 人未持证上岗扣 50％；无台账扣 10％		
		劳动保护用品、重要护品管理	3	未按规定配置劳动保护用品、未按规定采购合格供商的重要护品得 0 分；未对重要护品进行验收、复检等扣 50％；无台账扣 10％		
		安全检查与巡视、日志	3	项目经理未参加月检、生产经理未参加周检、安全员未开展巡检、未使用手机 APP、安全员未记日志得 0 分；抽查样本不符合率大于 20％扣 50％；项目经理参加月检、生产经理参加周检要有检查记录，有检查照片，照片上要有时间；无台账扣 10％		

序号	检查项目	检查内容	标准分值	评分标准	检查情况	评定分值
2	安全控制（28分）	隐患整改	3	发现隐患未下发隐患整改单、隐患整改未复查回复（包括政府执法部门、甲方、监理、上级单位）得0分；隐患整改单明显偏少、隐患整改复查回复不及时扣50%；无台账扣10%		
		施工现场其他安全资料	3	未下载公司安全文件，建立文件台账（以集团名义承接项目另建一套台账，备查），安全月、百日安全无事故、专项治理等活动未按照要求制定活动方案、开展相关活动、上交活动总结得0分；安全各类报表未上报、公司检查隐患整改单未回复得0分；报表、方案、总结、整改回复不及时的扣50%		
3	基坑与安全防护（20分）	基坑支护符合方案，排水、周边堆物符合要求	3	无地上、地下管线及建（构）筑物资料移交单、无保护方案、无排水措施、周边堆放物威胁基坑安全得0分；基坑支护、降水、挖土不符合方案，抽查样本不符合率大于20%得0分；抽查样本不符合率大于10%扣50%		
		沉降、位移监测有效，变形在控制范围内	3	无第三方监测记录和项目监测记录、变形超过控制范围未及时响应得0分；监测频次低于方案要求频次20%、降雨时和雨后未相应增加监测频次、第三监测记录未及时反馈扣50%		
		安全帽、安全带、安全网配置和使用	3	现场发现3个以上未戴安全帽、高空作业未使用安全带、安全网抽查样本不符合率大于20%得0分；现场有1人未戴安全帽、安全带使用错误、安全网抽查样本不符合率大于10%扣50%		
		出入口防护棚、外电线路防护搭设	3	出入口无防护棚、外电线路未作防护得0分；防护棚、外电线路防护抽查样本不符合率大于20%扣50%		
		阳台、楼层、屋面、基坑的临边防护	4	临边防护抽查样本不符合率大于20%得0分；临边防护抽查样本不符合率大于10%扣50%		
		楼梯口、电梯井口、预留洞口、后浇带、坑井防护	4	防护抽查样本不符合率大于10%得0分；抽查样本不符合率大于5%扣50%		

续表

序号	检查项目	检查内容	标准分值	评分标准	检查情况	评定分值
4	脚手架与模板支持体系（18分）	基础及扫地杆设置	4	包括模板支撑架、落地脚手架、悬挑脚手架、爬架等，抽查样本不符合率大于20%得0分；抽查样本不符合率大于10%扣50%		
		顶端自由长度及连墙件拉结	4	抽查样本不符合率大于20%得0分；抽查样本不符合率大于10%扣50%		
		跨距、步距、剪刀撑、斜支撑	4	抽查样本不符合率大于20%得0分；抽查样本不符合率大于10%扣50%		
		脚手板铺设、模板存放、脚手架卸荷、防护	3	抽查样本不符合率大于20%得0分；抽查样本不符合率大于10%扣50%		
		卸料平台、电梯井操作平台	3	发现重大隐患得零分，抽查样本不符合率大于10%扣50%		
5	临时用电（12分）	配电线路采用TN-S接零保护系统，三级配电，逐级保护	3	未采用TN-S接零保护系统，三级配电，逐级保护得0分；抽查样本不符合率大于10%扣50%		
		配电箱、开关箱构造符合要求，电器元件灵敏可靠，使用规范	3	抽查样本不符合率大于20%得0分；抽查样本不符合率大于10%扣50%（漏电保护器选型符合规范、灵敏可靠；一机一闸一箱一漏等）		
		配电设备、线路采取可靠防护措施	3	敷设方式和保护措施不满足要求，抽查样本不符合率大于20%得0分；抽查样本不符合率大于10%扣50%（拖地线）		
		接地（重复接地、防雷接地）电阻、绝缘电阻符合要求	3	未按照规定设置重复接地、防雷接地得0分；初次安装、复工、冬雨季、大雨后应遥测，少一次的扣50%；抽查样本不符合率大于20%扣50%		

续表

序号	检查项目	检查内容	标准分值	评分标准	检查情况	评定分值
6	标准化设施（10分）	1. 脚手架 2. 卸料平台 3. 材料码放 4. 安全通道防护 5. 临边防护 6. 水平洞口防护 7. 电梯井（管道井）口防护 8. 楼梯防护 9. 马道防护 10. 施工升降机 11. 塔式起重机 12. 物料提升机防护 13. 钢筋加工防护棚 14. 中小型机具防护 15. 配电室、配电箱 16. 电缆敷设 17. 外电防护 18. 现场照明 19. 消防设施 20. 安全标志 21. 安全讲评台 22. 危险源公示牌 23. 茶烟亭 24. 木工加工棚 25. 现场垃圾站 26. 安全文明施工宣传长廊 27. 创新型标准化防护设施 　　每项符合标准得1分，不完全符合或未全部实施得0.5分，累计得分除应得分×10分；27项加1~3分		
	应得分：	实得分：	得分率：	按照得分率×100×折算系数0.9		
7	整改消项	考核不符合项整改回复时间，不符合项整改达标情况	10	未整改回复的得0分；超出整改回复时间的扣10%~30%；未按要求整改，整改不达标的，根据实际情况扣分，最高可扣完		
	合计得分：					
	检查人员签字：				日期：	

项目部机械管理检查考核表

工程名称：

序号	检查项目	标准分值	检查内容	评 分 标 准	检查情况	评分
1	机械设备租赁	13	2　设备需用计划	年度、季度需用计划每缺一项扣1分		
			2　设备租赁、拆装合同	每缺一项合同扣1分		
			5　租赁单位设备资料	营业执照、特种设备制造许可证、产品合格证、制造监督检验证明、登记备案编号每缺一项扣1分		
			4　总包与出租单位安全管理协议	无协议扣4分，协议不完整、不规范扣2分		
2	机械设备安装及拆卸	22	4　安拆资质	无安拆资质扣4分，资质不齐全扣2分		
			8　安拆方案	无安拆方案每台扣4分，群塔作业无方案扣4分；方案审批不齐全每台扣2分		
			4　安拆安全管理协议	无协议扣4分，协议不完整、不规范扣2分		
			6　安装、拆卸记录	安拆报审，安拆人员证书，安拆交底，安拆应急预案，混凝土抗压记录，接地测试记录每缺一项扣1分		

续表

序号	检查项目	标准分值		检查内容	评 分 标 准	检查情况	评分
3	机械设备验收	19	5	检测报告	无检测报告每台扣5分，检测报告无整改记录扣2分		
			10	机械设备安装、顶升（加节）、锚固（附墙）验收	无安装验收记录每台扣5分，无过程验收记录每台扣3分；验收记录不完整扣2分；中小型机械无验收记录每台扣1分		
			4	机械设备明显位置悬挂验收合格标牌、安全操作规程及责任人标牌；中小型机械设置防护棚	每缺一项扣1分		
4	机械设备使用管理	46	5	机械设备使用备案	未办理使用备案每台扣5分		
			12	机械设备使用资料	使用交底书，交接班记录，保养记录，月度检查记录，设备台账，使用过程应急救援预案每缺少一项扣2分		
			3	机管员及设备管理工作	未设机械管理员扣3分（可兼职），岗位责任制未悬挂在工作岗位扣1分		
			6	操作人员持证上岗	发现一人未持证上岗扣2分		
			10	机械设备安全装置	安全装置不灵敏，每发现一处扣5分，中小型机械每发现一处扣2分；塔吊无防攀爬装置扣2分		
			10	机械设备运行使用	严重违章操作每发现一处扣10分，一般违章操作每发现一处扣5分；中小型机械每发现一处扣3分		
应得分：				实得分：	得分率：	得分率×100×系数0.9	
5	整改消项	10	10		考核不符合项整改回复时间，不符合项整改达标情况		
合计得分			100				
检查人员签字：						年　月　日	

项目部消防保卫和后勤卫生管理检查考核表

序号	检查内容	标准分值	评分标准	考核部门评分	备注
1	保卫管理	25	1. 人防：（1）保卫工作实施计划；（2）项目制定的保卫管理制度；（3）项目对保安人员制定的值班巡逻、考核计划；（4）与所在地派出所建立的工作联系；（5）保安公司履约情况；（6）项目与劳务单位签订保卫目标责任书（6分）		
			2. 物防：（1）施工现场做到封闭，围墙高度2.5m；（2）现场大门坚固、开启灵活；（3）重点部位：仓库、办公区重要设备、物资等加强保卫监控。（4）施工现场平面图（6分）		
			3. 技防：设置电子监控与门禁系统；要求值守人员会操作电子视频监控与门禁设备（6分）		
			4. 日常检查资料归集与隐患整改回复（7分）		
2	消防管理	30	1. 项目消防组织与管理制度：（1）项目消防工作实施计划；（2）项目消防管理制度；（3）施工现场动火管理制度；（4）项目重点部位：料场、仓库、办公区、生活区防火管理办法（7分）		
			2. 消防设施：施工现场应符合《建设工程施工现场消防安全技术规范》设置消防泵房，消防泵房设置值班室；施工现场作业面、临建生活区、临时仓库等部位设置：烟感监控、消火栓、干粉灭火器、水桶、沙箱等消防器材和工具（7分）		
			3. 消防管理与培训：（1）检查与整改火灾隐患的能力，要求日常检查有记录、有整改；（2）组织扑灭初起火灾演练的能力，要求有培训效果记录；（3）施工现场组织人员疏散逃生的能力，有安全通道、疏散演练效果记录；（4）项目部具有防火宣传和培训能力，要求有培训效果记录（7分）		
			4. 日常检查资料归集与隐患整改回复（9分）		
3	交通管理	10	1. 项目部对全体员工、劳务队伍进行100%的交通安全出行教育，做到遵纪守法（3分）		
			2. 对专业司机和车辆保持一月一次的安全教育和车辆检查，做到安全运行（3分）		
			3. 项目机动车外出必须由项目主管车辆人员进行登记，或开具派车任务书，同时，有针对性地进行交通安全告知教育，做好交通安全资料归档（2分）		
			4. 交通管理资料归集（2分）		

续表

序号	检查内容	标准分值	评分标准	考核部门 评分	备注
4	卫生防病管理	25	1. 食堂"两证"齐全（卫生许可证，健康证）；从业人员办理健康证、培训证（8分）		
			2. 制定食堂卫生管理制度；做到对食堂卫生定期检查记录、器具消毒记录、防蝇防鼠措施；有食品采购追索记录（5分）		
			3. 季节性人员健康管理，夏季做好防暑降温、室内安装电扇、空调、冬季做好宿舍供暖；保证饮水卫生（4分）		
			4. 项目配备应急药箱，应急药品，应急担架，并指定专人负责（3分）		
			5. 卫生防病资料归集；制定传染病防控预案，建立项目部卫生防病管理体系；完善的卫生防病组织和检查记录与资料（5分）		
5	生活区管理	10	1. 生活区临建宿舍内未经审批不许私自拉设电源线，严禁使用热得快、电饭锅、电热毯、电暖器等大功率电器（4分）		
			2. 临建宿舍内不许存放化学易燃品；及时清除废弃易燃物品；宿舍内设置烟头存放桶；严禁使用泡沫聚苯板材铺在褥子下面；生活区设置规范的晾衣架（4分）		
			3. 生活污水有效排放，不得在生活区内外溢（2分）		
	小计	90	实得分数×折算系数0.9	实得分：	
6	整改销项	10	整改销项完成情况		
	合计得分：	100		合计：	
	备注		上述六项考核内容，凡出现重大事故将一票否决		

工程项目绿色施工检查考核表

工程名称：

序号	检查项目	检查内容	检查情况	标准分值	评定分值	备注
1	环境保护（23分）	高压静电油烟净化		3		
		施工现场出入口设置车辆冲洗设施，并有效使用		4		
		施工现场设置封闭式垃圾站，并及时清运		4		
		现场裸露土方、易飞扬材料应覆盖		4		
		现场作业面垃圾及时处理		4		
		施工道路设置自动喷洒防尘装置		4		
		☆楼边、塔式起重机自动喷洒防尘装置		0.5		
		☆施工垃圾破碎与垂直运输		0.5		
		☆废弃混凝土、砂浆回收利用		0.5		

续表

序号	检查项目	检查内容	检查情况	标准分值	评定分值	备注
2	节能 (17分)	施工现场 LED 照明		4		
		施工现场镝灯使用时钟控制		3		
		施工现场 USB 接口充电插座应用		3		
		风光互补太阳能路灯施工		4		
		太阳能、空气能热水器应用		4		
		☆施工现场临时照明声控		0.5		
		☆临建太阳能光伏发电照明		0.5		
3	节地 (4分)	现场主要道路硬化，并及时清扫及洒水降尘		5		
		☆施工道路利用正式道路基层		0.5		
4	节水 (6分)	现场设置排水、雨水回收系统并使用		3		
		建筑施工场地循环水洗车池		3		
		☆墙体喷淋养护		0.5		
		☆基坑施工降水回收利用		0.5		
5	节材 (18分)	可周转防护栏		3		
		可周转木工加工房		2		
		可周转防护棚		3		
		可周转镝灯架		2		
		作业层标准化人行通道		2		
		可周转卫生间		2		
		模块化箱式拼装办公用房		2		
		现场排水设施通畅铺设"可周转篦子"		2		
		☆装修工程型钢移动操作架		0.5		
		☆轮扣式脚手架支架施工技术		0.5		
		☆施工现场正式照明替代临时照明技术		0.5		
		☆正式消防管道代替临时消防管道技术		0.5		
		☆提升式支腿自翻转电梯井操作钢平台		0.5		
		☆可周转工具式电梯井道防护平台		0.5		
		☆施工现场可重复使用预制路面板		0.5		
		☆可周转钢制临时施工道路		0.5		
		☆组装式基坑用钢楼梯		0.5		
		☆施工现场可移动式多用屏风或护栏		0.5		
		☆可周转金属围墙		0.5		
		☆可周转活动试验室		0.5		
		☆工具式零星材料吊笼		0.5		
		☆承插型键槽式脚手架		0.5		
		☆铝合金模板		0.5		
		☆塑料模板		0.5		
		☆小直径钢筋马凳应用技术		0.5		
		☆封闭箍筋闪光对焊技术		0.5		

续表

序号	检查项目	检查内容	检查情况	标准分值	评定分值	备注
6	资料	项目节能减排环境工作策划案、节能减排报表上报情况		17		
	小计得分：	实得分数×折算系数 0.9		90		
7	整改销项	整改销项完成情况		10		
	合计得分：			100		

注：带"☆"内容为优选项，每项 0.5 分